Stähle und ihre Wärmebehandlung,
Werkstoffprüfung

Technische Stoffe

Lehrbuchreihe für die Ausbildung von Ingenieuren

Grundlagen metallischer Werkstoffe, Korrosion
und Korrosionsschutz

•

Werkstoffe für die Elektrotechnik und Elektronik

•

Stähle und ihre Wärmebehandlung, Werkstoffprüfung

•

Gußwerkstoffe, Nichteisenmetalle, Sinterwerkstoffe,
Plaste

Stähle und ihre Wärmebehandlung, Werkstoffprüfung

Von einem Autorenkollektiv

5., überarbeitete Auflage

Mit 145 Bildern, 23 Tabellen und 18 Anlagen

VEB Deutscher Verlag für Grundstoffindustrie · Leipzig

Als Lehrbuch für die Ausbildung an Ingenieur- und Fachschulen der DDR anerkannt

Minister für Hoch- und Fachschulwesen
Berlin, Oktober 1986

Herausgeber:
Institut für Fachschulwesen der Deutschen Demokratischen Republik, Karl-Marx-Stadt
Leitung des Autorenkollektivs:
Dipl.-Ing. *Steffen Müller*, Karl-Marx-Stadt

Autoren:
Dr.-Ing. *Horst Reinbold* (Abschnitt 3.; federführend)
Dipl.-Ing. *Dieter Geschke* (Abschnitte 1. und 2.)

ISBN 3-342-00176-3

5., überarbeitete Auflage
© VEB Deutscher Verlag für Grundstoffindustrie, Leipzig 1973
überarbeitete Auflage: © VEB Deutscher Verlag für Grundstoffindustrie, Leipzig 1987
VLN 152-915/18/87
Printed in the German Democratic Republic
Satz und Druck: Gutenberg Buchdruckerei und Verlagsanstalt Weimar, Betrieb der VOB Aufwärts
Buchbinderei: Buchkunst Leipzig
Lektor: Dipl.-Krist. Karin-Barbara Köhler
Redaktionsschluß: 28. 2. 1986
LSV 3013
Bestell-Nr. 541 999 9
01300

Inhaltsverzeichnis

1.	**Wärmebehandlung von Stahl**	9
1.1.	Grundlagen der Wärmebehandlung	9
	1.1.1. Austenitbildung	10
	1.1.2. Unterkühlung des Austenits	12
	1.1.2.1. Umwandlung in der Perlitstufe	14
	1.1.2.2. Umwandlung in der Martensitstufe	16
	1.1.2.3. Umwandlung in der Zwischenstufe	19
	1.1.3. Isotherme und kontinuierliche ZTU-Schaubilder	20
	1.1.4. Anlassen von martensitischem Gefüge	24
1.2.	Glühverfahren	25
	1.2.1. Normalglühen	25
	1.2.2. Weichglühen	26
	1.2.3. Spannungsarmglühen	28
	1.2.4. Rekristallisationsglühen	29
	1.2.5. Perlitglühen	30
	1.2.6. Grobkornglühen	31
	1.2.7. Diffusionsglühen	31
1.3.	Härten und Vergüten	32
	1.3.1. Härten nach Volumenerwärmung	32
	1.3.1.1. Abschreckhärten	32
	1.3.1.2. Gebrochenes Härten, Warmbadhärten	35
	1.3.1.3. Härtbarkeitsprüfung	36
	1.3.2. Vergütungsverfahren	38
	1.3.2.1. Vergüten	38
	1.3.2.2. Zwischenstufenvergüten	40
	1.3.3. Härten nach Oberflächenerwärmung	40
	1.3.3.1. Flammhärten	40
	1.3.3.2. Induktionshärten	42
1.4.	Chemisch-thermische Verfahren	43
	1.4.1. Einsatzhärten	43
	1.4.2. Nitrieren	47
	1.4.3. Carbonitrieren	48
	1.4.4. Sonstige Verfahren	48

1.5.	Thermomechanische Behandlung (TMB)		49
	1.5.1. Verfahren der TMB		49
	1.5.2. Eigenschaften und Anwendung der TMB		50

2. Unlegierte und legierte Stähle ... 52

2.1.	Einfluß der Legierungs- und Begleitelemente	52
	2.1.1. Einteilung der Legierungs- und Begleitelemente	52
	2.1.2. Kohlenstoff	55
	2.1.3. Einfluß der Legierungselemente	56
	2.1.4. Kupfer, Phosphor und Schwefel	59
	2.1.5. Gase im Stahl	59
2.2.	Einteilung der Stähle	60
2.3.	Baustähle	61
	2.3.1. Allgemeine Baustähle	62
	2.3.2. Höherfeste schweißbare Baustähle	64
	2.3.3. Korrosionsträge Stähle	67
	2.3.4. Stähle für Feinbleche und Kaltband	67
	2.3.5. Einsatzstähle	69
	2.3.6. Vergütungsstähle	71
	2.3.7. Nitrierstähle	73
	2.3.8. Warmfeste Stähle	74
	2.3.9. Federstähle	75
	2.3.10. Korrosionsbeständige Stähle	76
	2.3.11. Hitze- und zunderbeständige Stähle	77
	2.3.12. Nichtmagnetisierbare Stähle	80
	2.3.13. Stähle zum Kaltumformen	81
	2.3.14. Automatenstähle	82
2.4.	Arbeitsstähle	83
	2.4.1. Anforderungen an Arbeitsstähle	83
	2.4.2. Unlegierte Arbeitsstähle	84
	2.4.3. Legierte Kaltarbeitsstähle	85
	2.4.4. Warmarbeitsstähle	87
	2.4.5. Schnellarbeitsstähle	87

3. Werkstoffprüfung ... 89

3.1.	Aufgaben und Einteilung der Werkstoffprüfung	89
3.2.	Metallographie	90
	3.2.1. Mikroskopische Gefügeuntersuchungen	90
	3.2.2. Makroskopische Gefügeuntersuchungen	104
	3.2.3. Versuchsanleitung »Mikroskopische Gefügeuntersuchung«	106

3.3.	Mechanisch-technologische Werkstoffprüfung metallischer Werkstoffe	106
3.3.1.	Einteilung der Prüfungen und Beanspruchungsverhältnisse	107
3.3.2.	Statische Festigkeitsprüfungen	109
3.3.2.1.	Zugversuch	109
3.3.2.2.	Druckversuch	122
3.3.2.3.	Biegeversuch	126
3.3.2.4.	Zeitstandversuch	130
3.3.3.	Dynamische Prüfverfahren	133
3.3.3.1.	Prüfverfahren mit schlagartiger Beanspruchung	133
3.3.3.2.	Prüfverfahren mit schwingender Beanspruchung	142
3.3.4.	Härtemessung	150
3.3.4.1.	Einteilung der Härtemeßverfahren	150
3.3.4.2.	Statische Härtemessung	150
3.3.4.3.	Dynamische Härtemessung	158
3.3.5.	Technologische Prüfverfahren	161
3.3.5.1.	Technologische Kaltversuche	161
3.3.5.2.	Technologische Warmversuche	165
3.4.	Zerstörungsfreie Werkstoffprüfung	167
3.4.1.	Einteilung der zerstörungsfreien Werkstoffprüfungen	167
3.4.2.	Röntgen- und Gammadefektoskopie — Radiologische Prüfung	168
3.4.2.1.	Wesen und Eigenschaften der Röntgen- und Gammastrahlen	168
3.4.2.2.	Röntgeneinrichtungen und Gammadefektoskopen — Kennwerte	170
3.4.2.3.	Aufnahmeprinzip und Prüftechnik bei der Röntgen- und Gammadefektoskopie	171
3.4.2.4.	Arbeitsschutz beim Umgang mit Röntgen- und Gammastrahlen	179
3.4.3.	Ultraschall-Materialprüfung	180
3.4.3.1.	Eigenschaften und Erzeugung von Ultraschall	180
3.4.3.2.	Prüfverfahren mit Ultraschall	181
3.4.3.3.	Prüftechnik	183
3.4.3.4.	Vergleich der Ultraschall-Materialprüfung mit der Röntgen- und Gammadefektoskopie	186
3.4.3.5.	Versuchsanleitung »Ultraschall-Materialprüfung«	186
3.4.4.	Magnetische Rißprüfung	186
3.4.5.	Induktive Prüfverfahren	190
3.4.5.1.	Wirkungsprinzip und Einteilung der induktiven Prüfverfahren	190
3.4.5.2.	Tastspulverfahren	190
3.4.5.3.	Gabelspulverfahren	191
3.4.5.4.	Durchlaufspulverfahren	191
3.4.6.	Oberflächenprüfung durch Diffusionsverfahren	192
3.5.	Emissionsanalytische Schnellprüfverfahren	193
3.5.1.	Schleiffunkenanalyse	195
3.5.2.	Spektralanalyse	196

3.6.	Prüfung von Plasten	197
3.6.1.	Einteilung der Prüfungen für Plaste	197
3.6.2.	Prüfung der thermischen Eigenschaften der Plaste	198

Übungen 201

Anlagen 207

Literaturhinweise und Quellenverzeichnis 226

Sachwörterverzeichnis 227

1
Wärmebehandlung von Stahl

Im Lehrbuch »Grundlagen metallischer Werkstoffe, Korrosion und Korrosionsschutz«, Abschnitt 1. haben Sie erfahren, daß der Stahl ein wichtiger Werkstoff ist. Als Stahl bezeichnet man alle Eisenlegierungen außer Grauguß, Temperguß und Hartguß. Die Gebrauchseigenschaften der Stähle können durch die Wärmebehandlung in sehr weitem Umfang verändert werden. Nach TGL 21862 versteht man unter Wärmebehandlung »... die Sammelbezeichnung für Fertigungsverfahren oder die Verbindung mehrerer Fertigungsverfahren zur Behandlung metallischer Werkstoffe im festen Zustand durch thermische, chemisch-thermische oder mechanisch-thermische Einwirkung zur Verbesserung oder Erreichung bestimmter Verarbeitungs- und/oder Gebrauchseigenschaften durch Stoffeigenschaftsänderungen«.
In diesem Abschnitt sollen die Grundlagen der Wärmebehandlung und ihre Anwendung in den Wärmebehandlungsverfahren erläutert werden. Sie sollen erkennen, daß bei der Wärmebehandlung dialektische Zusammenhänge zwischen Struktur und Verhalten sowie Ursache und Wirkung bestehen.
Zum Verständnis dieses Abschnittes ist es erforderlich, daß Sie gesicherte Kenntnisse über die Eisenkohlenstofflegierungen (Gefügearten und Umwandlungsvorgänge) aufweisen. Nur dann können Sie die Wärmebehandlungsvorgänge begreifen und bei der Einschätzung und Aufstellung von Wärmebehandlungstechnologien anwenden.

1.1. Grundlagen der Wärmebehandlung

Zielstellung

In diesem Abschnitt sollen Sie die für das Verständnis der Wärmebehandlungsvorgänge notwendigen Kenntnisse erwerben. Dazu ist ein gefestigtes Wissen über die Struktur der Metalle, die Vorgänge bei der Keimbildung, die Diffusion und die Gefüge des EKD erforderlich. Sie sollen erkennen, daß bei technischen Erwärmungs- und Abkühlungsvorgängen vom Gleichgewicht abweichende Gefüge gebildet werden können.

1.1.1. Austenitbildung

Aus »Grundlagen metallischer Werkstoffe, ...« (Abschnitt EKD) wissen Sie, daß bei Temperaturen oberhalb des Linienzuges GOSE des Eisen-Kohlenstoff-Diagramms Austenit vorliegt. Für viele Wärmebehandlungsverfahren ist die Austenitbildung zum Erreichen bestimmter Eigenschaften Voraussetzung. Deshalb sollen im folgenden die Gesetzmäßigkeiten der Austenitbildung behandelt werden.
Ein Stahl besteht bei Raumtemperatur aus α-Mk (Ferrit) und Fe_3C (Zementit). Entsprechend dem Schema

$$\begin{matrix} \alpha\text{-Mk} & \searrow \\ & & \gamma\text{-Mk} \\ Fe_3C & \nearrow \end{matrix}$$

entsteht bei Erwärmung aus den beiden Phasen eine neue Phase, γ-Mk (Austenit). Für jeden *Phasenübergang* ist eine Bewegung von Atomen über Diffusionsvorgänge erforderlich. Gleichzeitig ist für die Entstehung der neuen Phase eine Keimbildung notwendig. Beide Vorgänge sind von der Temperatur und der Zeit abhängig. Dementsprechend trifft das auch für die Austenitbildung zu.

Die Austenitbildung beruht auf Diffusion und Keimbildung und ist deshalb temperatur- und zeitabhängig.

Alle temperatur- und zeitabhängigen Vorgänge sind unterkühlbar und überhitzbar. Daraus folgt, daß auch die Austenitbildung mit steigender Erwärmungsgeschwindigkeit überhitzbar ist, d. h., die Umwandlungspunkte A_{c1} und A_{c3} werden zu höheren Temperaturen verschoben. Diese Tatsache wird durch die Darstellung der Temperatur der Umwandlungspunkte in Abhängigkeit von der Erwärmungsgeschwindigkeit, den sogenannten *Zeit-Temperatur-Auflösungs-Schaubildern* (ZTA-Schaubilder), deutlich. Bild 1.1 zeigt ein ZTA-Schaubild für einen unlegierten Stahl. Sie können erkennen, daß die Umwandlungspunkte mit steigender Erwärmungsgeschwindigkeit (kleinere Zeiten) zu höheren Temperaturen verschoben wer-

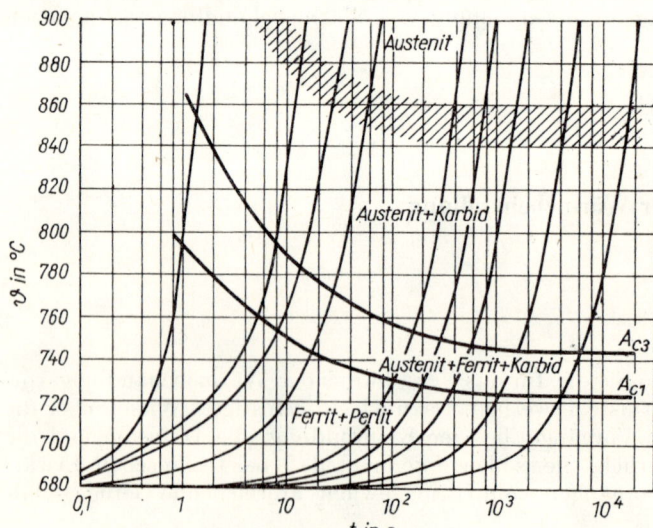

Bild 1.1. ZTA-Schaubild des Stahles C70

den. Außerdem kann die Reihenfolge der Umwandlungen abgelesen werden. Zunächst wandelt am A_{c1}-Punkt der Perlit in Austenit um, wobei allerdings nicht sämtliche Karbide in Lösung gehen (ihre Auflösung ist temperatur- und zeitabhängig). Am A_{c3}-Punkt wandelt sich der Ferrit in Austenit um. Oberhalb A_{c3} besteht das Gefüge aus Austenit und Restkarbiden. Erst bei höheren Temperaturen gehen die Karbide vollständig in Lösung. Aus diesem Grunde gelten für technische Erwärmungsgeschwindigkeiten, insbesondere für Wärmebehandlungsverfahren mit Schnellerwärmung (Flammhärten, Induktionshärten, Widerstandserwärmung), folgende zwei Tatsachen:

— mit steigender Erwärmungsgeschwindigkeit werden die Umwandlungspunkte zu höheren Temperaturen verschoben und
— bei technischen Erwärmungsgeschwindigkeiten wird selten homogener Austenit erzielt, d. h., neben Austenit liegen Restkarbide vor.

Die Austenitbildung ist beendet, wenn sich die aus den einzelnen Keimen gebildeten Austenitkörner gegenseitig berühren. Danach hat der Austenit das Bestreben, sein Korn zu vergrößern. Die treibende Kraft ist in der Hauptsache die Oberflächenspannung der Austenitkörner. Sie streben das größte Volumen bei kleinster Oberfläche an. Ein Minimum der Oberflächenspannung wird schon erreicht, wenn die Korngrenzen annähernd in einem Winkel von 120° zueinander stehen.
Das *Austenitkornwachstum* wird im Stahl durch die Anwesenheit schwerlöslicher Bestandteile (Karbide und/oder Nitride der Elemente Aluminium, Bor, Molybdän, Niob, Titan, Vanadin und Zirkon) gehemmt.

▶ *Überlegen Sie, warum es durch ausgeschiedene Teilchen zur Hemmung des Austenitkornwachstums kommt!*

Erst wenn die Karbide oder Nitride in Lösung gegangen sind (meist bei $\vartheta > 1000\,°C$), setzt starkes Austenitkornwachstum ein. Mit steigender Austenitisierungstemperatur und längerer Haltedauer vergrößert sich die Austenitkorngröße. In Bild 1.2 ist die Austenitkorngröße in Abhängigkeit von der Austenitisierungstemperatur schematisch für einen unlegierten Stahl *(a)* und einen Stahl mit schwerlöslichen Bestandteilen *(b)* dargestellt.

■ Ü. 1.1

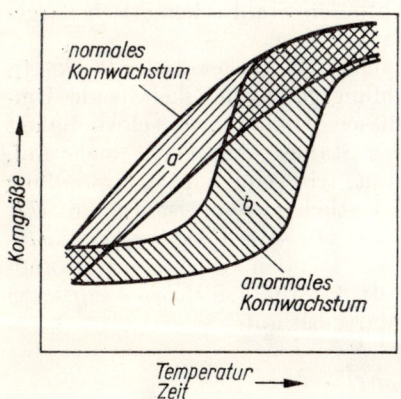

Bild 1.2. Abhängigkeit der Austenitkorngröße von der Austenitisierungstemperatur

Die Austenitkorngröße ist von der Austenitisierungstemperatur und der Haltedauer auf Austenitisierungstemperatur abhängig. Sie wird von der Zusammensetzung des Stahles beeinflußt.

Da die Korngröße des Gefüges, das sich aus dem Austenit bildet, von der Austenitkorngröße abhängig ist, hat die Austenitkorngröße einen entscheidenden Einfluß auf die Eigenschaften des nach der Abkühlung vorliegenden Gefüges.
Durch das Austenitkornwachstum kann es zu Fehlerscheinungen im Stahl kommen. **Wird eine zu hohe Austenitisierungstemperatur angewandt, bezeichnet man den dadurch entstehenden Fehler (grobkörniges Gefüge) als Überhitzung. Analog kann die gleiche Erscheinung durch eine zu lange Haltedauer auf Austenitisierungstemperatur hervorgerufen werden (Überzeiten).** Beide Fehlerscheinungen verschlechtern die Festigkeitseigenschaften und können nur durch genaue Einhaltung der Wärmebehandlungstechnologie vermieden werden.
Neben den genannten Fehlern kann es aber auch durch Stoffaustauschvorgänge zwischen dem Werkstück und dem umgebenden Medium (Ofenatmosphäre, Salzschmelze) zur Entkohlung und Verzunderung kommen. Bei der Entkohlung reagiert der Kohlenstoff des Stahles mit dem umgebenden Medium, was zu einer Verringerung des C-Gehaltes in der Randschicht führt. Die Verzunderung resultiert aus der Reaktion des Eisens mit Sauerstoff bzw. sauerstoffhaltigen Gasen. Vermieden werden können diese Fehler durch Einpacken in entkohlungsfreie Mittel, Anwendung von Schutzgasen oder entkohlungsfreie Salzbäder.

1.1.2. Unterkühlung des Austenits

Bei der Behandlung der Modifikationsänderungen des Eisens wurde festgestellt, daß bei der $\alpha \rightleftharpoons \gamma$-Umwandlung eine Hysterese auftritt. Das läßt sich mit dem größeren Volumen des Ferrits gegenüber dem Austenit erklären. Die notwendige Energie für die Volumenvergrößerung kann nur durch eine Unterkühlung erzielt werden. Deshalb verschieben sich die Umwandlungspunkte bei der Abkühlung zu tieferen Temperaturen. Bei Anwesenheit von Kohlenstoff wird diese Erscheinung noch verstärkt. Das kfz-Gitter muß sich in das krz-Gitter umwandeln und der im Austenit gelöste Kohlenstoff ausscheiden (Bildung von Fe_3C). Beide Vorgänge sind temperatur- und zeitabhängig und damit unterkühlbar. Dadurch verschieben sich die Umwandlungspunkte mit steigender *Abkühlgeschwindigkeit* zu tieferen Temperaturen. In Bild 1.3 ist das für einen untereutektoiden Stahl schematisch dargestellt.
Sie können erkennen, daß sich der Umwandlungspunkt A_{r3} stärker als der Punkt A_{r1} verschiebt, so daß ab einer bestimmten Abkühlungsgeschwindigkeit beide Umwandlungspunkte zusammenfallen (A_r'). Ab dieser Abkühlungsgeschwindigkeit tritt unabhängig von der Zusammensetzung des Stahles kein Ferrit mehr auf. Wird die Abkühlungsgeschwindigkeit weiter erhöht, tritt eine neue Umwandlung auf, die von den anderen Umwandlungspunkten deutlich getrennt ist. Die mit *UK* gekennzeichnete Abkühlungsgeschwindigkeit *(untere kritische Abkühlungsgeschwindigkeit)* bedeutet, daß ab dieser Geschwindigkeit ein von den vorherigen Umwandlungen unabhängiges Gefüge, der Martensit, auftritt. Oberhalb der *oberen kritischen Abkühlungsgeschwindigkeit (OK)* tritt nur noch Martensit auf.

▶ *Überlegen Sie, welche Aussagen Bild 1.3b gestattet!*

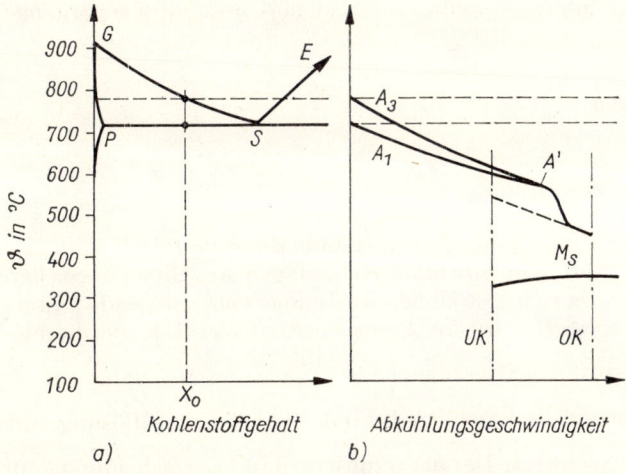

Bild 1.3. Veränderung der Umwandlungstemperaturen mit steigender Abkühlungsgeschwindigkeit

a) Ausschnitt aus dem EKD
b) Abhängigkeit der Lage der Umwandlungspunkte von der Abkühlungsgeschwindigkeit

Die Darstellung von Bild 1.3b gestattet zwar Aussagen über die Beeinflussung der Umwandlungspunkte durch die Abkühlungsgeschwindigkeit, aber keine Aussage über den zeitlichen Ablauf der Umwandlungen. Deshalb muß festgestellt werden, wie sich die Umwandlungsgeschwindigkeit mit sinkender Temperatur verändert. Da die Diffusion und die Keimbildung die Umwandlungsgeschwindigkeit bestimmen und in Abhängigkeit von der Temperatur gegenläufig sind, ergibt sich ein Kurvenverlauf mit Maximum (Bild 1.4a). Wenn man statt der Umwandlungsgeschwindigkeit den Logarithmus der Zeit einsetzt, erhält man die Darstellung in Bild 1.4b. Da die Umwandlung ein zeitlich begrenzter Vorgang ist, ergeben sich zwei Linienzüge (Beginn und Ende der Umwandlung). Die so gewonnene Darstellung wird als *Zeit-Temperatur-Umwandlungs-Schaubild* (ZTU-Schaubild) bezeichnet. Sie bilden die Grundlage bei der Aufstellung von Wärmebehandlungstechnologien.

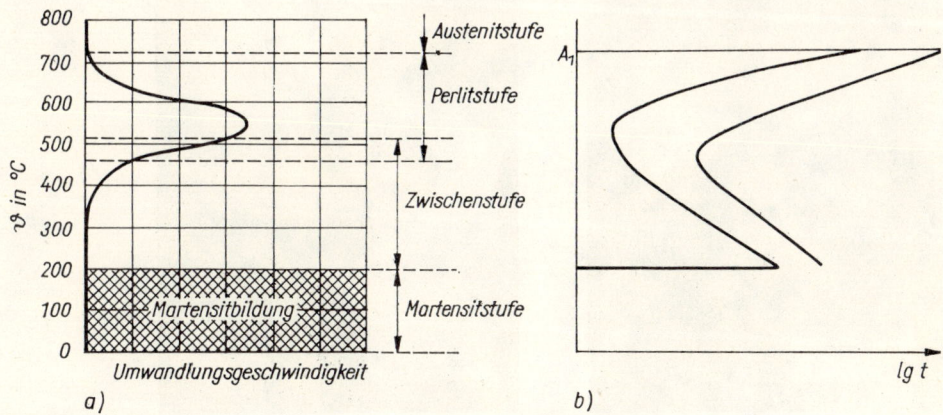

Bild 1.4. Schematische Darstellung des Umwandlungsverhaltens
a) Umwandlungsgeschwindigkeit in Abhängigkeit von der Temperatur
b) schematisches ZTU-Schaubild

Je nach der Größe der Unterkühlung können verschiedene Umwandlungsvorgänge unterschieden werden:

- Perlitumwandlung,
- Zwischenstufenumwandlung,
- Martensitumwandlung.

1.1.2.1. Umwandlung in der Perlitstufe

In der *Perlitstufe* erfolgt die Umwandlung über Keimbildung und Diffusion. Als Keime wirken Restkarbide und Kohlenstoffanreicherungen an Gitterstörstellen (Korngrenzen, Versetzungen). Da sich mit sinkender Temperatur (steigende Unterkühlung) die Keimbildung verbessert, wird der Perlit feinstreifiger, d. h., der Lamellenabstand Ferrit und Zementit wird geringer $\left(S = \dfrac{15}{\Delta T}, S \text{ Lamellenabstand in } \mu m, \Delta T \text{ in K}\right)$. Mit abnehmendem Lamellenabstand S wird die Auflösung mit Hilfe des Lichtmikroskopes erschwert. Daraus resultiert, daß Unterscheidungen in der Perlitstufe vorgenommen werden (Tabelle 1.1).

Tabelle 1.1. Unterscheidungen in den Perlitstufen

	S in μm	Härte (HV)
breitstreifiger Perlit	0,6···0,7	180
feinstreifiger Perlit (Sorbit)	0,25	250
feinststreifiger Perlit (Troostit)	0,1	400

Lichtmikroskopische Aufnahmen des *Sorbits* und *Troostits* sind in Bild 1.5 zu sehen.

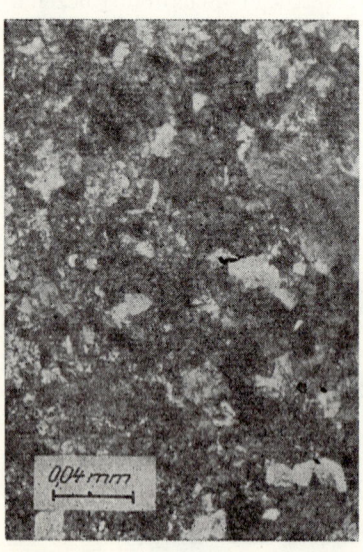 

Bild 1.5. Gefüge der unteren Perlitstufe
links: Sorbit
rechts: Troostit

Bei den von der eutektoiden Zusammensetzung abweichenden Stählen muß vor der Perlitbildung (temperaturmäßig betrachtet) eine Ausscheidung von Ferrit (z. B. C60) oder Zementit (z. B. C100W1) erfolgen. Die Linien des EKD, an denen die Ausscheidung von Ferrit (GOS) und Zementit (SE) beginnt, verschieben sich mit steigender Unterkühlung zu tieferen Temperaturen (Bild 1.6).

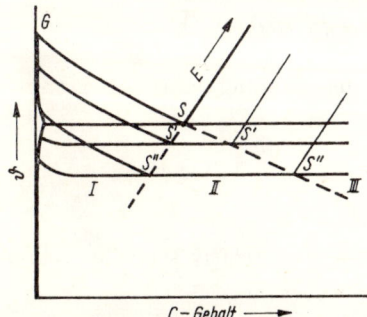

Bild 1.6. Veränderung der Linien GOS und SE des EKD durch Unterkühlung

Im Bereich I erfolgt die voreutektoide Ferritausscheidung, die je nach Kohlenstoffgehalt und Bildungsbedingungen unterschiedliche Formen annehmen kann:

— *massiver Ferrit* (Ferritkörner neben Perlit)
  geringer C-Gehalt, niedrige Austenitisierungstemperatur und langsame Abkühlung
— *Widmannstättenscher Ferrit* (Bild 1.7a)
  mittlerer C-Gehalt, hohe Austenitisierungstemperatur und relativ schnelle Abkühlung
— *Korngrenzenferrit* (Bild 1.7b)
  erhöhter C-Gehalt, geringe Austenitisierungstemperatur und langsame Abkühlung

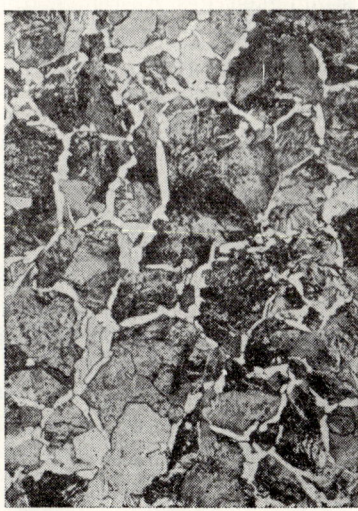

Bild 1.7. Formen der voreutektoiden Ferritausscheidung
links: *Widmannstätten*scher Ferrit und Perlit
rechts: Korngrenzenferrit und Perlit

Die voreutektoide Ferritausscheidung wird durch die Grenze der Eisenselbstdiffusion, die im Austenit bei etwa 550 °C liegt, nach unten begrenzt.

Im Gebiet II erfolgt die Umwandlung zu einem perlitischen Gefüge. Sie können in Bild 1.6 erkennen, daß mit steigender Abkühlungsgeschwindigkeit die voreutektoide Ausscheidung verringert und damit das Gebiet II breiter wird.

▶ *Überlegen Sie, welche Bedeutung diese Tatsache für die Gefügebildung hat!*

Im Gebiet III findet die voreutektoide Zementitausscheidung statt. Hier treten zwei Formen auf:

— *Korngrenzenzementit*
  normale Form des Sekundärzementits bzw.
— *nadliger Zementit*
  hoher C-Gehalt, hohe Austenitisierungstemperatur und relativ schnelle Abkühlung.

Die Perlitumwandlung läuft über Diffusion und Keimbildung ab. Die Form des Gefüges ist deshalb von der Unterkühlung abhängig. Bei unter- und übereutektoiden Stählen kann es zu unterschiedlichen Formen der voreutektoiden Ausscheidung kommen.

Von den Legierungselementen des Stahles wird die Perlitbildung stark beeinflußt. Alle Elemente (mit Ausnahme von Cobalt) verschieben die Umwandlung zu längeren Zeiten, d. h., sie verringern die kritische Abkühlungsgeschwindigkeit. Die Legierungselemente, die eine große Affinität zu Kohlenstoff haben (Karbidbildner), begünstigen die Keimbildung für die Perlitumwandlung und verschieben dadurch die Umwandlungen zu höheren Temperaturen. Diese Wirkung haben die Elemente Cr, Mo, Ti, V und W. Mangan und Nickel weisen ein kfz-Gitter auf und erhöhen damit die Beständigkeit des Austenits, d. h., die Perlitbildung wird zu tieferen Temperaturen verschoben.

■ Ü. 1.2

▶ *Überlegen Sie, welchen Einfluß die Austenitisierungsbedingungen (Temperatur, Zeit) auf die Perlitumwandlung haben!*

1.1.2.2. Umwandlung in der Martensitstufe

Zur *Martensitbildung* im Stahl kommt es, wenn durch eine sehr schnelle Abkühlung (Abschrecken) die Diffusionsvorgänge teilweise oder ganz unterdrückt werden. Das kennzeichnende Merkmal der Martensitbildung ist ein diffusionsloser Umklappvorgang, bei dem die Atome ähnlich einem Schervorgang eine Kollektivbewegung vollführen. Dabei klappt das kfz-Gitter in das krz-Gitter um. Die Kohlenstoffatome, die sich beim Austenit im Inneren der Elementarzelle befinden, können ihre Plätze nicht mehr verlassen. Dadurch wird das entstehende krz-Gitter tetragonal verzerrt, d. h., das Gitter wird in einer Richtung aufgeweitet (Bild 1.8):

$a = b \neq c$.

Für den *Umklappvorgang*, der unter Volumenzunahme abläuft, wird Energie benötigt. Diese kann nur durch die Unterkühlung geliefert werden.

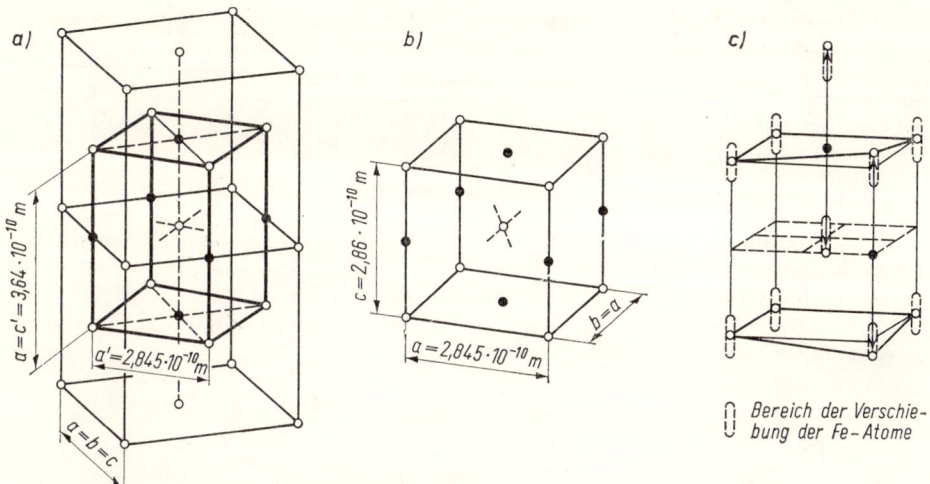

Bild 1.8. Gitterumwandlung bei der Martensitbildung
a) kfz-Gitter des Austenits mit tetragonal-raumzentrierter Elementarzelle
b) tetragonal-raumzentrierte Elementarzelle
c) Spielraum der Fe-Atome in der tetragonalen c-Achse
○ Fe-Atome ● C-Atome

Die Temperatur, bei der die Martensitbildung beginnt, wird mit Martensitpunkt M_s (Martensit start) bezeichnet.

Da der Martensit ein größeres Volumen als der Austenit aufweist, ist für die Umklappung des noch verbleibenden Austenits ein größerer Energiebetrag notwendig. Deshalb ist die Martensitbildung erst bei tieferen Temperaturen, in dem Punkt M_f (Martensit finish), beendet. Bild 1.9 zeigt das Gefüge des Martensits.

Die Martensitbildung ist ein diffusionsloser Umklappvorgang. Das entstehende Gitter wird durch Kohlenstoff tetragonal verzerrt.

Bild 1.9. Gefüge des Martensits

Die für die Martensitbildung erforderliche Energie wird von den Legierungselementen beeinflußt. Das macht sich durch eine Verschiebung der Punkte M_s und M_f bemerkbar. Es gilt:

$$M_s = 550 - 350\% \text{ C} - 40\% \text{ Mn} - 35\% \text{ V} - 20\% \text{ Cr} - 17\% \text{ Ni} - \\ - 10\% \text{ Mo} - 10\% \text{ Cu} - 5\% \text{ W} + 30\% \text{ Al} + 15\% \text{ Co} \tag{1.1}$$

M_s in °C (zusätzlich wirken die Austenitisierungsbedingungen).

Die Herabsetzung des M_s-Punktes kann durch hohe Legierungsgehalte (z. B. Mn oder Cr-Ni) soweit erfolgen, daß er unterhalb Raumtemperatur liegt (Bild 1.10). Die durch den Kohlenstoff hervorgerufene Verzerrung des Gitters führt zu einer erheblichen Härtesteigerung. Die Härte des Martensits ist in Bild 1.11 in Abhängigkeit vom C-Gehalt dargestellt.

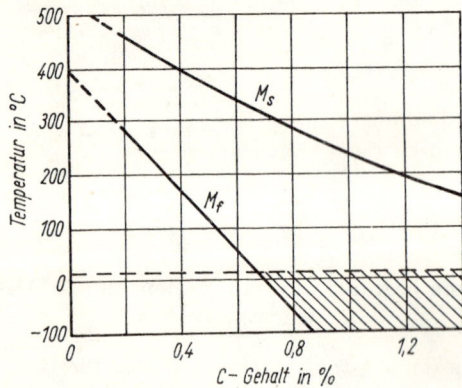

Bild 1.10. Temperaturbereich der Martensitbildung
– – – – Raumtemperatur

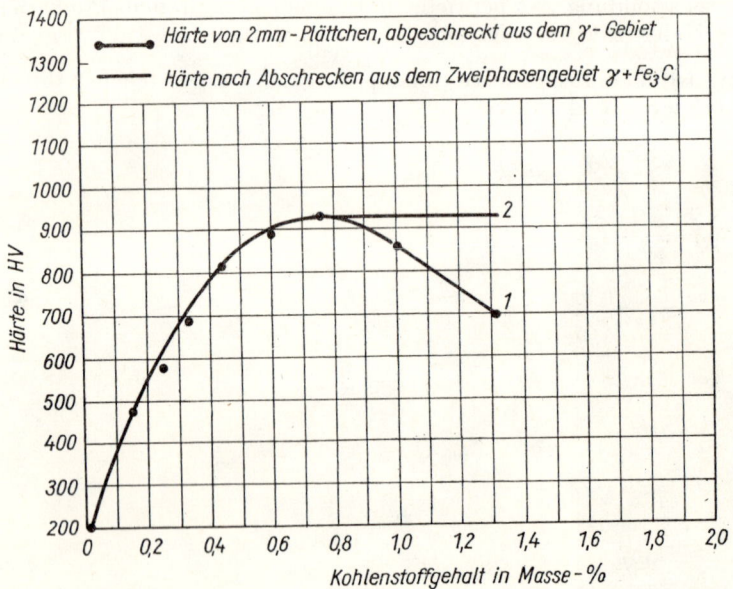

Bild 1.11. Härte des Martensits in Abhängigkeit vom C-Gehalt

Für die Härte ergeben sich zwei Linienzüge, die bis zu einem C-Gehalt von etwa 0,7% zusammen verlaufen. Die Kurve 1 ergibt sich, wenn von Temperaturen oberhalb GOSE, d. h. aus dem Einphasengebiet, abgeschreckt wird. Mit steigendem C-Gehalt nimmt die Härte zunächst zu und fällt bei 0,7% C ab. Die Ursache dafür ist, daß die M_f-Linie durch Abschrecken auf Raumtemperatur nicht mehr unterschritten und der Austenit nicht vollständig in Martensit umgewandelt wird. Da der unumgewandelte Austenit, der *Restaustenit*, eine geringe Härte aufweist (etwa 200 HV), nimmt mit steigender Restaustenitmenge (in Bild 1.11) die Härte ständig ab. Die Kurve 2 wird nach Abschrecken von Temperaturen oberhalb GOSK erreicht, d. h., bei übereutektoiden Stählen wird aus dem Gebiet Austenit + Sekundärzementit abgeschreckt. Der Austenit enthält unabhängig vom C-Gehalt des Stahles bei einer Abschrecktemperatur von etwa 780 °C 0,9 bis 1,0% C. Der über diesen Wert hinausgehende C-Gehalt liegt als Zementit vor. Da der Zementit annähernd so hart wie der Martensit ist (etwa 705 HV), fällt die Härte nicht ab.

▶ *Welche praktische Bedeutung hat das für das Härten übereutektoider Stähle?*

Die Härte des Martensits wird von Legierungselementen nicht beeinflußt.

■ Ü. 1.3

1.1.2.3. Umwandlung in der Zwischenstufe

Die *Zwischenstufenumwandlung* liegt temperaturmäßig zwischen der Perlit- und der Martensitumwandlung und besitzt aus diesem Grund Merkmale beider Umwandlungen. Unter 550 °C ist eine Diffusion des Eisens und damit eine Umwandlung des kfz- in das krz-Gitter über Diffusion nicht mehr möglich. Dagegen kann eine Karbidausscheidung noch ablaufen. Je nach den Temperaturen, bei denen die Zwischenstufenumwandlung stattfindet, unterscheidet man zwischen Gefügen der oberen und unteren Zwischenstufe (auch *Bainit* genannt). Die Umwandlung in der oberen Zwischenstufe läßt sich damit erklären, daß zunächst eine Karbidausscheidung erfolgt und damit der Austenit an Kohlenstoff verarmt. Dieser C-arme Austenit klappt in das krz-Gitter um, und der überschüssige Kohlenstoff wird unter Bildung von Karbiden ausgeschieden. Das Gefüge sieht wolkig-körnig aus und ähnelt den Gefügen der unteren Perlitstufe (Bild 1.12a). In der unteren Zwischen-

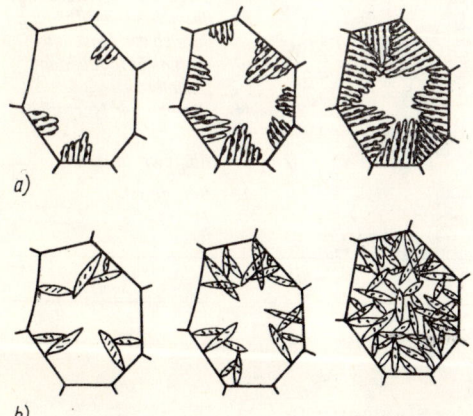

Bild 1.12. Schematische Darstellung der Bildung des Zwischenstufengefüges

a) Gefüge der oberen Zwischenstufe
b) Gefüge der unteren Zwischenstufe

stufe ist die Diffusion des Kohlenstoffs schon erschwert. Die Umwandlung beginnt zunächst mit einem Umklappen in das krz-Gitter. Danach erfolgt durch die verbesserte Diffusion des Kohlenstoffs in diesem Gitter die Karbidausscheidung. Dieses Gefüge ist nadlig und ähnelt dem Martensit (Bild 1.12b). Nur mit Hilfe des Elektronenmikroskops lassen sich die Gefüge der Zwischenstufe eindeutig unterscheiden.

Die Festigkeitswerte der Stähle mit Zwischenstufengefüge sind im allgemeinen höher als diejenigen mit ferritisch-perlitischem Gefüge. Insbesondere werden höhere Zähigkeitseigenschaften als bei Härtegefüge erreicht.

Der Einfluß der Legierungselemente ist kaum zu systematisieren, da ihre Wirkung auf die beiden Teilvorgänge (Karbidausscheidung und Gitterumwandlung) gegensätzlich sein kann. Durch Erhöhung des Legierungsgehaltes, insbesondere der karbidbildenden Elemente, wird die Zwischenstufenumwandlung deutlicher ausgeprägt und grenzt sich im ZTU-Schaubild von der Perlitumwandlung sichtbar ab.

1.1.3. Isotherme und kontinuierliche ZTU-Schaubilder

In der Praxis gibt es sehr unterschiedliche Wärmebehandlungsverfahren. Es kann zwischen isothermen und kontinuierlichen Verfahren unterschieden werden. Der grundlegende Unterschied besteht darin, daß bei den isothermen Wärmebehandlungen (Perlitglühen, Zwischenstufenvergüten) die Umwandlungen bei konstanter Temperatur ablaufen, während bei den kontinuierlichen Wärmebehandlungen (Normalglühen, Härten, gebrochenes Härten) die Umwandlungen bei der Abkühlung stattfinden. Da die ZTU-Schaubilder die Grundlage für die Wärmebehandlung darstellen, gibt es auch isotherme und kontinuierliche ZTU-Schaubilder.

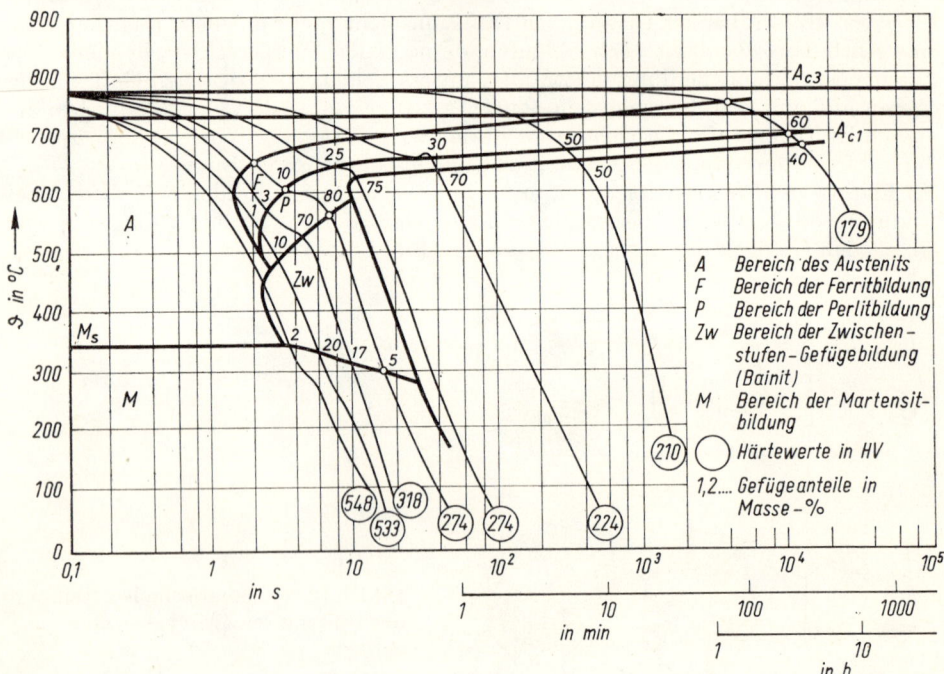

Bild 1.13. Kontinuierliches ZTU-Schaubild des Stahles CK45

Kontinuierliche ZTU-Schaubilder werden mit Hilfe eines Dilatometers, in dem verschiedene Abkühlungsgeschwindigkeiten erreicht werden, aufgestellt. Dazu werden etwa 10 Proben auf Austenitisierungstemperatur erwärmt und mit unterschiedlichen Geschwindigkeiten kontinuierlich abgekühlt. Die jeweiligen Umwandlungspunkte machen sich durch Unstetigkeiten in der Abkühlungskurve bemerkbar. Durch Verbinden der einzelnen Punkte der verschiedenen Abkühlungskurven erhält man das in Bild 1.13 für den Stahl CK45 dargestellte kontinuierliche ZTU-Schaubild.

Kontinuierliche ZTU-Schaubilder werden entlang den Abkühlungskurven gelesen.

Da die Abkühlungsgeschwindigkeiten von der Temperatur abhängig sind und nach einer e-Funktion verlaufen, wird zur zahlenmäßigen Angabe der Geschwindigkeit die Temperaturdifferenz zwischen Austenitisierungstemperatur und 500 °C durch die für die Abkühlung auf 500 °C benötigte Zeit dividiert. Die Umwandlungen bei kontinuierlicher Abkühlung verlaufen nacheinander, d. h., nach erfolgter Abkühlung kann das Gefüge aus Ferrit-Perlit, Zwischenstufengefüge und Martensit bestehen. Die Ursache dafür ist, daß bei der entsprechenden Abkühlungsgeschwindigkeit die Zeit für den vollständigen Ablauf der Umwandlungsstufe nicht ausreicht.

■ Ü. 1.4

Lehrbeispiel

Eine Probe wird mit solcher Geschwindigkeit von 880 °C abgekühlt, daß nach etwa 9 Sekunden 500 °C erreicht sind. Das entspricht einer Abkühlungsgeschwindigkeit von etwa 42 K s^{-1}. Das Gefüge besteht nach vollständiger Umwandlung aus 10% Ferrit, 80% Perlit, 5% Zwischenstufengefüge und 5% Martensit. Die Härte beträgt 274 HV.
Die ZTU-Schaubilder werden mit sehr kleinen Proben aufgestellt (Wandstärke bzw. Dicke etwa 2 mm). Das ist bei der Anwendung der ZTU-Schaubilder zu beachten.

▶ *Überlegen Sie, wie sich die Abkühlungsverhältnisse bei größeren Werkstücken ändern!*

Isotherme ZTU-Schaubilder werden entweder mit Hilfe von Abschreckdilatometern oder durch Untersuchung der Gefügeänderungen aufgestellt. Die dazu erforderlichen Proben werden auf Austenitisierungstemperatur erwärmt und in Metall- oder Salzbädern auf Temperaturen zwischen A_{c3} und M_s abgeschreckt. Nach der Inkubationszeit, in der der Austenit metastabil ist, beginnt die Umwandlung. Den Beginn kann man zeitlich erfassen, da die Umwandlungen sowohl mit Längen- als auch mit Gefügeänderungen verbunden sind. Das Ende der Umwandlung ist erreicht, wenn keine Gefügeänderung mehr auftritt und die Länge konstant bleibt. Die bei den verschiedenen Temperaturen erhaltenen Punkte für den Beginn und das Ende der Umwandlung werden miteinander verbunden, und man erhält das in Bild 1.14 für den Stahl CK45 dargestellte ZTU-Schaubild.

Das isotherme ZTU-Schaubild wird entlang den Isothermen gelesen.

22   1. *Wärmebehandlung von Stahl*

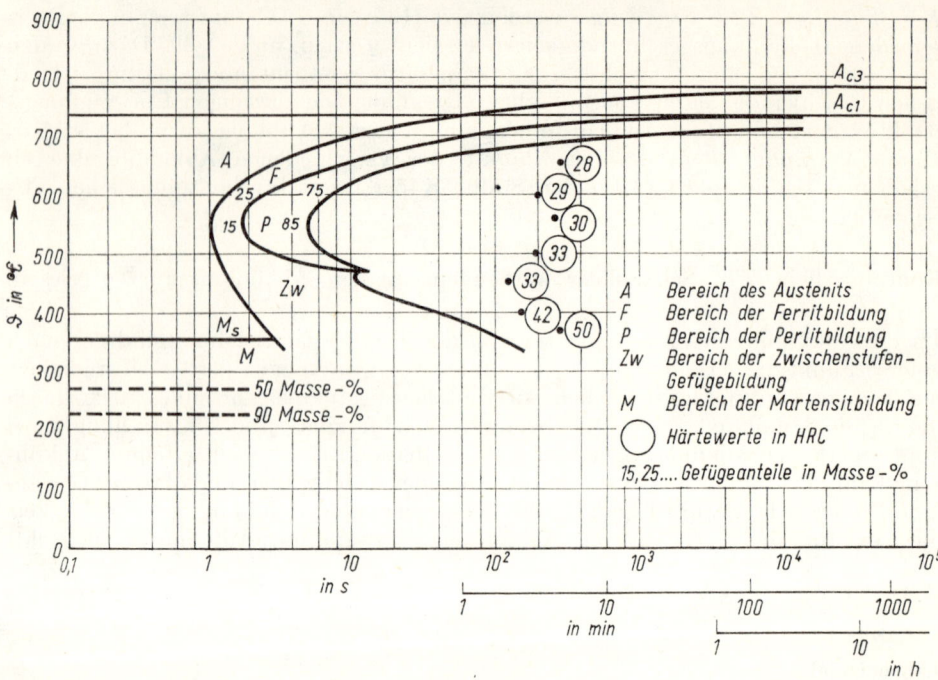

Bild 1.14. Isothermes ZTU-Schaubild des Stahles CK45

Aus dem isothermen ZTU-Schaubild kann entnommen werden, wann die Umwandlung bei einer bestimmten Temperatur beendet ist, welche Gefügeanteile vorliegen und welche Härte das gebildete Gefüge aufweist.

■ Ü. 1.5

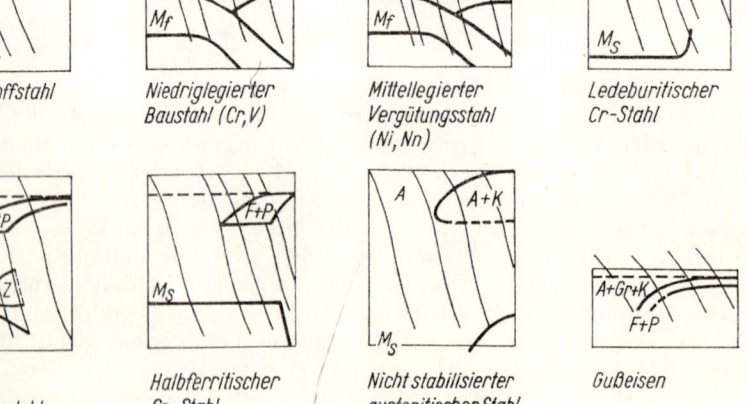

Bild 1.15. Charakteristische Formen kontinuierlicher ZTU-Schaubilder

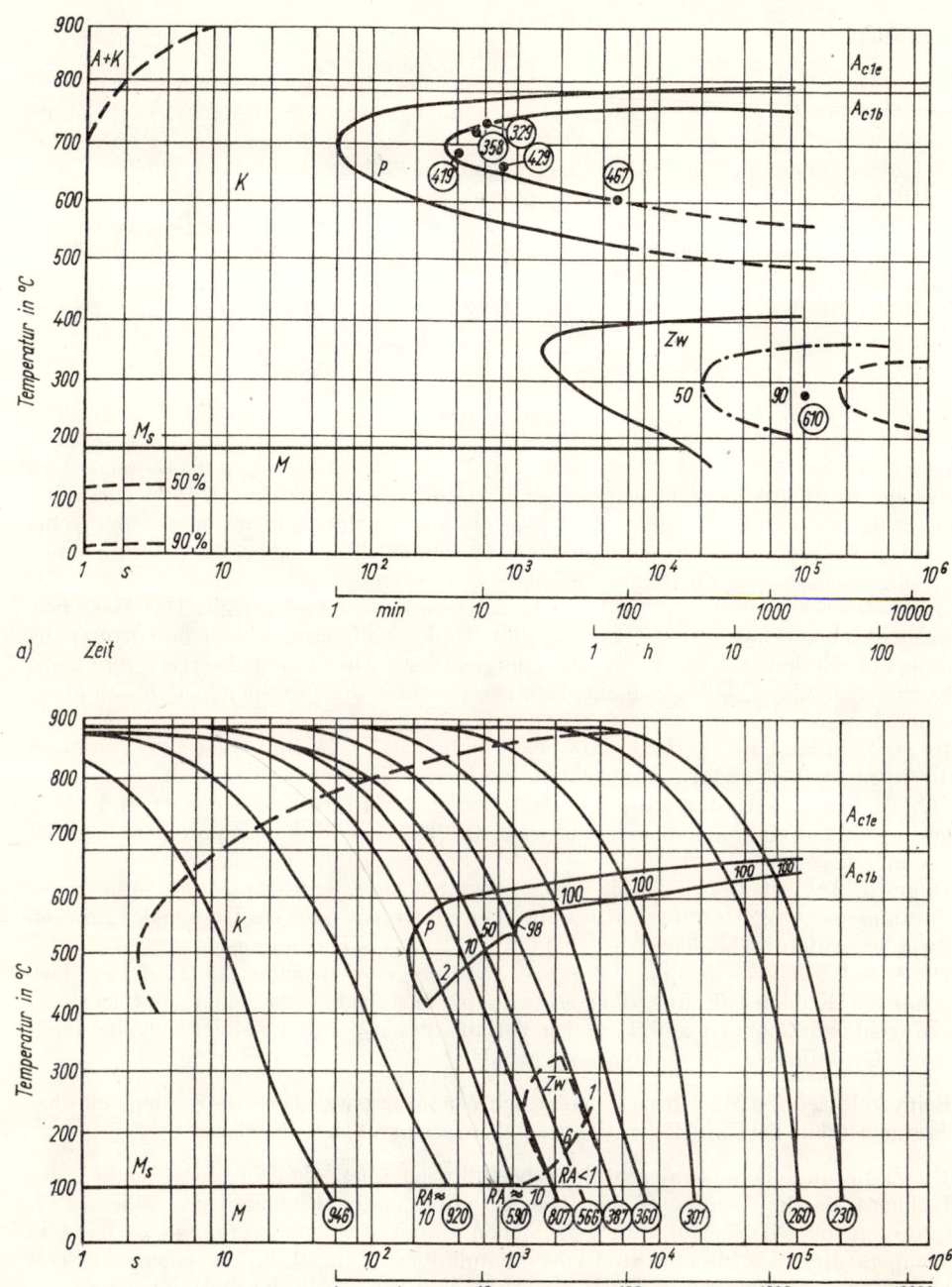

Bild 1.16. Stahl 210Cr46
a) isothermes ZTU-Schaubild   b) kontinuierliches ZTU-Schaubild
K Karbid A_{C1b} Beginn A_{C1}-Umwandlung   RA Restaustenit A_{C1e} Ende A_{C1}-Umwandlung
Chem. Zusammensetzung (in %): C 2,13, Si 0,31, Mn 0,26, P 0,021, S 0,012, Cr 11,3; Austenitisierungstemperatur 970 °C

Lehrbeispiel:

Der Stahl CK45 wird oberhalb A_{c3} austenitisiert und auf eine Temperatur von 600 °C abgeschreckt. Die Umwandlung ist nach 8 Sekunden beendet. Das Gefüge besteht aus 25% Ferrit und 75% Perlit und weist eine Härte von 29 HRC auf.
ZTU-Schaubilder gelten nur für eine chemische Zusammensetzung (Charge) und bestimmte Austenitisierungsbedingungen.
Durch Legierungselemente werden über Diffusion und Keimbildung die Umwandlungsvorgänge wesentlich beeinflußt. In Bild 1.15 sind die unterschiedlichen ZTU-Schaubilder für typische Stähle schematisch dargestellt.
In Bild 1.16 sind darüber hinaus noch die ZTU-Schaubilder für den Stahl 210Cr46 dargestellt.

1.1.4. Anlassen von martensitischem Gefüge

Durch die schnelle Abkühlung bei der Martensitbildung kommt es zu einem Zwangszustand. Außerdem liegt neben Martensit meist auch Restaustenit vor. Wird ein Stahl mit solchem Gefüge erwärmt, so kommt es durch die mit steigender Temperatur verbesserte Diffusionsfähigkeit zu einer allmählichen Einstellung eines gleichgewichtsnahen Zustandes.
Anlaßvorgänge treten beim Erwärmen martensitischer Gefüge auf. Der Martensit weist durch die zwangsweise Lösung des Kohlenstoffs eine erhebliche Gitterspannung auf. Er hat das Bestreben, die energieärmste Anordnung, Ferrit + globulare Karbide, zu bilden. Das geschieht stufenweise, wobei die einzelnen Stufen sich überschneiden können.
In der 1. Anlaßstufe ($\approx$ 100 bis 150 °C) scheidet sich ε-Karbid (Fe_2C) aus, wodurch die tetragonale Verzerrung abgebaut wird, und kubischer Martensit durch eine bessere Ätzbarkeit (deshalb auch als schwarzer Martensit bezeichnet) und einen geringeren C-Gehalt gekennzeichnet wird. Die Härte wird dadurch nicht wesentlich verringert.
In der 2. Anlaßstufe ($\approx$ 225 bis 325 °C) wandelt sich der Restaustenit je nach der Zusammensetzung des Stahles in kubischen Martensit oder ein Gefüge der unteren Zwischenstufe um. Gleichzeitig scheidet sich weiter ε-Karbid aus.
Die 3. Anlaßstufe ($\approx$ 325 bis 400 °C) ist dadurch gekennzeichnet, daß sich der überschüssige Kohlenstoff aus dem kubischen Martensit ausscheidet und sich die ε-Karbide zu Zementit umbilden. Im Verlauf dieser Vorgänge bildet sich eine ferritische Grundmasse mit globularen Karbiden.

Beim Anlassen des Martensits scheidet sich der zwangsweise gelöste Kohlenstoff über das metastabile Fe_2C als Zementit aus. Dabei verringert sich die Härte.

Die Legierungselemente des Stahles beeinflussen über die Diffusionsfähigkeit des Kohlenstoffs die Anlaßvorgänge. Die karbidbildenden Elemente und Silicium erschweren die C-Diffusion und verschieben damit die Anlaßvorgänge zu höheren Temperaturen. Dadurch wird der Stahl anlaßbeständig, d. h., die Härte fällt erst bei höheren Temperaturen stark ab. Außerdem führen die Karbidbildner zu einer 4. Anlaßstufe ($\approx$ 450 °C), der Bildung und Ausscheidung von Sonderkarbiden (besonders Karbide des Vanadins, Molybdäns und Wolframs). In Bild 1.17 ist der Härteverlauf unterschiedlicher Stähle in Abhängigkeit von der Anlaßtemperatur dargestellt.

■ Ü. 1.6

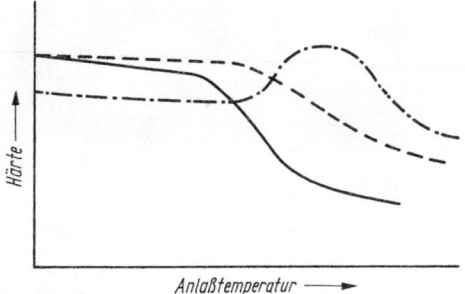

Bild 1.17. Härte in Abhängigkeit von der Anlaßtemperatur
– – – – – C-Stahl
– – – – legierter Stahl
–.–.–.– hochlegierter Stahl

1.2. Glühverfahren

Zielstellung

Nachdem Sie die Grundlagen der Wärmebehandlung kennengelernt haben, sollen in diesem Abschnitt die Glühverfahren behandelt werden. Unter Glühen versteht man nach TGL 21862:

Hoch- und Durchwärmen auf eine Temperatur, Halten und nachfolgendes Abkühlen zum Erzielen einer bestimmten Gefügeausbildung oder Verminderung vorhandener Spannungen.

Diese allgemeine Definition ist für eine ganze Reihe von Glühverfahren zutreffend, die im folgenden näher beschrieben werden sollen. Dabei wird jedem Verfahren die Definition nach TGL 21862 vorangestellt.
Die erforderliche Glühdauer richtet sich nach der Werkstückgröße und der chemischen Zusammensetzung des Stahles.

1.2.1. Normalglühen

Glühen bei einer Temperatur oberhalb A_{c3}, bei übereutektoidem Stahl oberhalb A_{c1} mit nachfolgendem Abkühlen zum gleichmäßigen Verteilen der Gefügebestandteile.

Durch technologische Parameter bei der Warmformgebung, der Wärmebehandlung und dem Schweißen kommt es zu einer ungleichmäßigen oder ungünstigen Gefügeausbildung (Grobkorn, *Widmannstätten*sches Gefüge usw.). Das wirkt sich auch negativ auf die Festigkeitseigenschaften aus. Die Festigkeit und die plastischen Werte sind niedrig, weshalb ein Normalglühen zur Erreichung einer gleichmäßigen, feinkörnigen Gefügeverteilung erforderlich ist. Die Ursache für die Umkörnung des Gefüges besteht in dem zweimaligen Phasenübergang (bei der Erwärmung und Abkühlung):

$\alpha\text{-Fe} + Fe_3C \rightarrow \gamma\text{—Fe} \rightarrow \alpha\text{—Fe} + Fe_3C.$

Bei jedem Phasenübergang läuft auch eine Keimbildung ab. Dieser Vorgang kann durch folgende technologische Parameter beeinflußt werden:

- Erwärmungsgeschwindigkeit,
- Austenitisierungstemperatur,
- Haltedauer,
- Abkühlungsgeschwindigkeit.

▶ *Überlegen Sie, wie die einzelnen Faktoren die Gefügebildung beim Normalglühen beeinflussen!*

Üblicherweise werden die Werkstücke in den auf Glühtemperatur erwärmten Ofen eingesetzt. Die Glühtemperatur sollte bei 30 bis 50 K oberhalb A_{c3} (bei untereutektoiden Stählen) oder A_{c1} (bei übereutektoiden Stählen) nicht überschreiten. Die Haltedauer sollte nicht zu lang sein.
Die Abkühlung erfolgt an ruhender Luft (Bild 1.18).
Angewandt wird das Normalglühen immer dann, wenn eine ungleichmäßige Gefügeverteilung vorliegt (Bild 1.19). Bei Schweißkonstruktionen ist die Durchführung des Normalglühens schwierig. Mit Hilfe von Induktionsanlagen oder Brennern wird der Schweißnahtbereich örtlich erwärmt und so eine Umkörnung erreicht.

■ Ü. 1.7

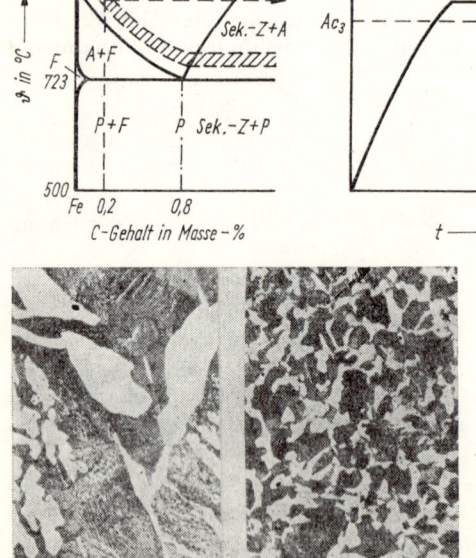

Bild 1.18. Schematische Darstellung des Normalglühens

Bild 1.19. Gefüge eines Stahles
links: vor dem Normalglühen
rechts: nach dem Normalglühen

1.2.2. Weichglühen

Glühen bei einer Temperatur dicht unterhalb A_{c1} oder oberhalb A_{c1} mit anschließendem langsamem Abkühlen zum Erzielen überwiegend körnigen Zementits.

Nach der Abkühlung von Walz- oder Schmiedetemperatur kann der Stahl erhebliche Festigkeitswerte aufweisen, die eine spangebende und spanlose Formgebung erschweren oder unmöglich machen. In diesem Falle wird das Weichglühen durchgeführt, wobei sich die Glühtechnologie nach der Stahlart richtet.

Das Weichglühen unlegierter und niedriglegierter Stähle bereitet kaum Schwierigkeiten. Sie werden bei etwa 680 bis 720 °C vier bis acht Stunden geglüht und bis 500 °C im Ofen abgekühlt. Danach kann an Luft abgekühlt werden, da bei niedrigen Temperaturen keine Einformung der Karbide mehr stattfindet. Auch ein Pendelglühen um den A_{c1}-Punkt kann für die genannten Stähle angewandt werden (Bild 1.20).

Im Ergebnis des Weichglühens formt sich der lamellare Zementit des Perlits globular ein, und es entsteht ein Gefüge mit globularem Zementit in ferritischer Grundmasse (Bild 1.21).

Bei höherlegierten und hochkohlenstoffhaltigen Stählen sind spezielle Weichglühtechnologien erforderlich. Hier stört vor allem der vorhandene Sekundärzementit,

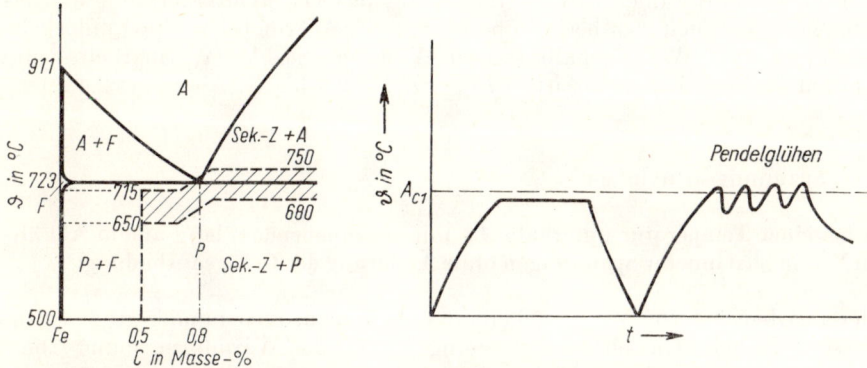

Bild 1.20. Schematische Darstellung des Weichglühens

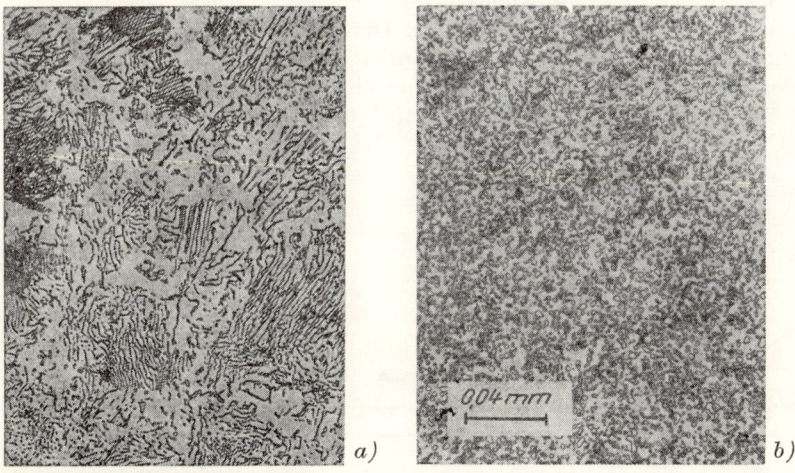

Bild 1.21. Einformung der Karbide
a) beginnende Einformung
b) Ferrit mit globular eingeformten Karbiden

der sich sehr schwer einformt. Nach Möglichkeit sollte vor dem Weichglühen kein Sekundärzementit im Stahl vorhanden sein.

▸ *Überlegen Sie, wie in übereutektoiden Stählen die voreutektoide Zementitausscheidung vermieden werden kann!*

Weichglühen dient der besseren Bearbeitbarkeit (Festigkeit und Härte werden verringert), und außerdem ist es das günstigste Ausgangsgefüge für ein nachfolgendes Härten.

■ Ü. 1.8

Schwierigkeiten beim Weichglühen bereiten Nickel- und Wolframstähle. Bei den Nickelstählen wird mit steigendem Ni-Gehalt der Umwandlungspunkt A_{c1} stark herabgesetzt. Dadurch verschieben sich auch die Weichglühtemperaturen, und bei diesen tieferen Temperaturen wird die Einformung der Karbide erschwert.
Bei wolframlegierten Stählen besteht die Gefahr des »*Totglühens*«. Durch langzeitiges Glühen bildet sich das bei Temperaturen der Wärmebehandlung unlösliche Wolframmonokarbid WC. Deshalb sollten W-haltige Stähle (Warmarbeits- und Schnellarbeitsstähle) nicht langzeitig weichgeglüht werden (s. Abschnitt 2.4.2.).

1.2.3. Spannungsarmglühen

Glühen bei einer Temperatur unterhalb A_{c1} mit anschließendem langsamem Abkühlen zum Verringern innerer Spannungen ohne Änderung der Gefügeausbildung.

Bei jeder Bearbeitung von Werkstücken entstehen mehr oder minder große Spannungen, so z. B. beim Gießen (Gußspannungen), bei der Warmformgebung (thermische Spannungen durch ungleichmäßige Abkühlung) und bei der Kaltformgebung. Die Spannungen können so groß werden, daß es zu einem Verziehen oder zum Bruch der Werkstücke kommt. Ein Richten verzogener Werkstücke beseitigt nicht die Spannungen, sondern kompensiert sie nur. Durch eine nachfolgende Behandlung (Zerspanung oder örtliche Erwärmung) können die aufgebrachten Spannungen beseitigt werden, und die Werkstücke verziehen sich erneut.
Besser ist die Anwendung des *Spannungsarmglühens*, das bei Temperaturen von 550 bis 650 °C durchgeführt wird (Bild 1.22). Bei diesen Temperaturen ist die

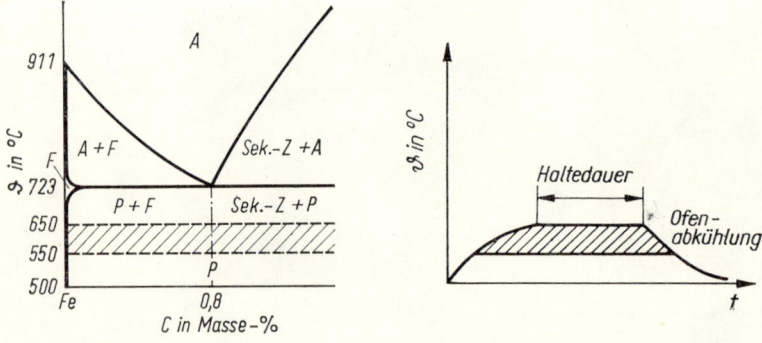

Bild 1.22. Schematische Darstellung des Spannungsarmglühens

Diffusionsfähigkeit der Atome schon so groß, daß Platzwechselvorgänge ablaufen können. Dadurch werden blockierte Versetzungen beweglich und können unter dem Einfluß der inneren Spannungen wandern. Gleichzeitig heben sich dabei Versetzungen mit entgegengesetzten Vorzeichen auf. Diese Vorgänge führen zu einem Abbau der Spannungen.
Komplizierte Teile sollten beim Spannungsarmglühen in den kalten Ofen eingesetzt werden, da sich sonst die thermischen Spannungen mit den vorhandenen Spannungen addieren und zu einer Zerstörung der Werkstücke führen.
Angewandt wird das Spannungsarmglühen z. B. bei Gußstücken, Schweißkonstruktionen und kaltumgeformten Teilen.

■ Ü. 1.9

1.2.4. Rekristallisationsglühen

Glühen von kaltverfestigtem Stahl oberhalb der Temperatur des Rekristallisationsbeginns zum Beseitigen der Kaltverfestigung und Erzielen einer bestimmten Korngröße ohne Phasenumwandlung.

Ihnen ist bekannt, daß durch die Kaltformgebung die Anzahl der Gitterstörstellen vergrößert wird und dadurch die Festigkeit ansteigt und die Plastizität verringert wird. Eine weitere Kaltumformung wird erschwert. In diesem Falle ist das *Rekristallisationsglühen* nur eine Zwischenbehandlung. Wenn jedoch die nach der Kaltformgebung vorliegenden Eigenschaften von den geforderten Gebrauchseigenschaften abweichen, so dient das Rekristallisationsglühen zur Gewährleistung der geforderten Werte.
Der Zusammenhang zwischen Umformgrad, Glühtemperatur und Korngröße ist Ihnen aus den »Grundlagen metallischer Werkstoffe, . . .« bekannt. Neben diesen Faktoren wirken noch die Ausgangskorngröße, die Erhitzungsgeschwindigkeit und die Stahlzusammensetzung auf die nach dem Glühen erzielte Korngröße. Sie wirken über die Keimbildung und das Kornwachstum. Bei einem großen Ausgangskorn

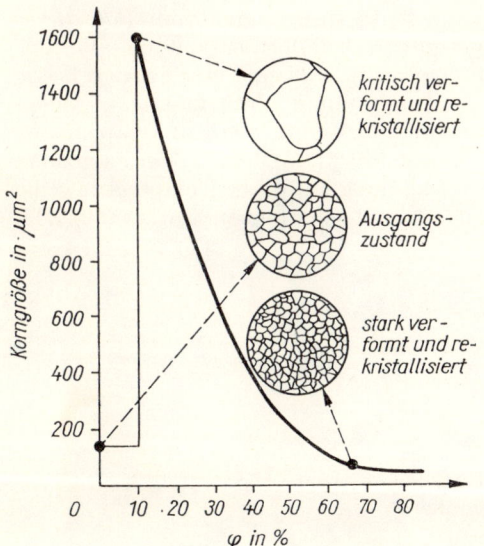

Bild 1.23. Abhängigkeit der Korngröße vom Umformgrad nach dem Rekristallisationsglühen

und geringen Erwärmungsgeschwindigkeiten entstehen wenig Keime, und es bildet sich ein grobes Korn. Umgekehrt ist es bei einem feinen Ausgangskorn und hohen Erwärmungsgeschwindigkeiten. Ungelöste Fremdatome (Ausscheidungen) begünstigen die Keimbildung und hemmen das Kornwachstum (Bild 1.23).

Durchgeführt wird das Rekristallisationsglühen bei Temperaturen von 650 bis 750 °C und einer Haltedauer von 1 bis 2 Stunden. Da in den meisten Fällen Draht, Feinblech und Kaltband dem Rekristallisationsglühen unterzogen werden, sollte zur Vermeidung von Verzunderung unter Schutzgas geglüht werden.

■ Ü. 1.10

▶ *Überlegen Sie, warum Stähle mit einem Umformgrad von 5 bis 20% nicht rekristallisierend geglüht werden sollen!*

Da durch die Kaltumformung die Anzahl der Gitterstörstellen ansteigt, wird die Diffusionsfähigkeit verbessert. Die Karbide formen sich leichter globular ein, und es kann schon nach dem Rekristallisationsglühen eine ferritische Grundmasse mit globular eingeformten Karbiden vorliegen (Weichglühgefüge).

1.2.5. Perlitglühen

Glühen bei Temperaturen oberhalb A_{c3} bei untereutektoiden Stählen und oberhalb A_{c1} oder A_{ccm} bei übereutektoiden Stählen, Abkühlen auf eine Temperatur der Perlitumwandlung und isothermes Halten bis zum vollständigen Zerfall des Austenits zum Erzielen eines Perlitgefüges.

Dieses Glühverfahren hat den Zweck, ein Gefüge der Perlitstufe zu bilden. So kann es z. B. in legierten Stählen bei der Luftabkühlung nach dem Normalglühen zur Bildung von Zwischenstufengefüge oder Martensit kommen. Diese Gefügebestandteile können erheblich die Festigkeit heraufsetzen und die Zähigkeit vermindern. Um das zu vermeiden, wird das Perlitglühen angewandt. Werden Drähte oder Bänder nach diesem Verfahren behandelt, so spricht man vom *Patentieren*. Feinlamellarer Perlit (Sorbit) besitzt eine gute Kaltumformbarkeit und Verfestigungsfähigkeit. Bedingung ist das Fehlen von Ferrit, da Ferrit eine geringe Festigkeit besitzt und zur Anrißbildung bei der Kaltumformung führen kann.

Wie in der Definition beschrieben, wird nach dem Austenitisieren auf Temperaturen der Perlitumwandlung, meist zwischen 550 und 700 °C, in Metall- oder Salzbädern abgeschreckt und bis zur vollständigen Umwandlung auf dieser Temperatur gehalten. In Bild 1.24 ist der Temperaturverlauf schematisch in einem isothermen ZTU-Schaubild dargestellt.

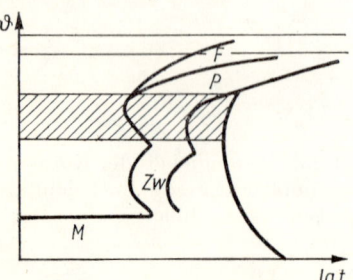

Bild 1.24. Schematische Darstellung des Perlitglühens

1.2.6. Grobkornglühen

Glühen untereutektoider Stähle bei einer Temperatur oberhalb A_{c3} mit zweckentsprechendem Abkühlen, um gröberes Korn zu erzielen.

Unlegierte und niedriglegierte Stähle mit einem C-Gehalt $< 0{,}20\%$ (z. B. Einsatzstähle) neigen bei der spangebenden Formung zum »Schmieren«. Man versteht darunter auf der einen Seite das Zusetzen der Spanräume mit Stahl und zum anderen ein Wegquetschen der Späne. Dadurch werden die Schnittleistung herabgesetzt und auch die Oberflächengüte des Werkstücks verringert.
Um die Zerspanbarkeit zu verbessern, wird das *Grobkornglühen* durchgeführt. Bei Temperaturen von 950 bis 1100 °C und einer Haltedauer von einer bis vier Stunden entsteht ein grobes Austenitkorn, das auch bei der nachfolgenden Abkühlung zu einem groben Ferrit-Perlit-Korn führt. Im Korngrenzenbereich ergibt sich eine Anhäufung von Fremdatomen, die die Plastizität herabsetzen. Dadurch kommt es an diesen Stellen zu einem Brechen des Spans, und es entsteht ein kurzbrüchiger Span.
Die Wirkung des Grobkornglühens kann durch Ofenabkühlung (grober Perlit) oder Wasserabkühlung (Zwischenstufengefüge höherer Festigkeit) erhöht werden.

■ Ü. 1.11

1.2.7. Diffusionsglühen

Glühen bei hohen Temperaturen — bei Stählen mit Gefügeumwandlung erheblich oberhalb A_{c3} bzw. A_{ccm} — mit langzeitigem Halten und nachfolgendem beliebigem Abkühlen, um eine gleichmäßige Verteilung löslicher Bestandteile zu erzielen.

Wie Sie aus der Definition ersehen, sollen lösliche Inhomogenitäten im Stahl beseitigt bzw. ausgeglichen werden. Solche Inhomogenitäten entstehen bei der Erstarrung des Stahles und werden als *Seigerungen* bezeichnet. Durch sie kommt es zu ungleichmäßigen Eigenschaften im Stahl. Neben unterschiedlichem chemischem Verhalten kann auch die Gefügeausbildung ungleichmäßig (zeilenförmig) sein und damit zu richtungsabhängigen mechanischen Werten führen. Um das auszugleichen, wird das *Diffusionsglühen* angewandt.
Durch das Diffusionsglühen, das bei 1000 bis 1200 °C durchgeführt wird, können jedoch nur Mischkristallseigerungen beseitigt werden. Für Blockseigerungen sind die Diffusionswege zu groß. Es wären Glühzeiten von Tagen oder Wochen erforderlich.
Infolge der hohen Temperaturen und der langen Haltedauer (4 bis 12 Stunden) kann es zur starken Verzunderung, Entkohlung und Grobkornbildung kommen. Die ersten beiden Fehlererscheinungen bewirken Materialverluste, die nur durch Glühen unter Schutzgas verhindert werden können. Die Grobkornbildung führt zur Verschlechterung der Festigkeitseigenschaften und muß durch eine nachfolgende Wärmebehandlung beseitigt werden.

■ Ü. 1.12

Aus den genannten Gründen wird das Diffusionsglühen nur bei der Herstellung hochbeanspruchter Teile, z. B. Wälzlager, angewandt. Günstiger ist aber auch dann die Verwendung solcher Stähle, die keine starken Seigerungen aufweisen. Das sind die ultrareinen Stähle (z. B. statt 100Cr6 den Stahl UR100Cr6 verwenden).

1.3. Härten und Vergüten

Zielstellung

In diesem Abschnitt sollen Sie die Wärmebehandlungsverfahren kennenlernen, die auf Martensitbildung beruhen. Dazu ist erforderlich, daß Sie die Gesetzmäßigkeiten bei der Martensitumwandlung beherrschen. Unter Härten versteht man allgemein:

Hoch- und Durchwärmen des gesamten Volumens oder bestimmter Oberflächenschichten auf Härtetemperatur, Halten und nachfolgendes Abkühlen mit solcher Geschwindigkeit, daß vorwiegend Martensit entsteht.

Im folgenden sollen das normale Härten, das Oberflächenhärten und das Vergüten beschrieben werden.

1.3.1. Härten nach Volumenerwärmung

1.3.1.1. Abschreckhärten

Das Härten stellt eine wichtige Wärmebehandlung für Maschinenteile und Werkzeuge dar. Grundlage dafür ist die Martensitbildung. Die damit verbundene Härtesteigerung führt zu einer wesentlichen Erhöhung der Verschleißfestigkeit. Voraussetzungen für die Härtbarkeit eines Stahles sind:

— C-Gehalt über 0,25%,
— Qualitäts- oder Edelstahl,
— kein austenitischer oder ferritischer Stahl (siehe Abschnitt 2.1.1.).

Die Härte des Martensits ist vom Kohlenstoff des Stahles abhängig (s. Bild 1.11). Bei zu kleinem C-Gehalt ist die Aufhärtung zu gering. Massenstähle (P-Gehalt > 0,045%, S-Gehalt > 0,045%) sind nicht für ein Härten vorgesehen, da der hohe Phosphor- und Schwefelgehalt zu Härterissen führt (s. Abschnitt 2.1.4.).
Bei der praktischen Durchführung des Härtens sind die technologischen Parameter (Erwärmungsgeschwindigkeit, Härtetemperatur, Haltedauer und Abschreckgeschwindigkeit) von großer Bedeutung. Die Erwärmungsgeschwindigkeit wirkt, wie Sie in Abschnitt 1.1.1. gesehen haben, auf die Lage der Umwandlungspunkte. Mit steigender Erwärmungsgeschwindigkeit verschieben sie sich zu höheren Temperaturen, was bei den Verfahren mit Schnellerwärmung durch Einstellung einer höheren Härtetemperatur berücksichtigt werden muß. Die Erwärmungsgeschwindigkeit muß der Form und Größe des Werkstückes und der Wärmeleitfähigkeit des Stahles angepaßt werden. Komplizierte große Werkstücke sollten langsam oder stufenweise erwärmt werden. Das gleiche gilt für Teile aus Stählen mit geringer Wärmeleitfähigkeit (legierte und hochlegierte Stähle). Durch langsame oder stufenweise Erwärmung treten keine großen Temperaturunterschiede zwischen Rand und Kern auf.

▶ *Überlegen Sie, welchen Einfluß der Temperaturunterschied zwischen Rand und Kern eines Werkstückes hat!*

Die Härtetemperatur sollte immer so gewählt werden, daß im Werkstück Maximalhärte erreicht wird. Im Abschnitt 1.1.2. haben Sie gesehen, daß bei untereutek-

1.3. Härten und Vergüten

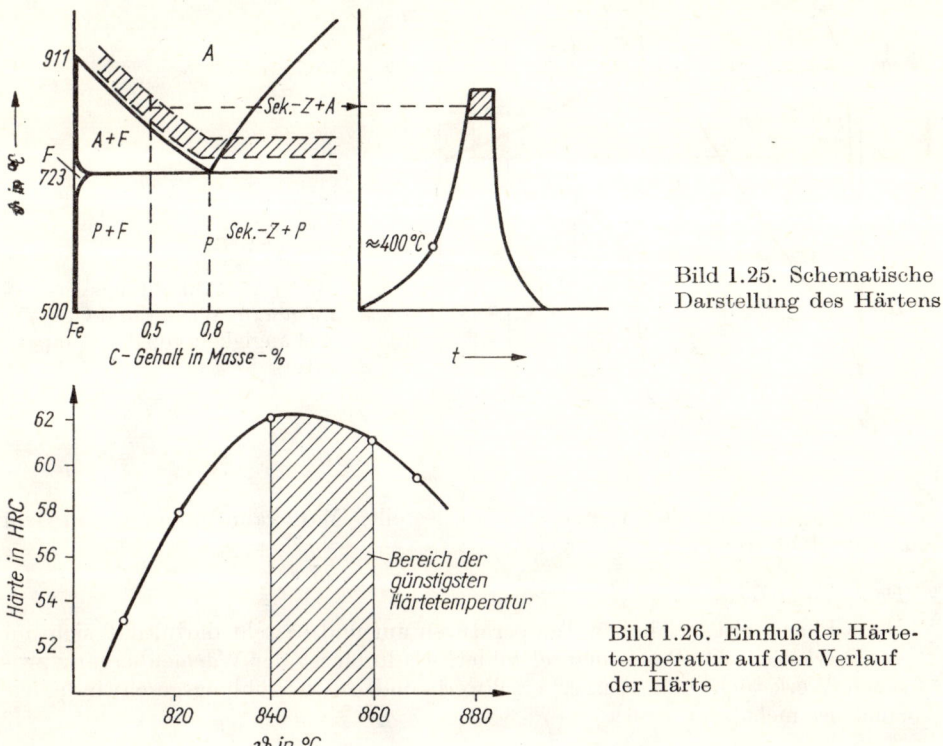

Bild 1.25. Schematische Darstellung des Härtens

Bild 1.26. Einfluß der Härtetemperatur auf den Verlauf der Härte

toiden Stählen von Temperaturen oberhalb A_{c3} und bei übereutektoiden Stählen oberhalb A_{c1} abgeschreckt werden sollte (Bild 1.25).
Wie sich unterschiedliche Härtetemperaturen auf die nach dem Härten erreichte Härte auswirken, zeigt Bild 1.26. Bei zu niedrigen Härtetemperaturen wird das Ausgangsgefüge nicht vollständig in Austenit umgewandelt. Nach dem Abschrecken liegen neben Martensit nichtumgewandelte Gefügeteile (Ferrit, Perlit) vor. Da deren Härte geringer ist, wird keine Maximalhärte erreicht. Diese Fehlererscheinung wird als *Unterhärtung* bezeichnet. Werden zu hohe Härtetemperaturen angewandt, so kommt es zu einem Austenitkornwachstum — der Austenit wird keimärmer, d. h., der Austenit wird stabiler. Dadurch wandelt er beim nachfolgenden Abschrecken nicht vollständig in Martensit um. Man erhält Restaustenit im Gefüge mit geringer Härte, und die Härte sinkt ab. Diese Fehlererscheinung wird als *Überhärtung* bezeichnet.
Analog der Temperatur wirkt die Haltedauer. Die Fehlererscheinungen bei falscher Haltedauer sind die Unter- und Überzeitung.

■ Ü. 1.13

▶ *Begründen Sie, warum eine falsche Haltedauer auch zu Fehlern führen kann!*

Die Wahl des Abschreckmittels richtet sich nach der kritischen Abkühlungsgeschwindigkeit des Stahles, die mit steigendem Legierungsgehalt geringer wird. Das *Abschreckvermögen* ist jedoch nicht konstant, sondern von der Temperatur des Werkstückes abhängig. In Bild 1.27 ist der Verlauf der Abkühlungsgeschwindigkeit

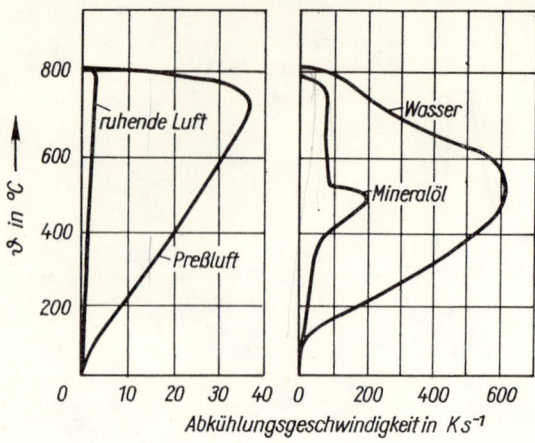

Bild 1.27. Abkühlungsvermögen für Wasser und Öl in Abhängigkeit von der Temperatur

in Abhängigkeit von der Temperatur dargestellt. Man kann entsprechend dem Kurvenverlauf drei Phasen unterscheiden:

— *Dampfmantelphase*
  Diese Phase tritt bei hohen Temperaturen auf und besteht darin, daß sich um das Werkstück ein Dampfmantel bildet. Dadurch ist der Wärmeübergang zwischen Werkstück und Wasser erschwert und die Abkühlungsgeschwindigkeit zunächst nicht sehr groß.

— *Kochphase*
  In dieser Phase bricht der Dampfmantel zusammen, und das Wasser kommt direkt mit dem Werkstück in Berührung. Die Wärmeabfuhr ist am größten und damit auch die Abkühlungsgeschwindigkeit.

— *Konvektionsphase*
  Hier erfolgt die Wärmeabfuhr nur noch durch direkte Berührung des Wassers. Die Abkühlungsgeschwindigkeit nimmt mit sinkender Temperatur des Werkstückes ab.

Man ist bestrebt, bei hohen Temperaturen eine möglichst große Abkühlungsgeschwindigkeit zu erreichen. Diese kann erzielt werden, wenn die Dampfmantelphase klein ist. Bewirkt wird das durch niedrige Temperatur des Wassers (»Eiswasser«), Zusätze von Säuren, Laugen oder Salzen (Siedepunkterhöhung) und Bewegung von Werkstück und Wasser.
Die Öle weisen eine geringere Abschreckwirkung auf. Dabei ist die Abkühlungsgeschwindigkeit in fetten Ölen (hoher Siedepunkt) größer als in leichten Ölen. Im Gegensatz zum Wasser wird beim Öl die Abschreckwirkung bei erhöhten Temperaturen (40 bis 80 °C) durch Verminderung der Viskosität verbessert. Es bildet sich ebenfalls ein Dampfmantel, der durch Bewegung des Werkstückes und des Öles zerstört werden kann. Anhaftende Dampfblasen, besonders bei komplizierten Teilen, können sowohl in Öl als auch in Wasser zur *Weichfleckigkeit* führen.
Die geringste Abschreckwirkung weist Luft auf. Hier ist die Abkühlungsgeschwindigkeit proportional dem Temperaturunterschied zwischen Werkstück und Luft.
Die Auswahl des jeweiligen Abschreckmittels richtet sich nach der kritischen Ab-

kühlungsgeschwindigkeit des Stahles. Allgemein gilt, daß das Abschreckmittel zur Vermeidung von Fehlererscheinungen (Härterissen) möglichst mild wirken sollte. Beim Härten kann es zu unterschiedlichen Fehlererscheinungen kommen, die ganz oder teilweise zum Ausschuß des Werkstückes führen können, weshalb man ihre Ursachen und die Möglichkeiten ihrer Vermeidung kennen muß.

— *Unterhärten*
bedeutet Härten von zu niedriger Härtetemperatur oder von richtiger Temperatur nach zu kurzer Haltedauer.

— *Überhärten*
bedeutet Härten von zu hoher Härtetemperatur oder von richtiger Temperatur nach zu langer Haltedauer.

Beide Fehlererscheinungen machen sich durch eine zu geringe Härte bemerkbar und lassen sich nur durch genaue Einhaltung der Wärmebehandlungstechnologie vermeiden.

— *Weichfleckigkeit*
bedeutet unterschiedliche Härteannahme beim Härten.
Die Ursache dieser Fehlererscheinung besteht in der ungleichmäßigen Abkühlung beim Härten. Das kann durch Dampfblasenbildung, anhaftenden Zunder oder durch Behinderung der Abschreckwirkung (durch Griffflächen von Zangen oder andere Härtereihilfsmittel) erfolgen.

— *Weichhaut*
bedeutet weiche Oberflächenschicht nach dem Härten.
Durch die Ofenatmosphäre kann es zu einer Entkohlung der Oberflächenschicht kommen. Beim nachfolgenden Härten wird dadurch nicht die maximale Härte erreicht.

— *Verzug*
bedeutet Maß- und Formänderungen als Folge der Wärmebehandlung.
Durch die Wärmebehandlung kann es zum Verzug kommen. Dieser läßt sich in technologisch vermeidbaren und unvermeidbaren unterteilen. Der unvermeidbare Verzug ergibt sich aus der Werkstoffzusammensetzung und der Form und Größe des Werkstückes. Der vermeidbare Verzug ist durch die Lage des Werkstückes während der Wärmebehandlung im Ofen, die Temperaturverteilung und die Abschreckstellung bedingt.

■ Ü. 1.14

1.3.1.2. Gebrochenes Härten, Warmbadhärten

Beim Härten kommt es zu erheblichen Spannungen im Werkstück. Die Härtespannungen entstehen durch
— ungleichmäßige plastische Verformungen beim Abkühlen, hervorgerufen durch Temperaturunterschiede (Gestaltsänderungsspannungen),
— die bei der Umwandlung eintretende Volumenänderung (Umwandlungsspannungen) und
— die Aufweitung und Verzerrung des Gitters durch den bei der Martensitbildung zwangsweise in Lösung gehaltenen Kohlenstoff (Gefügespannungen).

Diese Spannungen lassen sich nicht vermeiden; jedoch kann das zeitliche Auftreten beeinflußt werden. Dazu gibt es zwei Möglichkeiten:

— *Härten mit diskontinuierlichem Abkühlen (gebrochenes Härten),*
bei dem das Abkühlen in verschiedenen Medien unterschiedlicher Abkühlintensität erfolgt.
Aus der Definition geht hervor, daß das Abschrecken in zwei unterschiedlichen Medien nacheinander erfolgt. Dabei wird zunächst von Härtetemperatur in dem schroff wirkenden Mittel (Wasser, Öl) und ab Temperaturen von etwa 550 °C in einem milderen Abschreckmittel (Öl, Luft) abgekühlt. Schematisch ist das in Bild 1.27 dargestellt. Bei der verlangsamten Abkühlung (Öl, Luft) bauen sich die Gestaltsänderungsspannungen teilweise ab und fallen nicht mehr mit den Umwandlungs- und Gefügespannungen zusammen.

▶ *Überlegen Sie, warum die Abschreckkombination Wasser/Öl zu Schwierigkeiten führen kann!*

— *Warmbadhärten,*
bei dem das Härten des Werkstückes durch Abkühlen in einem Warmbad, Halten bis zum Temperaturausgleich und anschließendes beliebiges Abkühlen auf Raumtemperatur erfolgt.
Aus der Definition geht hervor, daß das Abschrecken in einem Warmbad erfolgt. Dazu werden Metall- oder Salzbäder verwendet, deren Temperatur dicht oberhalb M_s eingestellt sein sollte. Die Temperaturführung ist schematisch in Bild 1.28 dargestellt. Durch das Abkühlen im Warmbad werden die Gestaltsänderungsspannungen weitestgehend abgebaut und fallen dadurch nicht mit den anderen Spannungen zusammen.
Dieses Verfahren wird besonders für sehr komplizierte Kleinteile angewandt.

■ Ü. 1.15

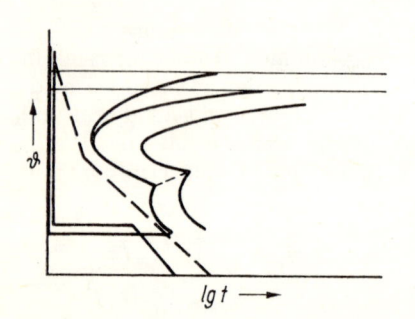

Bild 1.28. Schematische Darstellung des gebrochenen Härtens und Warmbadhärtens
- - - - gebrochenes Härten
——— Warmbadhärten

1.3.1.3. Härtbarkeitsprüfung

Die Härtbarkeit ist eine typische Eigenschaft des Stahles. Sie besteht in der Härtesteigerung beim Härten durch schnelles Abkühlen, hervorgerufen durch die Martensitbildung. Das beruht auf der unterschiedlichen C-Löslichkeit der verschiedenen Modifikationen des Eisens.

▶ *Vergleichen Sie die maximale C-Löslichkeit des Eisens im Austenitgebiet mit der Löslichkeit des Ferrits bei Raumtemperatur!*

Die Härtbarkeit eines Stahles kann mit dem im Standard TGL-RGW 475-77 beschriebenen Stirnabschreckversuch bestimmt werden. Hierbei wird eine spezielle Probe auf Härtetemperatur erwärmt, bei dieser Temperatur bis zur vollständigen Umwandlung gehalten und in einer Vorrichtung an der Stirnfläche mit Wasser abgeschreckt (Bild 1.29).

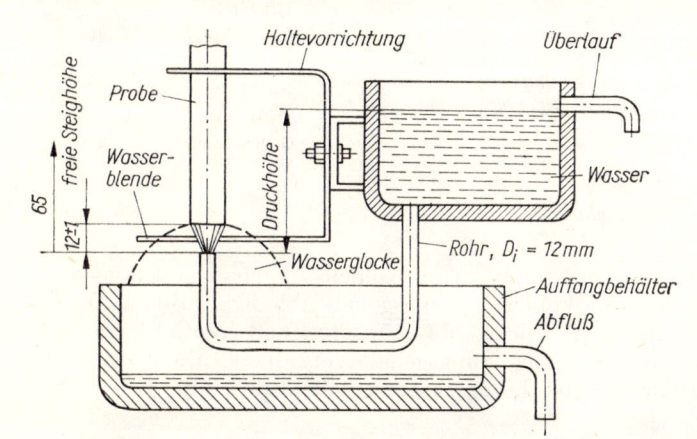

Bild 1.29. Vorrichtung zum Abschrecken von Stirnabschreckproben

Anschließend werden auf der Mantelfläche zwei parallele Bahnen angeschliffen und die Härte nach *Rockwell* oder *Vickers* gemessen. Die erhaltenen Härtewerte werden in einem Diagramm in Abhängigkeit von der abgeschreckten Stirnfläche dargestellt. Bild 1.30 zeigt die Stirnabschreckkurve des Stahles C45 sowie zum Vergleich die Kurven der Stähle 40Cr4 und X40Cr13. Die *Aufhärtung* ist die in diesem Stahl erreichte Maximalhärte (etwa 58 HRC). Die *Einhärtung* ist schwieriger zu bestimmen. Man bezeichnet einen Stahl als gehärtet, wenn mehr als 50% Martensit nach dem Abschrecken vorliegen. Da die Härte des Martensits nur vom C-Gehalt abhängig ist, wird auch die Härte bei 50% Martensit vom C-Gehalt abhängen. Bild 1.31 zeigt den Verlauf der Härte in Abhängigkeit vom C-Gehalt für verschiedene Martensitgehalte. Der C-Gehalt des zu untersuchenden Stahles ist bekannt, und damit kann die Härte bei 50% Martensit (kritische Härte) bestimmt werden. Sie beträgt für 0,45% C etwa 45 HRC. Dieser Wert wird in der Stirnabschreckkurve (Bild 1.30) bei etwa 4 mm erreicht, d. h., die Einhärtungstiefe EHT beträgt 4 mm. Daraus ist ersichtlich, daß beim Stahl C45 nur eine dünne Oberflächenschicht (Schale) gehärtet ist. Man bezeichnet deshalb die unlegierten Stähle auch als *Schalenhärter*.

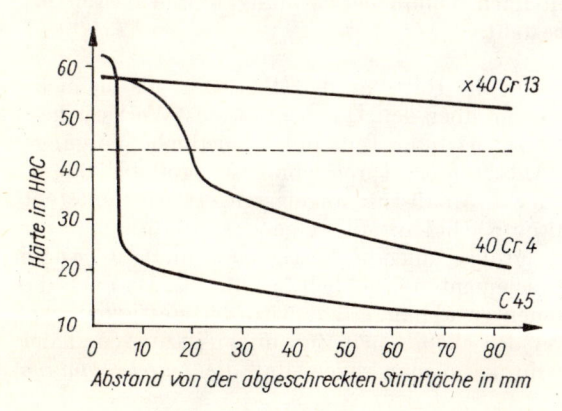

Bild 1.30. Stirnabschreckkurven verschiedener Stähle

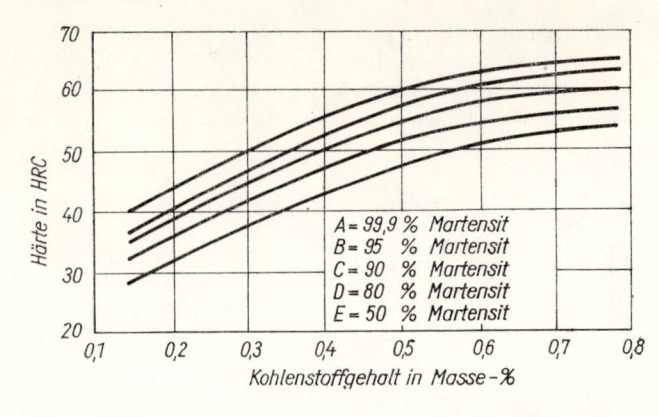

Bild 1.31. Abhängigkeit der Härte des Martensits vom C-Gehalt für unterschiedliche Martensitanteile

(Reihenfolge der Kurven A bis E von oben nach unten)

A = 99,9 % Martensit
B = 95 % Martensit
C = 90 % Martensit
D = 80 % Martensit
E = 50 % Martensit

Sie haben gesehen, daß die Aufhärtung nur vom Kohlenstoffgehalt bestimmt wird. Dagegen ist die Einhärtungstiefe vom Legierungsgehalt abhängig. Bild 1.30 zeigt bereits die Stirnabschreckkurven für die Stähle C45, 40Cr4 und X40Cr13. Die Einhärtungstiefe wird mit steigendem Legierungsgehalt vergrößert. Die Ursache ist die Herabsetzung der kritischen Abkühlungsgeschwindigkeit durch die Legierungselemente.

■ Ü. 1.16

Die Aufhärtung des Stahles wird vom C-Gehalt und die Einhärtung bzw. Durchhärtung vom Legierungsgehalt bestimmt.

1.3.2. Vergütungsverfahren

Beim Vergüten können das eigentliche Vergüten und das Zwischenstufenvergüten unterschieden werden. Die wesentlichen Unterschiede bestehen in der Temperaturführung.

1.3.2.1. Vergüten

Verfahrenskomplex, der aus Härten nach Volumenerwärmung und Anlassen bei mittleren oder hohen Temperaturen besteht.

Beim *Vergüten* interessiert nicht so sehr die Härte an der Oberfläche als vielmehr der Verlauf der Festigkeitseigenschaften über den Querschnitt des Werkstückes. Ihnen ist bekannt, daß beim Anlassen gehärteter Teile unterschiedliche Vorgänge ablaufen. Beim Vergüten werden Anlaßtemperaturen von etwa 450 bis 670 °C angewandt, d. h., es wird oberhalb der 3. Anlaßstufe angelassen. Hierbei entsteht ein ferritisches Gefüge mit feinverteilten Karbiden. Mit steigender Anlaßtemperatur werden die ausgeschiedenen Karbide gröber, und die Festigkeit nimmt ab. Diese Vorgänge werden von den Legierungselementen erheblich beeinflußt. Da auch die Härtbarkeit von den Legierungselementen abhängig ist, wird der Festigkeitsverlauf bei den Vergütungsstählen von der chemischen Zusammensetzung und der Anlaßtemperatur bestimmt. Allgemein kann man sagen, daß die *Durchvergütung*

(annähernd gleiche Festigkeitseigenschaften in Rand und Kern) mit steigendem Legierungsgehalt verbessert wird.
Das Vergüten ist das Wärmebehandlungsverfahren, bei dem höchste Festigkeitswerte bei guten Zähigkeitseigenschaften erzielt werden können. Die Festigkeit eines Werkstückes nach dem Vergüten hängt ab von

— der chemischen Zusammensetzung des Stahles,
— der Härte vor dem Anlassen,
— der Anlaßtemperatur und
— der Anlaßdauer.

Wie sich die Eigenschaften in Abhängigkeit von der Anlaßtemperatur ändern, ist im Beispiel des Stahles 40Cr4 in Bild 1.32 dargestellt. Dabei ist zu beachten, daß die Werte an Proben von 30 mm Durchmesser ermittelt wurden.

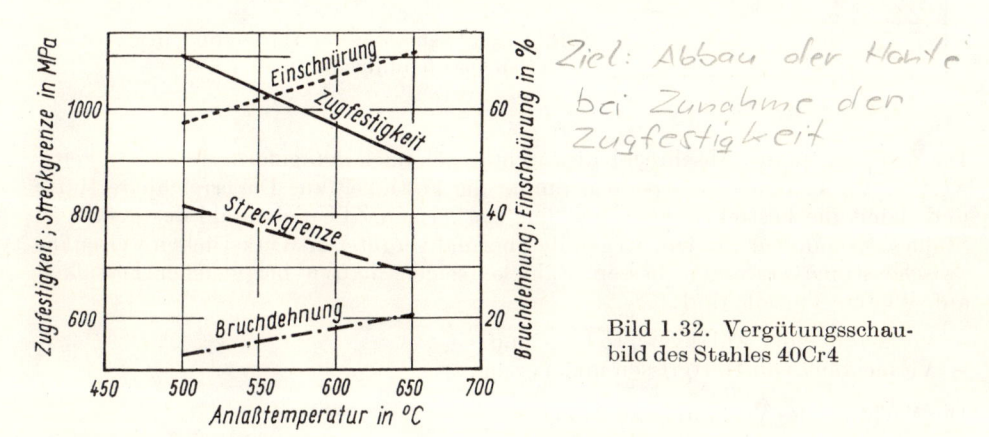

Bild 1.32. Vergütungsschaubild des Stahles 40Cr4

Ziel: Abbau der Härte bei Zunahme der Zugfestigkeit

Für alle legierten Vergütungsstähle sind in TGL 6547/02 die Vergütungsschaubilder dargestellt. Aus diesen Vergütungsschaubildern kann die Anlaßtemperatur in Abhängigkeit von der Härte vor dem Anlassen und der geforderten Zugfestigkeit ermittelt werden. Die Auswahl des entsprechenden Stahles erfolgt nach ökonomischen und technischen Gesichtspunkten. Zunächst wird geprüft, ob unlegierte Stähle die Festigkeitsanforderungen erfüllen. Als Forderungen des Konstrukteurs stehen entsprechend den technischen Berechnungen meist die Werte nach einer Mindeststreckgrenze und -dehnung fest.
Eine Fehlererscheinung, die beim Anlassen auftreten kann, ist die sogenannte *Anlaßversprödung*. Sie äußert sich durch eine Verminderung der Kerbschlagzähigkeit nach Anlassen bei Temperaturen zwischen 450 und 550 °C. Anfällig gegenüber der Anlaßversprödung sind Cr-, CrNi-, Mn-, CrMn- und MnSi-Stähle. Als Ursache nimmt man Entmischungserscheinungen an den ehemaligen Austenitkorngrenzen an. Vermieden werden kann die Anlaßversprödung durch schnelle Abkühlung in Wasser oder Öl (nach dem Anlassen).
Durch das Vergüten wird nicht nur das Streckgrenzenverhältnis erhöht, sondern auch die Dauer-, Biege-, Schwing- und Torsionsfestigkeit verbessert. Angewandt wird dieses Wärmebehandlungsverfahren für wechselnd beanspruchte Maschinenteile, wie Achsen, Wellen, Spindeln, Zahnräder und Kurbelwellen.

■ Ü. 1.17

Der Vorgang kann, Anhand der Anlaßfarben, subjektiv beurteilt werden (Temp. Schätzung)

1.3.2.2. Zwischenstufenvergüten

Abkühlen von Härtetemperatur im Warmbad bis auf Temperaturen im Bereich der Zwischenstufenumwandlung und anschließendes Halten in diesem Bereich bis zur vollständigen Gefügeumwandlung mit nachfolgendem beliebigem Abkühlen auf Raumtemperatur (Bild 1.33).

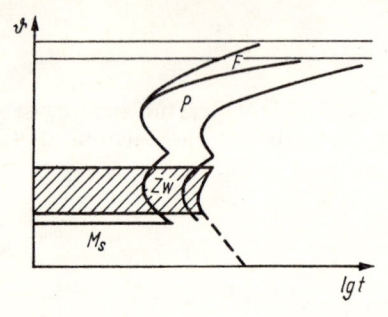

Bild 1.33. Schematische Darstellung der Zwischenstufenumwandlung

Die Temperatur des Abschreckbades richtet sich nach den geforderten Festigkeitswerten. Mit sinkender Temperatur nimmt die Festigkeit zu. Die erreichbare Härte und damit die Festigkeit kann aus dem isothermen ZTU-Schaubild des jeweiligen Stahles entnommen werden. Gegenüber normal vergüteten Werkstücken weisen die zwischenstufenvergüteten bessere Zähigkeitseigenschaften bei gleicher Festigkeit auf. Weitere Vorteile sind:

— Vermeidung der Anlaßversprödung und
— Vermeidung von Härterissen und Verzug.

Die Nachteile des Verfahrens sind:

— höhere Kosten,
— Anwendbarkeit nur für kleine Werkstücke,
— Chargenabhängigkeit der Lage der Zwischenstufenumwandlung bei gleichem Stahl.

Geeignet ist das Zwischenstufenvergüten für Kleinteile in Serien- und Massenfertigung.

1.3.3. Härten nach Oberflächenerwärmung

Härten der gesamten oder einer bestimmten Oberflächenschicht.

Die Gesamtheit der Verfahren besteht darin, daß nur die Oberflächenschicht des Werkstückes erwärmt und gehärtet wird. Dadurch entstehen partiell sehr harte und verschleißfeste Bereiche. Als Hauptverfahren können das Flammhärten und das Induktionshärten unterschieden werden.

1.3.3.1. Flammhärten

Härten der gesamten oder einer bestimmten Oberflächenschicht nach Erwärmen mittels Brennerflamme.

Härten und Vergüten 1.3.

Die an der Oberfläche zu härtenden Teile werden mit Hilfe einer Brenngas-Sauerstoff-Flamme so schnell auf Härtetemperatur erwärmt, daß in der Oberflächenschicht ein Wärmestau entsteht. Dadurch wird erreicht, daß nur eine dünne Oberflächenschicht umgewandelt wird. Dabei muß beachtet werden, daß höhere Härtetemperaturen als beim üblichen Härten zur Anwendung kommen.

▶ *Begründen Sie diese Tatsache!*

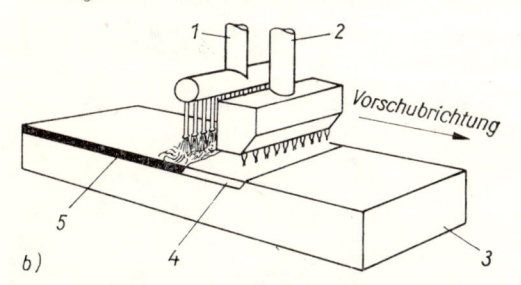

Bild 1.34. Flammhärten
1 Abschreckbrause   4 erwärmte Schicht
2 Brenner   5 gehärtete Schicht
3 Werkstück

Dem Brenner ist eine Wasserbrause nachgeordnet. Das Prinzip zeigt Bild 1.34. Üblicherweise werden beim Flammhärten Acetylen-Sauerstoff-Gemische verwendet. Die Brennerleistung kann durch entsprechende Parameter (Mischungsverhältnis, Gasaustrittsmenge und Strömungsgeschwindigkeit) verändert werden. Die Brennerform (Flammenführung) ist dem Werkstück angepaßt. Die Wasserbrause entspricht in ihrer Form dem Brenner (Wasserführung). Die Brenner zeigen sehr unterschiedliche Ausführungsformen. Das richtet sich nach der Art des angewandten Verfahrens.

Man kann folgende Verfahren unterscheiden:

— *Standverfahren*
  Hier stehen Brenner und Werkstück still; die gesamte aufzuheizende Zone wird gleichzeitig erwärmt und anschließend abgekühlt.

— *Stand-Umlaufverfahren*
  Entspricht dem Standverfahren, jedoch mit rotierendem Werkstück.

— *Vorschubverfahren*
  Hier wird eine schmale Glühzone unter fortschreitender Relationsbewegung zwischen Werkstück und Brenner mit Brause verschoben.

— *Vorschub-Umlaufverfahren*
  Entspricht dem Vorschubverfahren, jedoch mit rotierendem Werkstück.

— *Vorschub-Umfangsverfahren*
  Hier werden Brenner mit Brause und Werkstück gegeneinander so bewegt, daß die Glühzone um den zu härtenden Umfang herumgeführt wird. Zwischen Anfang und Ende der Härtezone entsteht durch Anlaßwirkung ein Bereich geringerer Härte (Schlupf).

— *Pendelverfahren*
  Die gesamte zu härtende Zone wird unter pendelnder Bewegung des Brenners erwärmt und anschließend abgekühlt.

Angewandt wird Flammhärten für Bolzen, Achsen, Wellen, Kurbelwellen, Nockenwellen, Keilwellen, Zahnräder usw. Das Verfahren eignet sich besonders für die Serien- und Massenfertigung und ist teilweise automatisierbar.

1.3.3.2. Induktionshärten

Härten der gesamten oder einer bestimmten Oberflächenschicht nach elektroinduktivem Erwärmen.

Beim *Induktionshärten* wird zur Erwärmung der sogenannte Skineffekt ausgenutzt. Er besteht darin, daß in einem metallischen Werkstoff durch ein elektromagnetisches Feld Wirbelströme erzeugt werden, die eine Erwärmung hervorrufen. Die Eindringtiefe der Wirbelströme ist umgekehrt proportional der Frequenz:

Netzfrequenz	(50 Hz)	Eindringtiefe bis 75 mm
Mittelfrequenz	(0,5 bis 10 kHz)	Eindringtiefe 20 bis 6 mm
Hochfrequenz	(0,1 bis 2,5 MHz)	Eindringtiefe 1 bis 0,3 mm

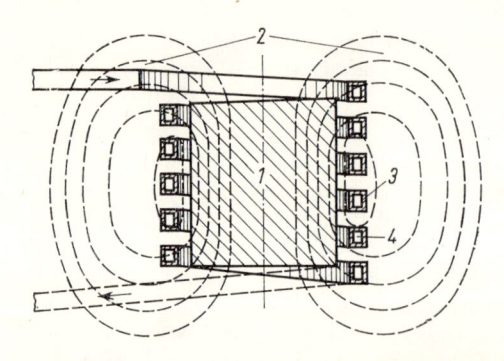

Bild 1.35. Induktionshärten
1 Werkstück *3* Spule
2 Magnetfeld *4* Kühlwasser

Das Werkstück wird in eine stromdurchflossene Spule gebracht (schematisch in Bild 1.35 dargestellt). Dabei muß die Form der Spule dem Werkstück angepaßt sein. Das gleiche gilt für die nachgeordnete Abschreckvorrichtung (Wasserbrause). Die hochfrequenten Ströme werden mit Hilfe eines Umformers, bestehend aus Motor und Generator (für Mittelfrequenzanlagen) oder Röhrengenerator (für Hochfrequenzanlagen), erzeugt. Die angewandten Verfahren entsprechen denen für das Flammhärten (außer Pendelverfahren).
Im Vergleich zum Flammhärten ergibt sich beim Induktionshärten ein größerer Investitionsaufwand. Demgegenüber stehen die vollständige Automatisierbarkeit, die genauere Einhaltung der Einhärtungstiefe und die besseren Arbeitsbedingungen. Die Vorteile des Flamm- und Induktionshärtens sind:

— harte verschleißfeste Oberfläche und zäher Kern,
— Druckspannungen in der Oberfläche,
— partielle Härtung der Oberfläche,
— geringer Verzug und
— geringe Verzunderung.

Beim *Oberflächenhärten* ist das Zusammenwirken von gehärtetem Oberflächen- und nicht umgewandeltem Kerngefüge von besonderer Bedeutung. Durch das martensitische Oberflächengefüge entstehen in der Randschicht Druck- und im Kern Zugspannungen (Bild 1.36). Wird z. B. ein Werkstück Zugspannungen ausgesetzt, wie dies bei Wellen wechselnd der Fall ist, dann subtrahieren sich in der Werkstückoberfläche die Druckspannungen von den Zugspannungen, während sich im Werkstückinnern die Zugspannungen addieren. Demnach verbessern die Druckspannungen die Dauerfestigkeit des Werkstückes.

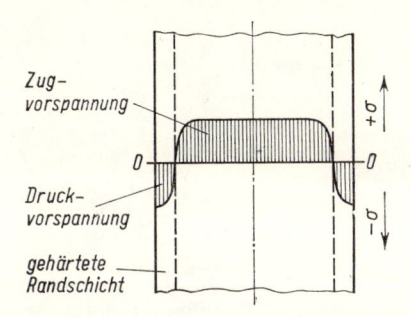

Bild 1.36. Spannungsverlauf nach dem Oberflächenhärten
($\sigma \triangleq R$)

Der Nachteil beim Induktions- und Flammhärten besteht darin, daß ein großer apparativer Aufwand erforderlich ist und sich diese Verfahren deshalb nur für die Serien- oder Massenfertigung ökonomisch vertreten lassen.

■ Ü. 1.18

1.4. Chemisch-thermische Verfahren

Zielstellung

In diesem Abschnitt sollen Sie die Wärmebehandlungsverfahren kennenlernen, bei denen gleichzeitig durch Einwirkung bestimmter Medien eine Veränderung in der Zusammensetzung der Oberfläche des Werkstückes erfolgt. Nach TGL 21862 versteht man unter chemisch-thermischen Verfahren

Wärmebehandlungsverfahren, bei denen bestimmte Gebrauchseigenschaften verbessert oder erreicht werden, in denen thermische und chemische Einwirkungen verbunden sind, um die chemische Zusammensetzung vorzugsweise in der Oberflächenschicht zu verändern.

Die Anreicherung der Elemente in der Oberfläche der Werkstücke kann nur über Diffusion erfolgen. Deshalb ist es erforderlich, daß Sie die Gesetzmäßigkeiten der Diffusion beherrschen und anwenden können.

1.4.1. Einsatzhärten

Das *Einsatzhärten* ist ein Verfahrenskomplex, der sich aus Aufkohlen und Härten zusammensetzt. Verwendet werden Stähle mit einem C-Gehalt $<0,25\%$. Die Kohlenstoffanreicherung erfolgt in unterschiedlichen Medien bei Temperaturen zwischen 850 und 950 °C. Je nach dem Aufkohlungsmittel können folgende Verfahren unterschieden werden:

— *Pulveraufkohlung*
   Verwendet werden anorganische (Koks) und organische Stoffe (Holz-, Knochen- oder Lederkohle) unter Zusatz von Aktivatoren (Alkali- oder Erdalkalicarbo-

nate). Die Kohlenstoffanreicherung erfolgt durch Vergasung des C zu CO und Umsetzung an der Oberfläche des Werkstückes entsprechend der Reaktion

$2\,CO \rightleftharpoons CO_2 + C.$

Die Aktivatoren, z. B. $BaCO_3$, Na_2CO_3, beeinflussen durch das bei der thermischen Zersetzung entstehende CO_2 die CO-Bildung:

$BaCO_3 + C \rightleftharpoons BaO + 2\,CO.$

— *Gasaufkohlung*

Dazu werden in einem speziellen Generator aufbereitetes Erdgas, Ferngas oder Generatorgas verwendet. Das so entstandene Gas dient als Trägergas, dem zur Erzielung einer definierten Aufkohlung geringe Mengen Alkane, meist Propan, zugesetzt werden. Als Trägergas kann auch ein inertes Gas, z. B. Stickstoff, dienen.

Eine ähnliche Methode beruht darin, Flüssigkeitsgemische aus höheren organischen Verbindungen (z. B. aus Terpentin, Aceton und Ethylalkohol) in heiße Retortenöfen einzuführen, wo sich an Ni-Katalysatoren die Verbindungen zerlegen. Dieses Tropfgasverfahren *(Monocarb-Verfahren)* wird auf Grund seiner vorteilhaften Betriebs- und Steuerungseigenschaften mehr und mehr in Härtereien eingeführt.

— *Salzbadaufkohlung*

Hierbei werden zwei Arten unterschieden: Aufkohlung in Cyanidbädern und in cyanidfreien Bädern. Bei der Aufkohlung in Cyanidbädern werden Salzgemische mit Zusätzen von Kalium- oder Natriumcyanid verwendet. Die Aufkohlung erfolgt über die Bildung von Cyanaten nach folgenden Reaktionen:

$2\,NaCN + O_2 \rightleftharpoons 2\,NaCNO$
$2\,NaCNO + O_2 \rightleftharpoons Na_2CO_3 + CO + 2\,N$
$2\,CO \rightleftharpoons CO_2 + C.$

Die aktivierten Salzbäder enthalten schon Cyanate und besitzen dadurch eine verstärkte Aufkohlungswirkung. Da bei den Reaktionen gleichzeitig naszierender Stickstoff vorliegt, kann auch eine Stickstoffaufnahme erfolgen. Das wirkt sich besonders dann ungünstig aus, wenn nach dem Aufkohlen noch eine spangebende Bearbeitung notwendig ist. Ein weiterer Nachteil ist die Giftigkeit der cyanidhaltigen Bäder. Bei der Arbeit mit solchen Bädern muß die ABAO 199 unbedingt eingehalten werden!

Die cyanidfreien Salzbäder bestehen aus Gemischen von Natriumcarbonat und Alkalichloriden mit Zusätzen von Siliciumkarbid. Die Entstehung des für die Aufkohlung erforderlichen CO erfolgt über die Reaktion

$Na_2CO_2 + SiC \rightleftharpoons Na_2O + Si + 2\,CO.$

Im folgenden sollen die Vor- und Nachteile der einzelnen Aufkohlungsverfahren betrachtet werden.

Die Pulveraufkohlung ist für große Aufkohlungstiefen und sehr große Werkstücke in Einzelfertigung sehr gut geeignet. Nachteilig sind der große manuelle Aufwand und die geringe Beeinflußbarkeit der Aufkohlungsbedingungen.

Die Gasaufkohlung ist für die Serien- und Massenfertigung besonders geeignet. Dabei lassen sich die Aufkohlungsbedingungen durch Veränderung der Gaszusammensetzung in größeren Bereichen variieren. Allerdings sind die Investitionskosten hoch (Generator, Ofenanlage).

Die Salzbadaufkohlung wird hauptsächlich für kleine Aufkohlungstiefen ange-

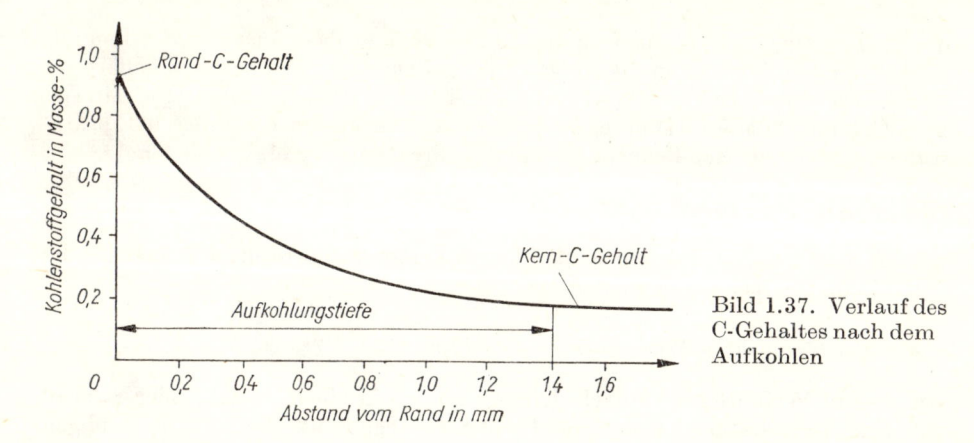

Bild 1.37. Verlauf des C-Gehaltes nach dem Aufkohlen

wandt, da schon bei geringer Tauchdauer eine ausreichende Aufkohlung erfolgt (etwa 0,8 mm in 3 Stunden). Bei langer Aufkohlungsdauer greifen die Salzgemische das Werkstück an. Um gleichbleibende Aufkohlungsbedingungen zu gewährleisten, müssen die Salzbäder ständig überwacht werden.

Nach dem Aufkohlen tritt etwa der in Bild 1.37 dargestellte C-Verlauf im Rand auf. An der Oberfläche beträgt der C-Gehalt etwa 0,8 bis 1,0 % (optimal 0,8 %) und geht kontinuierlich bis zum Gehalt des Grundwerkstoffs über. Die Aufkohlungstiefe ist von der Temperatur, der Haltedauer, dem Aufkohlungsmittel und der chemischen Zusammensetzung des Stahls abhängig.

Wie am Bild 1.37 zu erkennen ist, ist nach dem Aufkohlen ein Werkstück mit unterschiedlichem C-Gehalt vorhanden. Dieser unterschiedliche C-Gehalt erfordert unterschiedliche Härtetemperaturen. Die Härtetemperatur, die nach dem C-Gehalt des Randes festgelegt wird, bezeichnet man als Randhärtetemperatur *(RT)*. Die Kernhärtetemperatur *(KT)* richtet sich nach dem C-Gehalt des Einsatzstahles. Wegen dieser Problematik gibt es die unterschiedlichsten Härteverfahren:

— *Direkthärten* (Bild 1.38 b)

Härten nach erfolgtem Aufkohlen direkt von der Aufkohlungstemperatur.

Dieses Verfahren stellt die einfachste Technologie dar und sollte nach Möglichkeit angestrebt werden (Einsparung von Energie, Arbeitszeit usw.). Es muß aber dabei beachtet werden, daß es durch die hohen Aufkohlungstemperaturen und

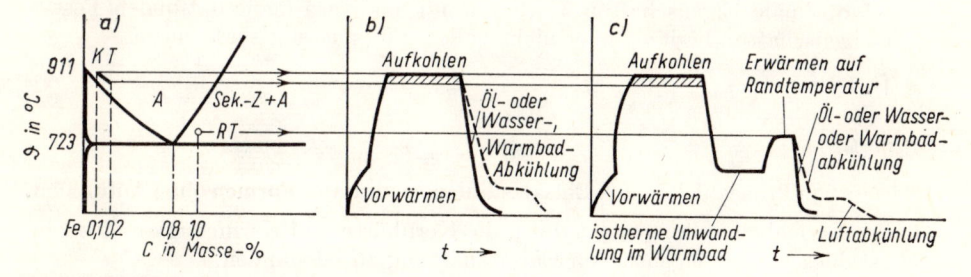

Bild 1.38. Technologien beim Einsatzhärten
a) Härtebereiche von Rand und Kern
b) Direkthärten
c) Einfachhärten nach isothermischer Umwandlung (isotherme Rückumwandlung)

die lange Dauer der Wärmebehandlung zu einem groben Austenitkorn kommt. Dadurch entstehen ein grobkörniges Kerngefüge und ein überhitzt gehärteter Rand. Die Direkthärtung liefert nur bei Feinkorneinsatzstählen (18CrMnTi5, 20MoCr4 und 20MoCrB4) gute Eigenschaften. Aber auch bei anderen Einsatzstählen ist bei geringer Beanspruchung die Direkthärtung oft ausreichend.

— *Direkthärten mit Austenitverschlag*

Härten direkt nach erfolgtem Aufkohlen von einer Temperatur, die tiefer als die Aufkohlungstemperatur liegt.

— *Einfachhärten nach isothermischer Umwandlung* (Bild 1.38c)

Bei diesem Verfahren wird nach dem Aufkohlen in einem Metall- oder Salzbad auf eine Temperatur der unteren Perlitstufe abgekühlt, bis zur vollständigen Umwandlung gehalten, auf Härtetemperatur des Randes erwärmt und abgeschreckt.

Durch die isotherme Rückumwandlung entsteht im Kern ein feines Ferrit-Perlit-Gefüge und durch das nachfolgende Randhärten eine richtig gehärtete Oberflächenschicht.

— *Kernhärten*

Härten von der Härtetemperatur des Kernwerkstoffes.

Nach dem Aufkohlen wird bei diesem Verfahren abgekühlt und erneut auf die Härtetemperatur des Kernes erwärmt. Dadurch entsteht ein feinkörniges Gefüge im Kern, während der Rand überhitzt (überhärtet) gehärtet ist.

▶ *Überlegen Sie, welche Eigenschaften dadurch im Rand vorhanden sind!*

— *Randhärten*

Härten von der Härtetemperatur des aufgekohlten Werkstoffes.

Hierbei wird nach dem Aufkohlen abgekühlt und nachfolgend von einer Temperatur dicht oberhalb A_{c1} (Randhärtetemperatur) gehärtet. Dadurch weist der Rand optimale Eigenschaften auf, während der Kern keine optimalen Festigkeitseigenschaften besitzt, da er nicht vollständig austenitisiert wurde.

■ Ü. 1.19

— *Blindhärten*

Härten von Probestücken aus Einsatzstählen bestimmter Formen ohne Aufkohlen.

Diese Wärmebehandlung dient dazu, die Kernhärte und Kernfestigkeit des Einsatzstahles vor der eigentlichen Einsatzhärtung zu bestimmen.

Die Auswahl des jeweiligen Einsatzhärteverfahrens richtet sich nach den geforderten Werkstoffkennwerten. Das Einsatzhärten wird in der Praxis viel angewandt. Typische Beispiele sind Zahnräder, Achsen, Wellen usw.

1.4.2. Nitrieren

Das *Nitrieren* stellt eine Wärmebehandlung in stickstoffabgebenden Medien dar. Dabei ist es wichtig, daß der Stickstoff in atomarer oder ionisierter Form vorliegt, da er nur in dieser Form bei Temperaturen der Wärmebehandlung diffusionsfähig ist. Das Nitrieren wird bei Temperaturen zwischen 500 und 580 °C durchgeführt. Die erreichbaren Nitriertiefen sind von der Temperatur, der Haltedauer, dem Nitriermittel und der chemischen Zusammensetzung des Stahles abhängig. Man kann folgende Nitrierverfahren unterscheiden:

— *Gasnitrieren*

Als Nitriermittel wird Ammoniak verwendet, das bei den Glühtemperaturen thermisch dissoziiert: $2 NH_3 \rightarrow 2 N + 3 H_2$. Der Temperaturbereich für das Nitrieren wird mit 500 bis 520 °C begrenzt, da bei höheren Temperaturen die Härte wieder abnimmt. Die erreichbare Nitriertiefe in Abhängigkeit von der Nitrierdauer ist in Bild 1.39 dargestellt. Angewandt wird das Gasnitrieren für Zahnräder, Kolbenbolzen, Kurbelwellen usw. aus Nitrierstählen nach TGL 4391 (s. Abschnitt 2.3.3.). Dabei werden Oberflächenhärten von 800 bis 1100 HV erreicht.

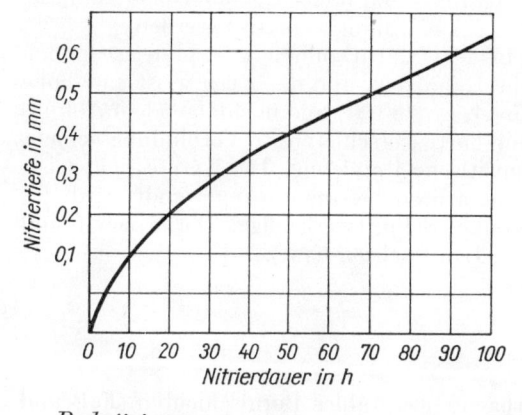

Bild 1.39. Abhängigkeit der Nitriertiefe von der Nitrierdauer

— *Badnitrieren*

Als Nitriermittel kommen cyanhaltige Salzbäder zur Anwendung. Im Gegensatz zum Gasnitrieren können nach diesem Verfahren unlegierte und legierte Baustähle, Werkzeugstähle und Gußeisen nitriert werden. Es dient in der Hauptsache zur Erhöhung des Verschleißwiderstandes. Durchgeführt wird es bei Temperaturen zwischen 550 und 570 °C, wobei keine großen Nitriertiefen angestrebt (bis maximal 0,3 mm) werden. Die sich bildende Verbindungsschicht (Nitridschicht) beträgt etwa 10 bis 15 µm und weist einen nichtmetallischen Charakter auf. Dadurch wird das Reibschweißen (»Fressen«) verschleißbeanspruchter Bauteile vermieden. Außerdem verhindert diese Schicht bei Werkzeugstählen die Bildung einer Aufbauschneide. Angewandt wird das Badnitrieren für Werkzeuge (Reibahlen, Bohrer, Räumnadeln, Fräser usw.) und Bauteile (Gleit- und Lagerteile aus Grauguß, Laufbüchsen bei Verbrennungsmotoren, Zahnräder usw.). Neben den hier beschriebenen Nitrierverfahren werden noch das Nitrieren mit Glimmentladung, Gasnitrieren mit Ultraschall und das Pastennitrieren angewandt. Eine Beschreibung dieser Verfahren würde zu weit führen, weshalb auf die einschlägige Fachliteratur verwiesen werden muß.

1.4.3. Carbonitrieren

Das *Carbonitrieren* besteht in einer gleichzeitigen Anreicherung der Oberfläche von Werkstücken mit Kohlenstoff und Stickstoff. Dieses Verfahren steht zwischen dem Einsatzhärten und dem Nitrieren. Durch die gleichzeitige Eindiffusion von Kohlenstoff und Stickstoff in die Oberfläche werden die Umwandlungspunkte herabgesetzt und die kritische Abkühlungsgeschwindigkeit verringert. Dadurch sind niedrige Härtetemperaturen erforderlich, und die Härtbarkeit wird verbessert. Ähnlich wie beim Einsatzhärten und Nitrieren kann das Carbonitrieren im Gasstrom oder im Salzbad erfolgen. Durchgeführt wird es bei Temperaturen zwischen A_1 und A_3.

— *Gascarbonitrieren*

Als Carbonitrieratmosphäre dient meist ein endothermes Trägergas, dem Kohlenwasserstoffe und Ammoniak zugesetzt werden. Die Behandlungstemperatur liegt zwischen 700 und 900 °C.

— *Badcarbonitrieren*

Wie bereits beim Salzbadaufkohlen hingewiesen, erfolgt in cyanhaltigen Salzbädern immer eine gleichzeitige Aufnahme von Kohlenstoff und Stickstoff. Durch geeignete Salzbäder (geringer Cyanat- und hoher Cyanidgehalt) kann die Stickstoffanreicherung bei gleichzeitiger Aufkohlung verstärkt werden.
Wird bei hohen Temperaturen (800 bis 900 °C) carbonitriert, so bildet sich nach dem Abschrecken eine martensitische Randzone, und der Kern weist eine hohe Festigkeit auf. Bei Temperaturen um A_1 (<750 °C) und nachfolgendem Abkühlen bildet sich an der Oberfläche eine harte verschleißfeste Verbindungsschicht (wie beim Nitrieren) und eine martensitische Randzone. Die Kernfestigkeit ist, bedingt durch die niedrigeren Temperaturen, geringer. Angewandt wird das Carbonitrieren für Werkzeuge (Gesenke, Schnittwerkzeuge, Dorne usw.) und Bauteile (Getriebeteile, Kolbenbolzen, Laufbuchsen usw.).

1.4.4. Sonstige Verfahren

Beim *Borieren* entstehen an der Oberfläche des Stahles Boridschichten (FeB und Fe_2B), die sich durch eine hohe Härte (1700 bis 1900 HV) und einen großen Verschleißwiderstand auszeichnen.
Das Borieren kann in gasförmigen Medien (Bortrichlorid—Wasserstoff oder Diboran—Wasserstoff), in Salzschmelzen (borax- oder borkarbidhaltige Salze) oder festen Stoffen (Ferrobor, amorphes Bor oder Borkarbid) bei Temperaturen zwischen 900 und 1100 °C erfolgen. Es können Schichtdicken bis etwa 200 µm erreicht werden. Als Grundwerkstoff sollte möglichst ein härtbarer Stahl Verwendung finden, damit eine genügend große Stützwirkung für die Boridschicht vorliegt. Nach dem Borieren kann sich die eigentliche Wärmebehandlung des Grundwerkstoffes (Härten) anschließen, da sich die Boridschicht nicht zersetzt. Mit Erfolg wird das Borieren z. B. in der SU für die Erdöl-Bohrtechnik angewandt. Auch bei anderen Werkzeugen kann durch die Erhöhung des Verschleißwiderstandes die Standzeit wesentlich erhöht werden. So werden u. a. Stanz-, Schnitt- und Prägewerkzeuge boriert.
Bei den *Metall-Nichtmetall-Diffusionsverfahren* haben sich die Chrom-, Titan- und Vanadinkarbidbehandlung herausgebildet. Das Gemeinsame dieser Verfahren besteht darin, daß in der Stahloberfläche gleichzeitig eine Anreicherung von Cr, Ti oder V und C erfolgt. Es werden Schichtdicken bis etwa 50 µm erreicht, und die

Härte kann je nach dem C-Gehalt des Grundwerkstoffes 1000 bis 4000 HV betragen. Diese hohe Härte erfordert einen harten Grundwerkstoff, damit eine genügende Stützwirkung für die Randschicht vorhanden ist. Außerdem würden bei C-armen Stählen keine Metallkarbid-, sondern Mischkristallschichten entstehen.
Durch die Metallkarbidschicht kommt es zu einer Maßzunahme, was bei der Bauteilherstellung berücksichtigt werden muß. Durchgeführt wird die Metallkarbidbehandlung meistens aus der Gasphase, wobei gasförmige Metallhalogenide und CH_4 bei Temperaturen von etwa 1000 °C langzeitig in speziellen Reaktionsgefäßen auf das Werkstück einwirken. Es kann auch in Salzgemischen und festen Mitteln eine Behandlung erfolgen.
Die Metallkarbidschichten verbessern die Gleiteigenschaften und verringern damit den Verschleiß. Bei Werkzeugen werden dadurch wesentlich größere Standzeiten erreicht. Gleichzeitig wird die Korrosion behindert und ein Kaltverschweißen durch die nichtmetallische Trennschicht vermieden.

▪ Ü. 1.20

1.5. Thermomechanische Behandlung (TMB)

In diesem Abschnitt sollen die Verfahren behandelt werden, bei denen Umformvorgänge mit Wärmebehandlungen gekoppelt sind. Nach TGL 21862 werden sie als umformungsthermische Verfahren bezeichnet und wie folgt definiert:

Wärmebehandlungsverfahren, bei denen bestimmte Gebrauchseigenschaften durch Verbinden thermischer Einwirkung und plastischer Umformung verbessert oder erreicht werden.

1.5.1. Verfahren der TMB

Unter die thermomechanische Behandlung fallen eine ganze Reihe von Verfahren, wobei jedoch erst wenige bis zur vollkommenen Produktionsreife entwickelt wurden. Allgemein kann man diese Behandlungen in thermisch-mechanische und mechanisch-thermische Verfahren einteilen.
Die *thermisch-mechanische Behandlung* wird wie folgt definiert:

Austenitisieren mit unmittelbar nachfolgendem plastischem Umformen.

Je nach der Temperatur, bei der die Umformung erfolgt, kann zwischen Verfahren bei hohen (HTMB) und bei niedrigen Temperaturen (NTMB) unterschieden werden. Bei der thermisch-mechanischen Behandlung bei hohen Temperaturen erfolgt eine Umformung im Austenitgebiet mit anschließendem Abkühlen mit einer überkritischen Geschwindigkeit. Dagegen wird bei den thermisch-mechanischen Behandlungen bei niedrigen Temperaturen nach dem Austenitisieren im Bereich des metastabilen Austenits umgeformt und anschließend abgekühlt. Schematisch sind diese Verfahren in Bild 1.40 dargestellt.
Unter *mechanisch-thermischen Verfahren* versteht man:

Plastisches Umformen des Stahles bei einer bestimmten Temperatur und nachfolgendes Anlassen zum Erzielen einer bestimmten Gefügeausbildung.

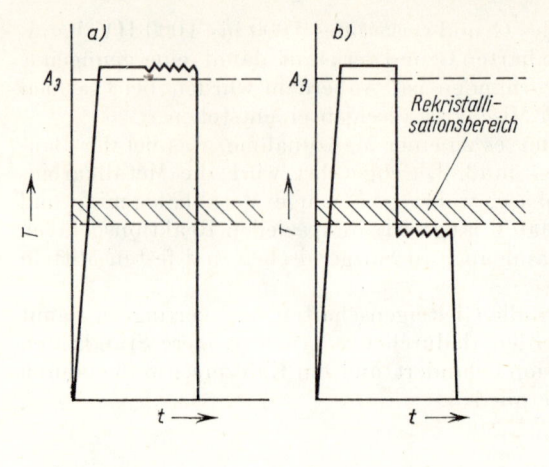

Bild 1.40. Schematische Darstellung der thermisch-mechanischen Behandlung
a) bei hohen Temperaturen
b) bei niedrigen Temperaturen

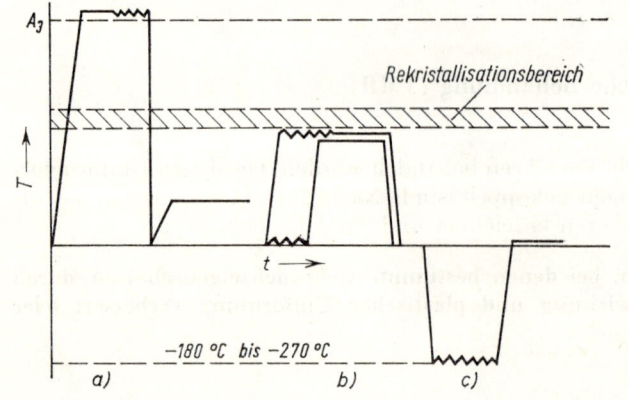

Bild 1.41. Schematische Darstellung der mechanisch-thermischen Behandlung
a) bei hohen Temperaturen
b) unterhalb T_R
c) bei tiefen Temperaturen

Die mechanisch-thermischen Verfahren können weiter unterteilt werden. In Bild 1.41 sind die drei zu dieser Gruppe gehörenden Verfahren in ihrem Temperatur-Zeit-Verlauf dargestellt.

1.5.2. Eigenschaften und Anwendung der TMB

Bei den thermomechanischen Behandlungen werden bessere Festigkeitseigenschaften als bei reinen Wärmebehandlungen erzielt. Durch die Umformung steigt die Anzahl der Gitterstörstellen (Leerstellen, Versetzungen) an. Erfolgt nach der Umformung keine Rekristallisation (unterdrückt durch schnelle Abkühlung oder durch Umformen unterhalb T_R), so bleibt die Versetzungsdichte erhalten, und es liegt eine Verfestigung vor.

Ein anderer Grund für die besseren Festigkeitseigenschaften ist die durch die erhöhte Gitterstörstellenkonzentration hervorgerufene Keimwirkung — die Bildung des Umwandlungsgefüges und der Ausscheidungen wird begünstigt. Die entstehenden Gefüge und Ausscheidungen sind entsprechend fein und führen zu einer Festigkeitssteigerung ohne wesentlichen Abfall der plastischen Eigenschaften.

In der DDR wird die thermomechanische Behandlung produktionsmäßig an zwei Stählen durchgeführt, an den Betonstählen St T-III und St T-IV. Es handelt sich

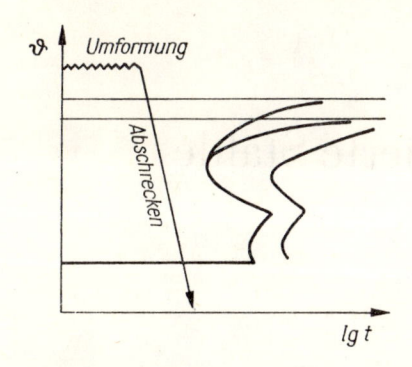

Bild 1.42. Schematische Darstellung der TMB bei hohen Temperaturen

hierbei um eine thermisch-mechanische Behandlung bei hohen Temperaturen (Bild 1.42), d. h., nach der letzten Umformung wird mit einer überkritischen Geschwindigkeit abgekühlt. Durch diese Behandlung können im Vergleich zu den herkömmlichen warmgewalzten Betonstählen Legierungselemente eingespart oder bei gleichen oder ähnlichen Stählen der Stahleinsatz im Bauwesen gesenkt werden. Das wirkt sich positiv auf die Materialökonomie aus und führt zu einem effektiveren Stahleinsatz im Bauwesen.

Allgemein kann man sagen, daß die isotherme Umformung sich in der Praxis durchführen läßt. Dabei ist die thermisch-mechanische Behandlung bei hohen Temperaturen am einfachsten zu realisieren, weil hierfür die herkömmlichen Umformanlagen Verwendung finden und nur die Abkühlung verändert werden muß.

Nachteilig bei der thermomechanischen Behandlung wirkt sich aus, daß sie nur nach kontinuierlichen Umformverfahren (Walzen, Ziehen, Strangpressen) durchführbar ist. Bei speziellen Formen läßt es sich nach einer Explosivumformung durchführen. Weiterhin dürfen thermomechanisch behandelte Stähle nur solchen Schweißverfahren unterzogen werden, die ohne große Wärmeabgabe arbeiten (z. B. Punktschweißen).

■ Ü. 1.21

▶ *Überlegen Sie, warum z. B. das Gasschmelzschweißen bei TMB-Stählen nicht angewandt werden sollte!*

Man kann aber einschätzen, daß sich die TMB in nächster Zukunft weiter durchsetzt. Dabei wird jedoch der Schwerpunkt beim Stahlhersteller und nicht beim Stahlverbraucher liegen.

2
Unlegierte und legierte Stähle

In den »Grundlagen metallischer Werkstoffe,...« haben Sie die Definition des Werkstoffs Stahl kennengelernt. Im folgenden Kapitel sollen die Eigenschaften der Stähle behandelt werden. Dazu ist es notwendig, daß Sie den Einfluß der Legierungselemente und der Fe-Begleiter verstehen und damit die Eigenschaften der Stähle abschätzen können.
Der Stahl stellt heute noch den wichtigsten Werkstoff dar. Mit einer jährlichen Weltproduktion von etwa 700 Mill. t übertrifft Stahl alle anderen Werkstoffe. In der DDR werden jährlich etwa 7 Mill. t erzeugt. Diese Menge reicht jedoch für den ständig steigenden Bedarf der metallverarbeitenden Industrie nicht aus. Rund 4 Mill. t müssen noch importiert werden, wobei die Sowjetunion der Hauptlieferant ist. Aus diesen Zahlen können Sie abschätzen, welche Bedeutung der Werkstoff Stahl hat und daß es darauf ankommt, sparsam mit diesem Material umzugehen. Um das zu erreichen, muß man die Stähle kennen und sie entsprechend ihren spezifischen Eigenschaften mit höchster Effektivität einsetzen.

2.1. Einfluß der Legierungs- und Begleitelemente

Zielstellung

Die Legierungs- und Begleitelemente des Stahls können nach unterschiedlichen Gesichtspunkten eingeteilt werden. Dazu gehören u. a. die Einteilung nach der Löslichkeit im Eisen, nach der Verbindungsbildung und nach der Veränderung der Lage des γ-Gebietes. In diesem Abschnitt sollen Sie die verschiedenen Einteilungsmöglichkeiten kennenlernen. Danach erfolgt die Behandlung des Einflusses der wichtigsten Legierungs- und Begleitelemente. Zum besseren Verständnis dieses Abschnitts ist es erforderlich, daß Sie bestimmte Gebiete aus der Chemie und Metallkunde, wie Atomaufbau, Bindungsarten, Zweistoffsystem, EKD und Stahlkennzeichnung, wiederholen.

2.1.1. Einteilung der Legierungs- und Begleitelemente

Für die *Löslichkeit* eines Elements im Eisen sind das Verhältnis der Atomdurchmesser und der Atomaufbau beider Elemente verantwortlich. Je nach der Auswirkung dieser Faktoren unterscheidet man in der Technik verschiedene Gruppen von Elementen.

— *Unlösliche Elemente*
In dieser Gruppe hat nur das Blei technische Bedeutung. Es ist im Eisen sowohl im flüssigen als auch im festen Zustand unlöslich. Als Legierungselement findet Blei Verwendung in den Automatenstählen.
— *Elemente mit bevorzugter Löslichkeit im Ferrit*
Auf Grund der bevorzugten Löslichkeit im Ferrit werden die Elemente als *Ferritbildner* bezeichnet. Zu dieser Gruppe gehören die Elemente Aluminium, Chrom, Molybdän, Phosphor, Silicium, Titan, Vanadin und Wolfram.
— *Elemente mit bevorzugter Löslichkeit im Austenit*
Die Elemente dieser Gruppe sind *Austenitbildner*. Zu ihnen zählen Mangan, Nickel und Cobalt. In gewissem Sinne kann man auch die Elemente Kohlenstoff, Kupfer und Stickstoff dazurechnen.

Die Löslichkeitsverhältnisse haben im Stahl eine große Bedeutung. Wird die Löslichkeitsgrenze für ein Element überschritten, so kann es zu Ausscheidungen in elementarer Form (z. B. Kupfer) oder von Verbindungen (z. B. Nitride) kommen. Diese Vorgänge beeinflussen oft entscheidend die Eigenschaften der Stähle.
Ein weiterer Gesichtspunkt zur Einteilung der Legierungs- und Begleitelemente ist ihre Neigung zur *Verbindungsbildung*. Die Elemente, die im Stahl enthalten sind, haben die unterschiedlichsten chemischen Charaktere. Deshalb können auch verschiedenartige Verbindungen auftreten.

▶ *Verschaffen Sie sich Klarheit über die unterschiedlichen Charaktere von Bindungen!*

Die Bedeutung der intermetallischen Verbindungen im Stahl ist noch wenig geklärt. Dagegen haben die Verbindungen mit nichtmetallischem Charakter einen sehr großen Einfluß auf die Eigenschaften der Stähle. Dazu zählen die Karbide, Nitride, Sulfide und Oxide.
Zu der Gruppe der *Karbidbildner* gehören Chrom, Molybdän, Niob, Tantal, Vanadin, Wolfram und Zirkon. Diese Elemente bilden stabilere Karbide als das Eisen. Die Karbide weisen meist eine hohe Härte auf. Durch ihre Anwesenheit steigen die Festigkeit, Härte und Verschleißfestigkeit des Stahls. Dagegen werden die plastischen Eigenschaften durch die Karbide herabgesetzt. Einen großen Einfluß haben die Karbide bei der Wärmebehandlung. Bei Anwesenheit von stabilen Karbiden, wie sie z. B. Vanadin und Wolfram bilden, werden für das Härten wesentlich höhere Austenitisierungstemperaturen benötigt.
Durch die Behinderung der Diffusionsvorgänge weisen Stähle, die mit Karbidbildnern legiert sind, auch eine Verzögerung der Anlaßvorgänge auf. Das ist mit einer Verbesserung der Anlaßbeständigkeit und einer Erhöhung der Warmhärte und Warmfestigkeit verbunden. Außerdem kann die Karbidausscheidung beim Anlassen zu einer zusätzlichen Härtesteigerung führen.
Von großer technischer Bedeutung sind auch die *Nitridbildner*, das sind die Elemente Aluminium, Chrom, Molybdän, Niob, Tantal, Titan, Vanadin und Wolfram. Die Nitride sind ebenfalls sehr hart. Technisch genutzt wird die Nitridbildung in den höherfesten Stählen und beim Nitrieren.
Die Elemente mit großer Affinität zum Schwefel werden als Sulfidbildner bezeichnet. Zu dieser Gruppe gehören Mangan, Chrom, Titan, Zirkon und Nickel. Die genannten Elemente bilden stabilere Sulfide als Eisen (FeS). Die Sulfide stellen Einschlüsse dar, die als Kerben im Werkstoff wirken und damit besonders die Wechselfestigkeit und Zähigkeit herabsetzen.

Die Einteilung der Legierungs- und Begleitelemente hinsichtlich ihres *Einflusses auf die Lage des γ-Gebietes* ist am eindeutigsten. Das γ-Gebiet des Eisens erstreckt sich vom A_3-Punkt (911 °C) bis zum A_4-Punkt (1392 °C). Durch die verschiedenen Elemente kann der Beständigkeitsbereich des Austenits, d. h. die A_3- und A_4-Punkte, verändert werden.

Erfolgt durch den Zusatz eines Legierungselements eine Verschiebung des A_3-Punkts zu tieferen und des A_4-Punkts zu höheren Temperaturen, so spricht man von einer *Erweiterung des γ-Gebietes*. Wenn die Erweiterung so weit geht, daß ab einem bestimmten Legierungsgehalt der Austenit bei Raumtemperatur beständig ist (Bild 2.1a), bezeichnet man diesen Werkstoff als *austenitischen Stahl*. Zu dieser Gruppe gehören die Elemente Mangan, Nickel und Cobalt. Wird die Beständigkeit des Austenits nur bis zu einem Grenzgehalt erweitert, so spricht man von einer teilweisen Erweiterung des γ-Gebietes (Bild 2.1b). Elemente, die diese Erscheinung hervorrufen, sind Kohlenstoff, Kupfer und Stickstoff.

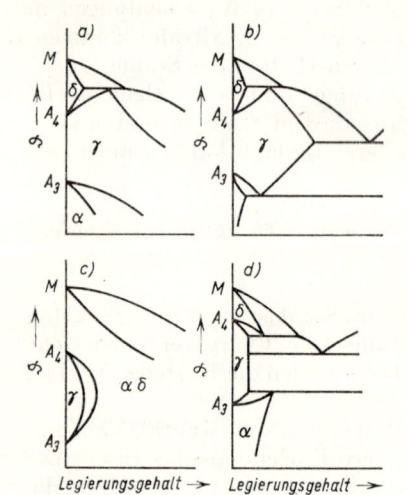

Bild 2.1. Einfluß der Legierungselemente auf die Lage des γ-Gebietes
a) vollständige Erweiterung
b) teilweise Erweiterung
c) vollständige Einschnürung
d) teilweise Einschnürung

Bei der Betrachtung des Lösungsverhaltens haben Sie gesehen, daß es auch Elemente gibt, die eine bevorzugte Löslichkeit im Ferrit aufweisen. Diese Elemente führen zu einer Verengung oder *Einschnürung des γ-Gebietes*. Die Einschnürung kann so weit gehen, daß bei einem bestimmten Legierungsgehalt der A_3- mit dem A_4-Punkt zusammenfällt. Dadurch ist ab diesem Grenzgehalt der Ferrit bis zur Schmelztemperatur beständig (Bild 2.1c). Ein solcher Werkstoff wird als *ferritischer Stahl* bezeichnet. Elemente, die diese Erscheinung hervorrufen, sind Aluminium, Chrom, Molybdän, Phosphor, Silicium, Titan, Vanadin und Wolfram. Wird das γ-Gebiet nicht vollständig eingeschnürt, so spricht man von einer teilweisen Verengung oder teilweisen Einschnürung (Bild 2.1d). Bewirkt wird das durch die Elemente Niob, Tantal und Zirkon.

Die Veränderung des γ-Gebietes durch die Legierungselemente hat auch Einfluß auf die Umwandlungskinetik der Stähle. So wird durch die Elemente, die das γ-Gebiet erweitern, der Beginn der Umwandlung zu tieferen Temperaturen verschoben. Umgekehrt ist es bei den Elementen, die das γ-Gebiet einschnüren. Sie führen im Diagramm zu einer Erhöhung der Temperatur für die α-γ-Umwandlung.

Allgemein kann man sagen, daß durch die Anwesenheit von Fremdatomen der zeitliche Ablauf der Umwandlungen meist verzögert wird. Das ist gleichbedeutend mit einer Herabsetzung der kritischen Abkühlungsgeschwindigkeit. Im ZTU-Schaubild macht sich diese Erscheinung durch eine Verschiebung der Umwandlungskurven zu längeren Zeiten bemerkbar. Gleichzeitig kommt es bei höheren Legierungsgehalten zu einer deutlichen Trennung der Perlit- und der Zwischenstufenumwandlung. Für die praktische Wärmebehandlung ist der Einfluß der Legierungselemente von großer Bedeutung. Durch die Herabsetzung der kritischen Abkühlungsgeschwindigkeit wird die Einhärtungstiefe größer. Während einfache C-Stähle, bedingt durch die hohe kritische Abkühlungsgeschwindigkeit, nur eine geringe Einhärtungstiefe aufweisen, können bei legierten Stählen auch größere Querschnitte durchhärten.

■ Ü. 2.1

2.1.2. Kohlenstoff

Das wichtigste Element im Stahl ist der Kohlenstoff. Im Abschnitt 1.2. haben Sie gesehen, daß nur durch die Anwesenheit von Kohlenstoff bestimmte Wärmebehandlungen möglich sind. Das beruht darauf, daß die verschiedenen Fe-Modifikationen auch ein unterschiedliches Lösungsvermögen für Kohlenstoff aufweisen. Während die Löslichkeit im Austenit 2,06 % beträgt, kann der Ferrit maximal 0,02 % C lösen. Dadurch können bestimmte Zwangszustände (z. B. beim Härten) erzeugt werden, die mit einer deutlichen Veränderung der Eigenschaften verbunden sind.
Die Affinität des Eisens zu Kohlenstoff führt zur Bildung von Eisenkarbiden. Das Gleichgewichtskarbid, der Zementit (Fe_3C), verändert mit zunehmendem Gehalt die Eigenschaften der Stähle. Im Bild 2.2 ist der Einfluß des C-Gehaltes auf die Festigkeitseigenschaften dargestellt. Daraus kann man erkennen, daß mit steigendem C-Gehalt Zugfestigkeit und Streckgrenze zunehmen, während Dehnung und Einschnürung verringert werden.
Neben den Festigkeitseigenschaften werden auch andere Gebrauchseigenschaften, wie Härtbarkeit, Schweißbarkeit und Kaltformbarkeit, durch den C-Gehalt beeinflußt. Die Härtbarkeit wird mit steigendem C-Gehalt verbessert.

▶ *Begründen Sie diese Tatsache (s. Abschnitt 1.3.1.)!*

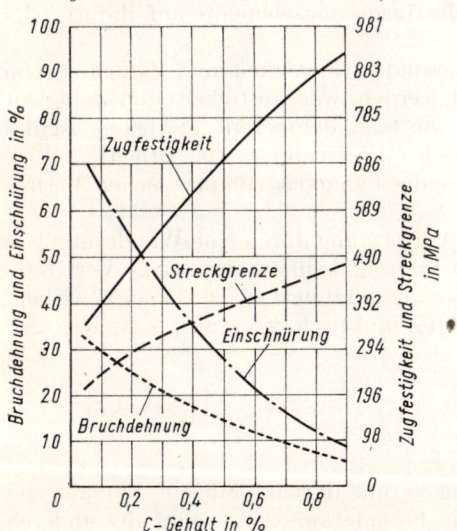

Bild 2.2. Einfluß des C-Gehaltes auf die Festigkeitseigenschaften der Stähle (C-Gehalt in Masse-%)

Die Verarbeitungseigenschaften eines Stahles sind sehr stark vom C-Gehalt abhängig.

— *Schweißeignung*

Stähle sind im allgemeinen nur bis zu einem C-Gehalt von 0,22% ohne Vor- und Nachbehandlung schweißbar. Bei Schweißverbindungen nimmt die Aufhärtung im Bereich der Schweißnaht mit zunehmendem C-Gehalt zu, dadurch steigt die Versprödungs- und Rißgefahr.

— *Härtbarkeit*

Die beim Härten erreichbare Maximalhärte nimmt mit steigendem C-Gehalt zu, deshalb sind Stähle erst ab 0,25% härtbar.

— *Kaltformbarkeit*

Die Kaltformbarkeit verschlechtert sich mit zunehmendem C-Gehalt. Eine Aussage über die Kaltformbarkeit kann aus den Werten für die Einschnürung des Stahles getroffen werden.

— *Zerspanbarkeit*

Die Zerspanbarkeit eines Stahles ist bei einem C-Gehalt von 0,3 bis 0,4% am günstigsten. C-arme Stähle neigen zum Schmieren, da sie relativ weich sind. Über 0,5% verschlechtert sich die Zerspanbarkeit durch zunehmenden Zementitanteil. Die Zerspanbarkeit ist sehr stark von der Gefügeausbildung abhängig und kann durch Glühverfahren verändert werden.

Neben dem Fe_3C kann es auch zur Bildung eines metastabilen Eisenkarbids, dem ε-Karbid, kommen. Es entspricht in seiner Zusammensetzung etwa dem Fe_2C und bildet sich beim Anlassen gehärteter Stähle.

■ Ü. 2.2

2.1.3. Einfluß der Legierungselemente

Der Einfluß der Legierungselemente ist sehr vielfältig. In diesem Abschnitt soll deshalb versucht werden, eine Verteilung der Legierungselemente auf die wichtigsten Eigenschaften vorzunehmen.

Bei den *mechanischen Eigenschaften* sind besonders Festigkeit und Zähigkeit von Interesse. Zunächst muß die Frage gestellt werden, was Festigkeit und Zähigkeit eigentlich aussagen. Man könnte sie etwa wie folgt definieren: Festigkeit ist der Widerstand eines Körpers gegenüber plastischer Verformung (oder Bruch).

Die Zähigkeit eines Werkstoffes stellt dann die Fähigkeit zur plastischen Verformung dar.

Wie Ihnen bekannt ist, wird die plastische Verformung durch eine Wanderung von Versetzungen verursacht. Zur Festigkeitssteigerung können also solche Verfahren angewandt werden, die eine Hemmung der Versetzungsbeweglichkeit bewirken. Bei den Stählen werden folgende Möglichkeiten praktisch genutzt:

— Mischkristallbildung,
— Ausscheidungen,
— Kornfeinung und
— Kaltformung.

Die *Verfestigung* durch Mischkristallbildung beruht darauf, daß der Einbau von Fremdatomen das Gitter verspannt und die Fremdatome auf Grund des anderen

Atomradius mit den Versetzungen in Wechselwirkung treten. Dadurch wird die Bewegung der Versetzungen erschwert, d. h., für die Bewegungen der Versetzungen sind höhere Spannungen erforderlich.
Durch Ausscheidungen wird ebenfalls die Versetzungsbeweglichkeit verringert. Dabei ist die Festigkeitssteigerung um so größer, je feiner sie sind und je größer ihr Volumenanteil ist.
Auch die Legierungselemente des Stahles wirken über die Mischkristallbildung (Mn, Ni, Si) oder die Bildung von Ausscheidungen (Cr, Mo, V, W) festigkeitssteigernd.
Die Möglichkeiten der Festigkeitssteigerung werden einzeln oder gekoppelt angewandt. Wie Sie im Abschnitt 2.1.2. gesehen haben, nimmt die Festigkeit mit steigendem C-Gehalt zu. Die Ursache dafür ist der zunehmende Fe_3C-Gehalt.
Bei der Betrachtung der Festigkeitseigenschaften muß man berücksichtigen, daß mit dem Ansteigen der Festigkeit in den meisten Fällen eine Abnahme der Zähigkeit verbunden ist. Dadurch werden die Stähle sprödbruchanfälliger. Man versteht darunter einen verformungslosen Bruch, der besonders bei einer plötzlichen Überbelastung auftreten kann. Diese Erscheinung ist bei solchen Bauteilen unerwünscht, die oft dynamisch beansprucht werden.

▶ *Überlegen Sie, welche Bauteile eine hohe Zähigkeit aufweisen müssen!*

Für die Festlegung, welcher Stahl am besten den Anforderungen entspricht, muß der Zusammenhang zwischen Festigkeit und Zähigkeit beachtet werden.

■ Ü. 2.3

Die *Härtbarkeit* ist für die Wärmebehandlung eine wichtige Eigenschaft, die durch die kritische Abkühlungsgeschwindigkeit bestimmt wird. Wie Sie gelernt haben, ist der Kohlenstoffgehalt eine Voraussetzung für die Härtbarkeit des Stahles. Außerdem wird die Aufhärtung, d. h. die maximale Härte, durch den C-Gehalt bestimmt. Alle Legierungselemente, außer Cobalt, verbessern die Einhärtung. Die größte Wirkung haben Nickel, Chrom, Mangan, Molybdän und Silicium.
Die *Kaltformbarkeit* wird ebenfalls von der Erschmelzungsart, der chemischen Zusammensetzung und dem Gefüge bestimmt. Ganz allgemein kann man sagen, daß die Kaltformbarkeit mit geringer werdender Reinheit und steigendem Gehalt an Legierungs- und Begleitelementen verschlechtert wird. Besonders ausgeprägt ist die Verminderung der Kaltformbarkeit durch steigende Gehalte der Elemente C, S, P und N. Das günstigste Gefüge für die Kaltformung stellt Ferrit mit globular eingeformten Karbiden dar. Eine Aussage über die Kaltformbarkeit kann aus den Werten für die Einschnürung des Stahles getroffen werden.
Die *Zerspanbarkeit* der Werkstoffe ist für die Bearbeitung des Stahls von großer Bedeutung. Abhängig ist die Zerspanbarkeit von der Erschmelzungsart, der chemischen Zusammensetzung und dem Gefüge der Stähle. Die Erschmelzungsart wirkt durch die chemische Zusammensetzung des Stahles auf die Zerspanbarkeit. Der Thomasstahl, der bei der spangebenden Bearbeitung die ungünstigsten Eigenschaften aufweist, ist durch höhere Gehalte an Begleitelementen und nichtmetallischen Einschlüssen gekennzeichnet. Durch die bessere Reinheit weisen Elektrostähle die günstigste Zerspanbarkeit auf.

▶ *Erläutern Sie, warum nichtmetallische Einschlüsse, insbesondere Oxide, die Zerspanbarkeit verschlechtern!*

Die Zerspanbarkeit wird von den Begleit- und Legierungselementen stark beeinflußt. Die Elemente Schwefel, Blei, Selen, Tellur und Bismut begünstigen durch ihre spanbrechende Wirkung die Zerspanbarkeit. Alle anderen Legierungselemente verschlechtern mit steigendem Gehalt diese Eigenschaft.

Eine gewisse Sonderstellung nimmt Kohlenstoff ein. Bei niedrigen C-Gehalten ($<0,10\%$) »schmiert« der Stahl. Die günstigste Zerspanbarkeit weisen Stähle mit einem C-Gehalt von 0,10 bis 0,25% auf. Bei höheren Gehalten nimmt die Festigkeit des Stahles zu, und damit erhöht sich der Verschleiß der Werkzeuge.

Die *Schweißbarkeit* setzt sich aus den Begriffen *Schweißeignung* und *Schweißsicherheit* zusammen. Während die Schweißeignung das werkstoffbedingte Verhalten des Stahls beschreibt, umfaßt die Schweißsicherheit konstruktive und technologische Maßnahmen beim Schweißen. Die Schweißeignung ist abhängig von

— der Erschmelzungsart,
— der Vergießungsart,
— der chemischen Zusammensetzung und
— dem Ausgangsgefüge des Stahles.

Die Stähle werden deshalb hinsichtlich ihrer Schweißeignung nach TGL 14913 »Prüfung von Stählen auf Schweißbarkeit« in verschiedene Klassen eingeteilt:

Ia Stähle, für die der Stahlhersteller eine Schweißeignung gewährleistet, z. B. gut zum Schweißen geeignete Baustähle, wie St 38-2;

Ib Stähle, für die der Stahlhersteller eine Schweißeignung nur bei Beachtung der entsprechend vorher festgelegten Maßnahmen garantiert, wie z. B. der nicht stabilisierte austenitische Stahl X12CrNi17.7;

II Stähle, bei denen nur dann eine Schweißeignung vorhanden ist, wenn eine bestimmte, vom Stahlverarbeiter festgelegte Schweißtechnologie eingehalten wird, z. B. höhergekohlte oder niedriglegierte Stähle, wie C35;

III Stähle, bei denen man keine Schweißverbindungen ausreichender Qualität erhält, z. B. Federstähle, wie 60SiMn5; diese Stähle werden für die Schweißung nicht empfohlen.

Früher ist man bei der Gewährleistung der Schweißeignung nur vom C-Gehalt ausgegangen. Als Grenze wurden 0,22% C angegeben..

▶ *Überlegen Sie, welchen Einfluß Kohlenstoff auf die Schweißeignung haben kann!*

Die Bewertung allein nach dem C-Gehalt reicht nicht aus. Auch andere Elemente beeinflussen die Martensitbildung und damit den Zähigkeitsabfall in der Nähe der Schweißnaht. Zur Beurteilung der Schweißeignung wurde deshalb das *Kohlenstoffäquivalent* eingeführt. Es lautet:

$$C_ä = C + \frac{Mo}{4} + \frac{Cr}{5} + \frac{Mn}{6} + \frac{Cu}{13} + \frac{P}{2} + 0{,}0024 \cdot s. \tag{2.1}$$

In diese Formel werden die entsprechenden Legierungsgehalte in % und die Werkstückdicke s in mm eingesetzt. Liegt der Wert für $C_ä$ unter 0,50, so ist der Stahl ohne Vor- und Nachbehandlung schweißbar.

■ Ü. 2.4

2.1.4. Kupfer, Phosphor und Schwefel

Kupfer gehört zu den Legierungselementen, die durch den Herstellungsprozeß immer im Stahl enthalten sind. Durch den edlen Charakter des Kupfers kann es bei den üblichen metallurgischen Verfahren nicht aus dem Stahl entfernt werden und reichert sich immer mehr an. So liegt der *Kupferspiegel* z. Z. bei etwa 0,20%. Durch Kupfer wird die sog. *Lötbrüchigkeit* hervorgerufen. Bei der Verzunderung reichert sich das Kupfer unter der Zunderschicht an, dringt bei der Verformung entlang den Korngrenzen in den Stahl ein und führt zur Bildung von Oberflächenrissen. Diese Erscheinung macht sich auch beim Hartlöten bemerkbar.

Als Legierungselement kommt Kupfer in den korrosionsträgen und in den korrosionsbeständigen Stählen zur Anwendung. Bei den korrosionsträgen Stählen wird durch Zusatz von 0,25 bis 0,75% Cu (neben den Elementen Chrom und Phosphor) erreicht, daß nach einer bestimmten Abrostung (etwa nach 2 Jahren) unter dem Rost eine mit den genannten Elementen angereicherte Schicht vorliegt. Diese verzögert die Weiterrostung des Stahls.

In den korrosionsbeständigen Stählen bewirkt ein Zusatz von etwa 2% Cu eine Erhöhung des Korrosionswiderstands gegenüber bestimmten Säuren, z. B. Schwefelsäure.

Phosphor wird in den meisten Fällen als unerwünschtes Begleitelement angesehen. Durch Phosphor wird die Kerbschlagzähigkeit bei tiefen Temperaturen stark herabgesetzt *(Kaltversprödung)*. Ein weiterer Nachteil des Phosphors besteht in seiner starken Seigerungsneigung. Das bedeutet, daß sich bei der Erstarrung durch die schlechte Diffusionsfähigkeit des Phosphors Konzentrationsunterschiede schlecht ausgleichen. Dadurch kommt es zu einem starken Anstieg des Phosphorgehalts und zu unterschiedlichen mechanischen Eigenschaften verbunden mit einer Versprödung im geseigerten Bereich.

Als Legierungselement wird Phosphor in den korrosionsträgen Stählen verwendet. Durch die Behinderung der Diffusionsvorgänge wird der Rostvorgang verzögert.

Schwefel gilt ebenfalls als Stahlschädling, da er zu Stahlfehlern führt. Mit Eisen bildet Schwefel ein Eutektikum, das bei 988 °C schmilzt. Wird im Bereich zwischen 800 und 1000 °C umgeformt, so kommt es durch die netzartige Ausbildung des Eisensulfids um die Primärkörner zu einem Bruch entlang den Korngrenzen (*Rotbruch* infolge geringer Plastizität der Sulfide). Bei Temperaturen über 1200 °C schmelzen die Korngrenzen auf, und es entsteht ein *Heißbruch*. Vermieden werden kann diese Erscheinung durch Zusatz von Mangan. Die Mangansulfide haben einen höheren Schmelzpunkt (≈ 1600 °C) und scheiden sich punktförmig im Korninneren ab.

In *Automatenstählen* wird Schwefel als Legierungselement verwendet. Die Gehalte liegen dabei zwischen 0,1 und 0,3%. Allerdings muß ein entsprechender Mn-Gehalt gewährleistet werden, um die Rot- bzw. Heißbrüchigkeit zu vermeiden. Die Mangansulfide sind im Temperaturbereich der Verformung plastisch und werden bei der Verformung in Verformungsrichtung gestreckt. Dadurch ergeben sich unterschiedliche mechanische Eigenschaften in Quer- und Längsrichtung.

■ Ü. 2.5

2.1.5. Gase im Stahl

Sauerstoff ist durch die Bedingungen der Stahlherstellung immer im Stahl enthalten. Er liegt in oxidischen Einschlüssen der Legierungs- oder Begleitelemente vor.

Meistens sind es Oxide der zur Desoxydation benutzten Elemente Mangan, Silizium und Aluminium. Je nach Form, Größe und Verteilung der Einschlüsse werden die Eigenschaften des Stahls beeinflußt. Der wesentlichste Nachteil ist die Kerbwirkung der Einschlüsse und die damit verbundene Herabsetzung der Dauerfestigkeit.

Stickstoff gelangt beim Schmelzen in den Stahl. Der Gehalt richtet sich nach dem angewandten Verfahren. Beim SM-Stahl liegt er zwischen 0,005 und 0,012%, beim Elektrostahl 0,007 bis 0,015% und beim Thomasstahl 0,012 bis 0,025%. Die Löslichkeit für Stickstoff ist im Eisen temperaturabhängig. Sie beträgt bei 590 °C etwa 0,1% und sinkt bei Raumtemperatur bis auf etwa 10^{-5}%. Das bedeutet, daß bei schneller Abkühlung das Eisen an Stickstoff übersättigt wird. Durch Erwärmung auf Temperaturen von 250 bis 300 °C oder durch langes Lagern bei Raumtemperatur kommt es zur *Alterung*. Dabei scheiden sich Nitride an Gitterstörstellen aus und führen zu einer Versprödung des Stahls. Vermieden werden kann die Alterung durch Zusatz von Elementen mit großer Affinität zu Stickstoff (Aluminium, Titan, Zirkon).

Als Legierungselement kommt Stickstoff in höherfesten (z. B. 18MnSiVN6) und in austenitischen (z. B. X10CrMnNiN17.9.4) Stählen zur Anwendung. In den höherfesten Stählen dient Stickstoff in Verbindung mit den Elementen Niob, Titan und Vanadin zur *Ausscheidungshärtung*. In austenitischen Stählen kann ein Teil des Nickels durch Stickstoff ersetzt werden (max. 2,4% Ni durch 0,2%). Beim Nitrieren wird durch die Nitridbildung eine Steigerung der Oberflächenhärte erreicht.

Wasserstoff gelangt bei der Stahlherstellung über wasserstoffhaltige Gase, z. B. Wasserdampf, in den Stahl. Die Löslichkeit ist temperaturabhängig und im flüssigen Zustand am größten. Bedingung ist jedoch, daß der Wasserstoff in atomarer Form vorliegt. Wird eine mit Wasserstoff gesättigte Stahlschmelze abgekühlt, so nimmt die Löslichkeit ab, und es kommt zur Abscheidung von Wasserstoff. Es erfolgt eine Rekombination, d. h., es bildet sich molekularer Wasserstoff. Die Drücke können dabei so groß werden, daß örtlich die Trennfestigkeit des Stahls überschritten wird. Diese interkristallinen Risse werden *Flocken* genannt. Diese Bezeichnung rührt von dem hellen Aussehen der Rißstellen her, wenn bei Temperaturen des Blaubruchs Proben gebrochen werden. Die Bruchfläche läuft blau an, während die Rißstellen durch die reduzierende Wirkung des Wasserstoffs hell bleiben.

Vermieden werden können Flocken, wenn der H-Gehalt beim Schmelzen niedrig gehalten wird oder eine Vakuumbehandlung des flüssigen Stahls erfolgt. Da die Diffusionsfähigkeit des Wasserstoffs groß ist, kann auch eine Verringerung des H-Gehalts durch verzögerte Abkühlung oder spezielle Glühungen erreicht werden.

Eine weitere Fehlererscheinung kann beim Beizen auftreten. Der durch die Einwirkung der Beizsäure entstehende atomare Wasserstoff dringt in den Stahl ein und bildet sich an Fehlstellen zu molekularem Wasserstoff um. Der Druck kann so groß werden, daß es zu einer Werkstofftrennung dicht unterhalb der Oberfläche kommt. Diese Fehler werden *Beizblasen* genannt.

■ Ü. 2.6 und 2.7

2.2. Einteilung der Stähle

In der DDR werden rund 500 verschiedene Stahlsorten hergestellt. Das macht es erforderlich, daß die Stähle nach verschiedenen Gesichtspunkten eingeteilt werden. Die Möglichkeiten der Einteilung sind vielfältig. So können die Stähle nach dem

Reinheitsgrad, dem Legierungsgehalt, dem Herstellungsverfahren und dem Verwendungszweck unterschieden werden.

Bei der Einteilung der Stähle nach dem *Reinheitsgrad* wird besonders der P- und S-Gehalt berücksichtigt. Wie Sie in Abschnitt 2.1.6. gesehen haben, wirken diese Elemente ungünstig auf die Eigenschaften der Stähle. Je nach der Qualität der Stähle unterscheidet man zwischen Massen-, Qualitäts- und Edelstählen. *Massenstähle* sind dadurch gekennzeichnet, daß hinsichtlich der Reinheit die geringsten Anforderungen gestellt werden, d. h., die P- und S-Gehalte liegen über 0,045%. Diese Stähle bereiten bei der Herstellung keine Schwierigkeiten und sind deshalb billig. Angewandt werden sie dort, wo nur bestimmte Festigkeitswerte gewährleistet werden sollen (z. B. Abdeckbleche, Maschinenteile geringer Beanspruchung).

Bei den *Qualitätsstählen* sind die P- und S-Gehalte mit maximal 0,045% begrenzt. Das bringt eine Verbesserung der plastischen Eigenschaften mit sich.

An die *Edelstähle* werden die höchsten Anforderungen hinsichtlich der Reinheit gestellt. Neben niedrigen P- und S-Gehalten ($\leq$ 0,035%) wird auch ein geringer Gehalt an nichtmetallischen Einschlüssen gefordert. Dadurch ist die Herstellung teuer, garantiert aber beste Zähigkeitseigenschaften.

Nach dem *Legierungsgehalt* können unlegierte, niedriglegierte und hochlegierte Stähle eingeteilt werden. Die unlegierten Stähle enthalten nur unterschiedliche C-Gehalte und die durch die Stahlherstellung bedingten Beimengungen. Sie sind relativ billig, da keine Verteuerung durch Zusatz von Legierungselementen erfolgt. Zur Erzielung spezieller Eigenschaften ist jedoch oft ein Legieren notwendig. Beträgt der Legierungsgehalt bis zu 5%, dann spricht man von niedriglegierten Stählen, darüber hinaus von hochlegierten Stählen.

Nach dem *Herstellungsverfahren* können die Stähle in Thomas-, SM-, Elektro- und Sauerstoffaufblasstähle eingeteilt werden. Je nach der Spezifik des Verfahrens entstehen unterschiedliche Eigenschaften. Die Begründung der speziellen Eigenschaften würde hier zu weit führen. Deshalb sei auf die im Anhang aufgeführte Literatur verwiesen.

Die üblichste Einteilung erfolgt nach dem Verwendungszweck. Danach werden zwei Hauptgruppen unterschieden: Baustähle und Werkzeugstähle.

■ Ü. 2.8

2.3. Baustähle

Zielstellung

Die Baustähle nehmen mit etwa 80% der Gesamtstahlerzeugung den größten Umfang ein. Deshalb macht es sich erforderlich, bei dieser Gruppe eine weitere Unterteilung vorzunehmen. Es sollen zunächst die Anforderungen und dann die einzelnen Gruppen der Baustähle behandelt werden. Das Ziel dieses Abschnitts soll sein, Sie mit den speziellen Eigenschaften der Baustähle vertraut zu machen und die Einsatzmöglichkeiten der Stähle an typischen Beispielen kennenzulernen.

2.3.1. Allgemeine Baustähle

Allgemeine Baustähle sind unlegierte Stähle, die vorwiegend im Walzzustand, teilweise aber auch nach einer Normalglühbehandlung entsprechend ihrer Streckgrenze und Zugfestigkeit verwendet werden.

Die Allgemeinen Baustähle nehmen den größten Umfang in der Stahlherstellung ein (etwa 65% der jährlichen Weltstahlerzeugung). Sie werden hauptsächlich nach ihren Festigkeitswerten eingesetzt und deshalb im Stahlhochbau, Brückenbau, Schiffbau usw. angewandt. Neben den Festigkeitseigenschaften werden aber mehr und mehr Forderungen an andere Eigenschaften, z. B. Verarbeitungseigenschaften und chemische Eigenschaften, gestellt. Diese werden durch die Herstellungs- und Vergießungsart wesentlich beeinflußt.

Die Allgemeinen Baustähle werden üblicherweise im Thomaskonverter, Sauerstoffkonverter und SM-Ofen erzeugt. Dabei sind die Produktionskosten für die im Konverter hergestellten Stähle wesentlich niedriger. Aus dem Herstellungsverfahren ergeben sich auch unterschiedliche Eigenschaften der Stähle. Die Thomasstähle weisen relativ hohe P- und N-Gehalte auf. Daraus resultiert eine Verschlechterung der Zähigkeitseigenschaften, besonders bei tiefen Temperaturen. Bild 2.3 zeigt den

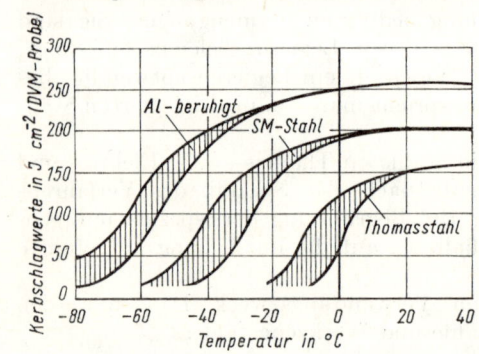

Bild 2.3. Einfluß der Erschmelzungsart auf den Verlauf der Kerbschlagzähigkeits-Temperatur-Kurve

Verlauf der Kerbschlagzähigkeit in Abhängigkeit von der Temperatur für verschieden erschmolzene Stähle. Sie können daraus erkennen, daß mit steigendem N-Gehalt der Steilabfall der Kurve zu höheren Temperaturen verschoben wird.

▶ *Überlegen Sie, welche Konsequenzen sich daraus für die Anwendung der Thomasstähle ergeben!*

Außerdem weisen die Thomasstähle höhere Gehalte an nichtmetallischen Einschlüssen (Oxide, Sulfide) auf. Der SM-Stahl weist geringere N-Gehalte auf und besitzt auch eine größere Reinheit. Dadurch werden bessere plastische Eigenschaften erreicht. Ähnlich verhalten sich auch die im Sauerstoffkonverter erzeugten Stähle.

Auch die *Vergießungsart* beeinflußt die Eigenschaften des Stahles. Jeder flüssige Stahl wird vor dem Abstich zur Gewährleistung der Warmformgebung desoxydiert. Eine darüber hinausgehende Verminderung des Sauerstoffs wird als Beruhigung bezeichnet. Man unterscheidet drei Vergießungsarten:

u   unberuhigt gegossen
hb   halbberuhigt gegossen
b   beruhigt gegossen.

Beim unberuhigten Gießen wird der Sauerstoff nur so weit entfernt, wie es für die Warmformgebung notwendig ist. Durch die sprunghaft abnehmende Sauerstofflöslichkeit bei der Erstarrung wird Sauerstoff frei und reagiert mit dem Kohlenstoff unter CO-Bildung. Die aufsteigenden CO-Bläschen durchwirbeln den noch flüssigen Stahl (der Stahl »kocht«). Die zuerst erstarrende Randschicht des Blockes weist eine hohe Reinheit auf (»Speckschicht«). Die aufsteigenden CO-Blasen werden teilweise von den in die Schmelze wachsenden Dendriten festgehalten und eingeschlossen. Dadurch entsteht im unberuhigten Stahl ein Blasenkranz. Diese CO-Blasen kompensieren die bei der Erstarrung auftretende Schwindung, so daß die unberuhigten Blöcke kaum einen Lunker aufweisen. Bild 2.4 zeigt den Blockaufbau eines unberuhigt gegossenen Stahles.

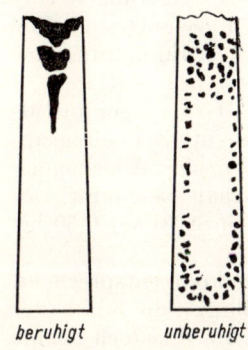

Bild 2.4. Blockaufbau des beruhigt und des unberuhigt gegossenen Stahles

Durch die Kochbewegung reichern sich die Verunreinigungen (Verbindungen mit niedrigerem Schmelzpunkt als Fe, z. B. FeS, Fe_3P) in der Restschmelze an. Dadurch entstehen Konzentrationsunterschiede löslicher Bestandteile, die als *Blockseigerungen* bezeichnet werden. Die stark seigernden Elemente sind Schwefel, Phosphor und Kohlenstoff. Die stärksten Seigerungen liegen im Blockkopf vor. Hier können die Gehalte der genannten Elemente bis zu 200% der Schmelzanalyse betragen. Das würde z. B. für einen Stahl mit 0,10% C, 0,050% S und 0,050% P bedeuten, daß die Gehalte in der Seigerungszone 0,20% C, 0,10% S und 0,10% P betragen können.

Unberuhigte Stähle eignen sich auf Grund der sauberen Randschicht besonders für solche Anwendungsgebiete, bei denen eine Oberflächenveredlung erfolgen soll. Die saubere Randschicht weist ein gutes Haftvermögen für metallische und nichtmetallische Überzüge auf. Deshalb werden Feinblech und Kaltband fast ausschließlich aus unberuhigten Stählen hergestellt. Auch für Stahlkonstruktionen, die genietet werden, sind unberuhigte Stähle gut geeignet. Für Schweißkonstruktionen sind die Seigerungen von Nachteil, weil sie durch die Schweißzone angeschnitten werden und die Güte der Schweißverbindung ungünstig beeinflussen.

Bei den beruhigten Stählen wird der Sauerstoffgehalt durch Zusatz O_2-affiner Elemente (Silicium, Aluminium) so weit herabgesetzt, daß keine Sauerstoffabscheidung während der Erstarrung erfolgt und damit die Kochreaktion vermieden wird. Dadurch erstarrt der Stahl gleichmäßiger, d. h., die Konzentrationsunterschiede der löslichen Bestandteile sind gering. Allerdings fehlen auch die saubere Randschicht und die Kompensation der Schwindung durch die Gasblasen: Der beruhigte Stahl weist einen Lunker auf (Bild 2.4). Um die Lunkertiefe zu verringern, werden die beruhigten Stähle meist in umgekehrt konischen Kokillen mit Hauben gegossen.

■ Ü. 2.9

▶ *Begründen Sie, warum diese Kokillenart angewandt wird!*

Da der Lunker bei der Warmformgebung nicht verschweißt, muß der Blockkopf abgetrennt (geschopft) werden. Durch die Anwendung umgekehrt konischer Kokillen mit Hauben und anderer technologischer Maßnahmen (Einsatz von exothermem Gießpulver, Blockkopfbeheizung usw.) wird erreicht, daß der entstehende Lunker eine geringe Tiefe aufweist. Dadurch werden größere Materialverluste vermieden.

Angewandt werden die beruhigten Stähle hauptsächlich für Schweißkonstruktionen und für Teile, die ihre Hauptformgebung durch eine Zerspanung erfahren. Die halbberuhigten Stähle liegen in ihren Eigenschaften zwischen den unberuhigten und den beruhigten Stählen. Durch einen Blasenkranz wird die Lunkerung weitestgehend kompensiert. Gegenüber dem unberuhigten Stahl sind geringere Seigerungen vorhanden, wodurch diese Stähle auch für Schweißkonstruktionen geeignet sind. Zur Gewährleistung gleichbleibender Eigenschaften ist eine strenge Einhaltung der Technologie erforderlich.

Die Allgemeinen Baustähle sind in der TGL 7960 enthalten (s. »Grundlagen metallischer Werkstoffe, ...«, Abschnitt 4.) Danach werden die Stähle in drei Gütegruppen eingeteilt. In Tabelle 2.1 sind die Festigkeitseigenschaften der Allgemeinen Baustähle zusammengestellt. Die Festigkeit wird nur vom C-Gehalt bestimmt. Der C-Gehalt beträgt beim St 34 0,09 bis 0,15% und steigt bis zum St 70 auf 0,50 bis 0,62%. Alle Stähle sind unlegiert.

Die Auswahl der Stähle erfolgt nach einem Klassifizierungsverfahren entsprechend der TGL 12910. Danach sollten für Niet- und Schraubverbindungen die Stähle der 1. Gütegruppe eingesetzt werden, bei Temperaturen unter $-25\,°C$ jedoch Stähle der Gütegruppe 2. Für statisch beanspruchte Schweißkonstruktionen sind die schweißbaren Stähle der Gütegruppe 2, für dynamische Beanspruchung nur die Stähle der 3. Gütegruppe anwendbar.

■ Ü. 2.10

Die Eignung zum Schmelzschweißen wird bei den Stahlmarken

St 34 u-2	St 38 u-2	St 34-3
St 34 hb-2	St 38 hb-2	St 38-3
St 34 b-2	St 38 b-2	St 42-3

gewährleistet. Sie ist bei den beruhigten und halbberuhigten Stählen besser als bei den unberuhigten. Je nach Fertigungs- und Betriebsbedingungen des Bauteiles kann sie auch bei den Stahlmarken

St 34	St 42 u-2
St 38	St 42 b-2
St 42	

vorausgesetzt werden [TGL 7960].

2.3.2. Höherfeste schweißbare Baustähle

Hochfeste, schweißbare Baustähle, die im warmgewalzten Zustand als Profilstahl und im normalgeglühten Zustand als Rohr-, Blech- oder Stabstahl anstelle allgemeiner Bau- und Kesselstähle verwendet werden und Stahleinsparungen durch leichtere Bauweise gestatten.

Tabelle 2.1. Festigkeitskennwerte der Allgemeinen Baustähle nach TGL 7960

Stahlmarke der Gütegruppe			Streckgrenze in MPa mindestens für Dicken in mm			Zugfestigkeit in MPa	Bruchdehnung in % mindestens für		Dorndurchmesser beim Faltversuch, Biegewinkel 180° (a = Probendicke)
1	2	3	bis 20	über 20 bis 40	über 40 bis 100		$L_0 = 5\,d_0$	$L_0 = 10\,d_0$	
St 33	—	—	keine Forderungen			mindestens 320	22	18	3 a
St 34	St 34u-2 St 34hb-2 St 34b-2	St 34-3	215	205	195	330···440	30	26	0,5 a
St 38	St 38u-2 St 38hb-2 St 38b-2	St 38-3	235	225	215	370···490	25	21	0,5 a
St 42	St 42u-2 St 42b-2	St 42-3	255	245	235	410···540	23	19	2 a
St 50 St 60 St 70	St 50-2 St 60-2 St 70-2	— — —	295 335 365	285 325 355	275 315 345	490···640 590···740 690···860	19 14 10	15 11 8	3 a keine Forderung

2. Unlegierte und legierte Stähle

Höherfeste Baustähle sind schweißbare Baustähle mit erhöhter Streckgrenze. Die Entwicklung dieser Stähle war notwendig, um den Werkstoffaufwand in Schweißkonstruktionen herabzusetzen. Durch die höhere Festigkeit ergibt sich eine erhebliche Masseeinsparung. In Bild 2.5 ist die Abhängigkeit zwischen der Zugfestigkeit und der Masse dargestellt. Durch den Einsatz der höherfesten Stähle kommt man zum *Leichtbau*.

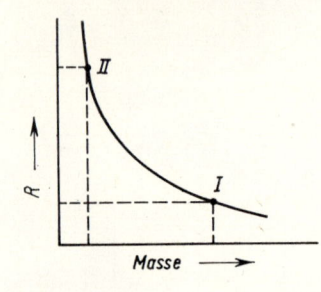

Bild 2.5. Zusammenhang zwischen Zugfestigkeit R_m und Masse beim Massiv- und Leichtbau
I Massivbau
II Leichtbau

Die höhere Festigkeit bei gleichzeitig gewährleisteter Schweißeignung kann nur durch Legieren erreicht werden. Als Legierungselemente werden verwendet:

Silicium	(0,40 bis 0,60%)	Titan	(bis 0,25%)
Mangan	(0,70 bis 1,65%)	Vanadin	(bis 0,20%)
Chrom	(0,50 bis 1,0%)	Stickstoff	(bis 0,015%)

Die in der DDR hergestellten Stähle sind in der TGL 22426 enthalten. Es sind die Stähle H45-2, H45-3, H52-3, H55-3 und H60-3. Sie enthalten C-Gehalte von 0,20%, erhöhte Mn-Gehalte (1,0 bis 1,5%) und Zusätze von Al, V, Ti und N.

▶ *Überlegen Sie, welche Mechanismen der Festigkeitssteigerung in diesen Stählen wirksam sind!*

Da der C-Gehalt begrenzt ist und die Legierungselemente nur in geringen Mengen enthalten sind, wird die Schweißeignung kaum beeinträchtigt. Aufgrund ihres Legierungsgehaltes sind diese Stähle teurer als die Allgemeinen Baustähle nach TGL 7960. Die erreichbaren Masseneinsparungen wiegen das jedoch auf.
Der Einsatz der höherfesten Stähle ist zweckmäßig, wenn

— durch Masseeinsparungen die Baukosten gesenkt werden,
— durch Masseeinsparungen die Betriebskosten gesenkt werden,
— durch die höheren Festigkeitswerte die Leistungsparameter gesteigert werden,
— durch die höheren Festigkeitswerte die Fundamentbelastungen oder Boden- bzw. Raddrücke gesenkt werden.

Die Anwendung der höherfesten Stähle ist eine volkswirtschaftliche Notwendigkeit, weil durch ihren Einsatz die Konstruktionen leichter werden und damit Material eingespart wird. Allerdings muß der höhere Preis ein reales Verhältnis zum Nutzen haben.

■ Ü. 2.11

2.3.3. Korrosionsträge Stähle

Korrosionsträge Baustähle sind niedriglegierte, schweißbare Stähle mit erhöhtem Widerstand gegen atmosphärische Korrosion.

Unter atmosphärischen Bedingungen kommt es auf der Stahloberfläche zur Rostbildung. Durch den Zusatz bestimmter Elemente kann die Abrostung annähernd zum Stillstand gebracht werden (Bild 2.6).

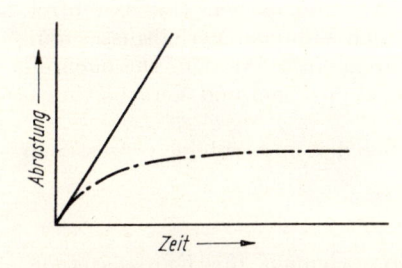

Bild 2.6. Abrostung in Abhängigkeit von der Zeit
– – – – normaler Baustahl
–·–·–·– KT-Stahl

In der DDR werden die korrosionsträgen Stähle KT45-2, KT45-3, KT50-2 und KT52-3 hergestellt. Sie sind durch folgende Legierungsgehalte gekennzeichnet:

C bis 0,12 %   Cu bis 0,50 %
Cr bis 1,00 %   P bis 0,15 %.

Die Rostträgheit wird dadurch erreicht, daß sich durch die Abrostung (Entzug von Eisen aus der Oberfläche) unter der Rostschicht die Legierungselemente anreichern und das Weiterrosten stark einschränken. Der Vorgang dauert unter normalen atmosphärischen Bedingungen bis zum annähernden Stillstand der Abrostung etwa 2 Jahre.

Für den Einsatz dieser Stähle gibt es bestimmte klimatische Bedingungen. Das betrifft besonders die Industrieabgase und die Luftfeuchtigkeit.

▶ *Begründen Sie diese Festlegungen!*

Die Anwendung ist von der Einstufung der Atmosphärentypen nach TGL 18704 abhängig. Bewährt haben sich diese Stähle für Freileitungsmaste, im Brückenbau und für Fassadenverkleidungen.

2.3.4. Stähle für Feinbleche und Kaltband

Feinblech ist ein warm oder kalt fertiggewalztes Erzeugnis in Tafeln mit Dicken unter 4 mm und beliebigen, in der Regel rechteckigen Flächenbegrenzungen mit unbeschnittenen oder beschnittenen Kanten. Kaltband ist ein kalt fertiggewalztes Erzeugnis unter 4 mm Dicke in ebenen, auf Länge geschnittenen Streifen oder uhrfederartig gehaspelten Ringen mit unbeschnittenen oder beschnittenen Kanten.

Die Einteilung von Feinblech und Kaltband erfolgt hinsichtlich zunehmender Kaltformbarkeit in Grundgüte (StG), Ziehgüte (StZ), Tiefziehgüte (StTZ) und Sondertiefziehgüte (StSZ). Die Stähle, aus denen Feinbleche oder Kaltband hergestellt werden, sind meist unlegiert und weisen einen niedrigen C-Gehalt ($< 0,1\%$) auf.
Zur Beurteilung der Kaltformbarkeit dienen neben den Festigkeitswerten besonders

die Tiefung nach *Erichsen*, die senkrechte Anisotropie R und der Verfestigungsexponent n. Die letzten beiden Größen gewinnen für die Kennzeichnung der Kaltumformbarkeit dünner Bleche an zunehmender Bedeutung. Sie gestatten eine Aussage über den Widerstand gegen das Dünnerwerden des Bleches (R) und die bei der Umformung ablaufende Verfestigung (n).

▶ *Begründen Sie diese Tatsache!*

Feinbleche und Kaltband werden in den Oberflächenzuständen dunkelgeglüht (A4), blankgeglüht (A3), narben- und porenfrei (A2) und narben- und porenfrei, hellglänzend (A1). Wegen des ungünstigen Oberflächen-Volumen-Verhältnisses muß in den meisten Fällen eine Oberflächenveredlung durchgeführt werden. Die nachfolgende Übersicht stellt die möglichen Oberflächenausführungen und Verarbeitungsverfahren dar (Tabelle 2.2).

Die Haftfähigkeit für Oberflächenüberzüge ist bei den unberuhigt vergossenen Stählen besser als bei den beruhigten Stählen.

▶ *Begründen Sie das!*

Angewandt werden Feinblech und Kaltband hauptsächlich für Karosserieteile, Zieh- und Tiefziehteile.

Tabelle 2.2. Einteilung der Kaltband- und Feinblechsorten

Gütegruppe	Stahlmarke	Erschmelzungsart	Vergießungsart	Oberflächenausführung	Umformbarkeit
G Grundgüte	St G	*Thomas-* oder *Siemens-Martin-* oder Sonderverfahren	beruhigt oder unberuhigt	dunkelgeglüht (A 4)	geringe Verformung
	St Gu		unberuhigt	blankgeglüht (A 3)	
Z Ziehgüte	St Zu	*Siemens-Martin-* Verfahren	unberuhigt	dunkelgeglüht (A 4) blankgeglüht (A 3)	mittlere Verformung
	St Zb		beruhigt	narben- und porenfrei (A 2)	
TZ Tiefziehgüte	St TZu	*Siemens-Martin-* Verfahren	unberuhigt	dunkelgeglüht (A 4) blankgeglüht (A 3) narben- und porenfrei (A 2) narben- und porenfrei hellglänzend (A 1)	starke Verformung
SZ Sondertiefziehgüte	St SZu	*Siemens-Martin-* Verfahren	unberuhigt	dunkelgeglüht (A 4) blankgeglüht (A 3) narben- und porenfrei (A 2)	stärkste Verformung
	St SZb		beruhigt	narben- und porenfrei hellglänzend (A 1)	

2.3.5. Einsatzstähle

Einsatzstähle sind unlegierte und legierte Baustähle, bei denen nach der Formgebung die Randschicht aufgekohlt — gegebenenfalls gleichzeitig aufgestickt — und anschließend gehärtet wird. Die Festigkeit des Kernes hängt von der chemischen Zusammensetzung des verwendeten Stahles, der Querschnittsform, der Abmessung und der Technologie des Wärmebehandlungsverfahrens ab.

Die *Einsatzstähle* haben auf Grund ihres niedrigen C-Gehalts von maximal 0,25% nur eine geringe Festigkeit, aber sehr gute Zähigkeitseigenschaften. Auch der Verschleißwiderstand ist gering. Durch die *Einsatzhärtung* wird der Verschleißwiderstand der Oberfläche und gleichzeitig die Dauerfestigkeit erhöht.

▶ *Wiederholen Sie den Abschnitt 1.4.1.!*

Im Abschnitt 1.4.1. haben Sie gesehen, daß nach dem Aufkohlen der Oberfläche unterschiedliche Härtungsverfahren angewandt werden können. Die wirtschaftlichste Einsatzhärtung ist die Direkthärtung. Um sie durchführen zu können, müssen die Einsatzstähle folgende Bedingungen erfüllen:

— bei der Aufkohlung darf es zu keiner unzulässigen Kornvergröberung kommen,
— während der Aufkohlung sollen Rand und Kern einen möglichst homogenen Austenit aufweisen,
— beim Härten von Aufkohlungstemperatur muß die aufgekohlte Randzone frei von größeren Restaustenitmengen sein.

Von den in der TGL 6546 »Einsatzstähle« enthaltenen Stählen werden diese Forderungen nur von den Stählen 20MoCr5 und 18CrMnTi5 erfüllt. Durch die Anwesenheit von Molybdän und Titan sind diese Stähle kaum überhitzungsempfindlich, d. h., sie besitzen auch nach langer Haltedauer bei hohen Temperaturen ein feinkörniges Gefüge.

■ Ü. 2.12

Für Werkstücke mit geringen Kernfestigkeiten werden die unlegierten Einsatzstähle C10 und C15 verwendet. Durch Zusatz der Legierungselemente Chrom, Mangan, Nickel, Molybdän und Titan wird die Kernfestigkeit erhöht. Außerdem bewirkt die Anwesenheit von Chrom, Molybdän und Titan die Bildung von Karbiden, die die Verschleißfestigkeit der Randschicht erhöhen. In Tabelle 2.3 sind die Festigkeitswerte der Einsatzstähle nach TGL 6546 für verschiedene Wärmebehandlungszustände zusammengestellt. Daraus ist zu erkennen, daß die Stähle abgestufte Festigkeitseigenschaften aufweisen.

▶ *Überlegen Sie, nach welchen Gesichtspunkten die Auswahl der Einsatzstähle erfolgen sollte!*

Bei der Auswahl der Einsatzstähle sollte von technischen und ökonomischen Gesichtspunkten ausgegangen werden. Die Stähle werden mit steigendem Legierungsgehalt teurer. Einen weiteren Aspekt stellt die Wärmebehandlung dar. Die Direkthärtung ist hierbei das billigste Verfahren.

Tabelle 2.3. Härte- und Festigkeitskennwerte der Einsatzstähle nach TGL 6546 in Abhängigkeit von der Wärmebehandlung

Stahlmarke	Normalgeglüht Brinellhärte HB maximal	Weichgeglüht Brinellhärte HB maximal	Normalgeglüht und angelassen Brinellhärte HB	E (nach Einsatzhärtung im Kern) Streckgrenze in MPa mindestens	E (nach Einsatzhärtung im Kern) Zugfestigkeit in MPa	Bruchdehnung in % $L_0 = 5\, d_0$ mindestens	Brucheinschnürung in % mindestens
C10	≦ 140	—	—	290	490…640	15	40
C15	≦ 152	—	—	340	590…780	13	35
15Cr3	127…202	≦ 187	143…187	390	590…880	14	45
16MnCr5	149…229	≦ 207	156…207	590	780…1080	10	40
20MnCr5	156…245	≦ 217	170…217	690	980…1275	8	35
18CrNi8	—	≦ 235	187…235	780	1180…1420	7	35
20MoCr5	149…229	≦ 207	156…207	540[1]) 690[2])	740…1030[1]) 880…1180[2])	12[1]) 11[2])	45[1]) 45[2])
18CrMnTi5	156…245	≦ 217	170…217	740	880…1180	11	45

[1]) nach Härten in Öl
[2]) nach Härten in Wasser

Anwendungsbeispiele

C15   Verschleißteile kleiner Abmessung, wie Buchsen, Hebel, Zapfen, Pedalachsen
16MnCr5   Teile bis 60 mm Dicke, wie Nockenwellen, Zahnräder, Schnecken, Plastpreßformen
18CrMnTi5   Zahnräder, Achsen, Wellen

2.3.6. Vergütungsstähle

Vergütungsstähle sind unlegierte und legierte Baustähle, die durch Härten und nachfolgendes Anlassen auf höheren Temperaturen in Abhängigkeit von ihrer chemischen Zusammensetzung eine dem Verwendungszweck angepaßte Streckgrenze und Zugfestigkeit bei guten Zähigkeitseigenschaften erhalten.

Die *Vergütungsstähle* besitzen einen C-Gehalt von 0,25 bis 0,60%. Durch das Vergüten erhalten diese Stähle bei guter Zähigkeit höhere Festigkeiten. Sie werden deshalb hauptsächlich für dynamisch beanspruchte Maschinenteile, wie Wellen, Achsen, Kammwalzen, Zahnräder usw., verwendet. Da die Werkstückgröße und die geforderten Festigkeitswerte sehr unterschiedlich sind, wurde eine ganze Reihe von Vergütungsstählen entwickelt. Die in TGL 6547 »Vergütungsstähle« zusammengefaßten Stähle kann man in folgende Gruppen einteilen:

a) unlegierte Vergütungsstähle (C25, C35, C45, C60)
b) Mn-, Mn-Si- und Mn-V-legierte Vergütungsstähle (40Mn4, 30Mn5, 50MnSi4, 27MnSi5, 37MnSi5, 42MnV7)
c) Cr-legierte Vergütungsstähle (34Cr4, 40Cr4, 38CrSi6)
d) Cr-V-legierte Vergütungsstähle (50CrV4, 58CrV4)
e) Cr-Mo- und Cr-Mo-V-legierte Vergütungsstähle (25CrMo4, 34CrMo4, 42CrMo4, 50CrMo4, 30CrMoV9)
f) Cr-Ni-Mo-legierte Vergütungsstähle (36CrNiMo4).

Die unlegierten Vergütungsstähle werden nur für kleinere Werkstücke mit geringer Festigkeit, aber guter Zähigkeit verwendet.

▶ *Begründen Sie diese Tatsache! (Hinweis: kritische Abkühlungsgeschwindigkeit — Durchvergütung)*

Durch den Zusatz von Mangan wird in der zweiten Gruppe erreicht, daß die kritische Abkühlungsgeschwindigkeit verringert und damit die Durchvergütung verbessert wird. Jedoch sind auch sie nicht für sehr große Querschnitte geeignet. Ihre Nachteile bestehen in der Neigung zur Grobkornbildung und der *Anlaßversprödung*. Die Grobkornbildung kann durch Zusatz von Vanadin (42MnV7), die Anlaßversprödung durch geeignete Abkühlung nach dem Anlassen vermieden werden.
Der Zusatz von Chrom setzt die kritische Abkühlungsgeschwindigkeit stark herab. Deshalb sind die Cr-legierten Vergütungsstähle besonders für größere Querschnitte geeignet. Durch Vanadin sind die Stähle feinkörnig und erreichen damit bessere Zähigkeitseigenschaften. Molybdän erhöht ebenfalls die Durchvergütung und Anlaßbeständigkeit. Besonders wichtig ist jedoch die Vermeidung der Anlaßversprödung durch Molybdän. Wird außerdem Nickel zugesetzt, so eignen sich diese Vergütungsstähle für größte Querschnitte bei gleichzeitig verbesserten Zähigkeitseigenschaften.

72   **2.** *Unlegierte und legierte Stähle*

erforderliche Mindeststreckgrenze in MPa

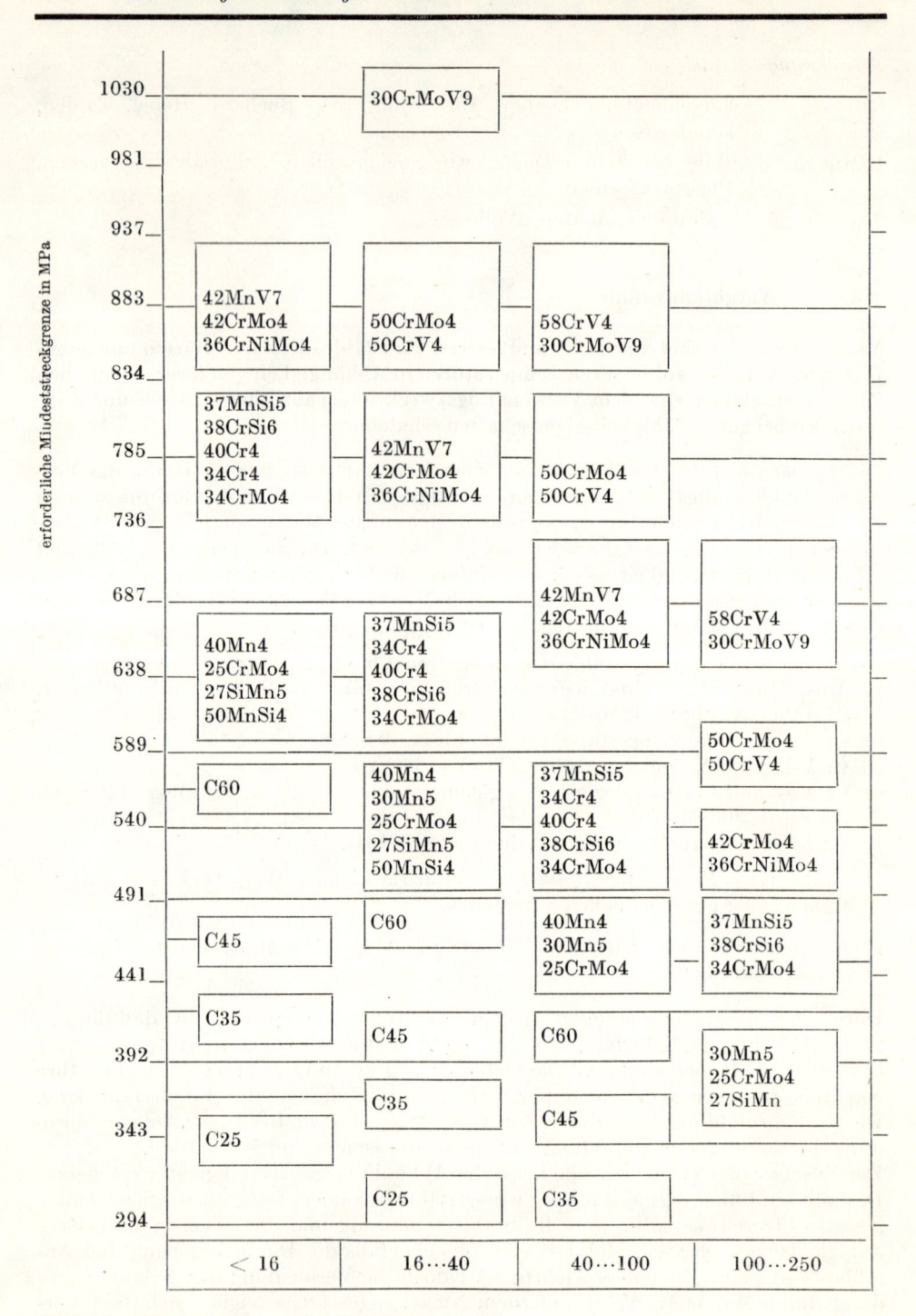

MPa	<16	16···40	40···100	100···250
1030		30CrMoV9		
981				
937				
883	42MnV7 42CrMo4 36CrNiMo4	50CrMo4 50CrV4	58CrV4 30CrMoV9	
834				
785	37MnSi5 38CrSi6 40Cr4 34Cr4 34CrMo4	42MnV7 42CrMo4 36CrNiMo4	50CrMo4 50CrV4	
736				
687	40Mn4 25CrMo4 27SiMn5 50MnSi4	37MnSi5 34Cr4 40Cr4 38CrSi6 34CrMo4	42MnV7 42CrMo4 36CrNiMo4	58CrV4 30CrMoV9
638				
589	C60	40Mn4 30Mn5 25CrMo4 27SiMn5 50MnSi4	37MnSi5 34Cr4 40Cr4 38CrSi6 34CrMo4	50CrMo4 50CrV4
540				42CrMo4 36CrNiMo4
491	C45	C60	40Mn4 30Mn5 25CrMo4	37MnSi5 38CrSi6 34CrMo4
441	C35	C45	C60	30Mn5 25CrMo4 27SiMn
392				
343	C25	C35	C45	
294		C25	C35	

Bild 2.7. Einsatzbereiche der Vergütungsstähle

Baustähle **2.3.**

Die Einsatzbereiche der Vergütungsstähle sind in Abhängigkeit vom Werkstückdurchmesser für die erforderliche Mindeststreckgrenze in Bild 2.7 dargestellt. Darin finden Sie die oben gemachten Feststellungen bestätigt.
Die Wärmebehandlungstemperaturen für die Vergütungsstähle können der TGL 6547 entnommen werden. Die Abkühlung beim Härten sollte unter Berücksichtigung der Stahlmarke und des Querschnitts erfolgen. Für große Werkstücke aus unlegierten oder niedriglegierten Vergütungsstählen wird die Wasserabkühlung, für kleinere höherlegierte Teile wird die Ölabkühlung angewandt. Das Abkühlen nach dem Anlassen erfolgt normalerweise an Luft. Nur bei den zur Anlaßversprödung neigenden Stählen wird in Öl oder Wasser abgeschreckt.

■ Ü. 2.13

Anwendungsbeispiele

C45   Achsen, Kurbelwellen, Bolzen, Schrauben, Achsschenkel, Kolben, Spindeln, Naben, Nocken- und Getriebewellen, Kupplungsscheiben

40Cr4   Getrieberäder, Wellen, Achsen, Achsschenkel, Kolbenstangen, Schrauben, Muttern, Buchsen, Bolzen, Kurbelwellen

30CrMoV9   Bauteile, bei denen besonders hohe Festigkeit und Zähigkeit bei großen Querschnitten gefordert werden, wie Kurbelwellen, Kardan- und Getriebewellen, Gelenk- und Vorgelegewellen, Differentialwellen, Schleifmaschinenspindeln.

2.3.7. Nitrierstähle

Nitrierstähle sind niedriglegierte Stähle, bei denen durch Nitrieren eine Erhöhung des Verschleißwiderstandes der Oberfläche sowie der Dauerfestigkeit von Bauteilen erreicht wird.

Tabelle 2.4. Festigkeitseigenschaften der Nitrierstähle nach TGL 4391
(Bei der Umrechnung auf SI wurden die Werte nicht gerundet.)

Stahlmarke	Nennmaß in mm	Vergütet			Weichgeglüht	Oberflächenhärte nach dem Nitrieren in $HV\,5$
		Streckgrenze in MPa mindestens	Zugfestigkeit in MPa	Bruchdehnung $L_0 = 5\,d_0$ in % mindestens	Härte in HB maximal	
35CrAl6	bis 80	589	785···937	12	235	etwa 900
32CrAlMo4						
30CrMoV9		785	981···1128	11	248	etwa 750
	über 80 bis 150	736	883···1030	13		

Die *Nitrierstähle* sind mit solchen Elementen legiert, die harte verschleißfeste Nitride bilden. Das sind Chrom, Molybdän, Vanadin und Aluminium. Die Nitrierstähle nach TGL 4391 sind Vergütungsstähle, d. h., sie werden im vergüteten Zustand nitriert. Durch das Nitrieren wird neben guten Festigkeitseigenschaften im Kern eine verschleißfeste Oberfläche erzielt.

In Tabelle 2.4 sind die gewährleisteten Festigkeitseigenschaften der Stähle nach TGL 4391 enthalten. Sie werden für Ventile, Wellen, Kurbelwellen, Spindeln usw. angewandt.

Anwendungsbeispiele

35CrAl6	verschleißbeanspruchte Teile mit Dicken bzw. Durchmessern bis 80 mm, wie Ventilspindeln, Kolbenstangen, Werkzeugmaschinenspindeln, Meßwerkzeuge
30CrMoV9	Bauteile hoher Oberflächenhärte und Verschleißfestigkeit mit Abmessungen über 80 mm Dicke oder Durchmesser, wie Kurbelwellen, Pleuelstangen, Spritzgußformen

2.3.8. Warmfeste Stähle

Warmfeste Stähle für allgemeine Verwendung sind unlegierte und legierte Baustähle, die durch Vergüten eine dem Verwendungszweck entsprechende Zugfestigkeit, Streckgrenze, Zähigkeit und gute Warmfestigkeitseigenschaften erhalten.

Warmfeste Stähle werden für solche Bauteile verwendet, die eine Beanspruchung bei höheren Temperaturen erfahren. Das ist z. B. im Kessel- und Turbinenbau der Fall. Für niedrige Arbeitstemperaturen oder geringe Beanspruchungen werden unlegierte und niedriglegierte Stähle verwendet. Bei höheren Arbeitstemperaturen kommen nur noch hochlegierte Stähle zur Anwendung.

Bei erhöhten Temperaturen können unter Betriebsbeanspruchung sehr unterschiedliche Vorgänge ablaufen, wie

— Verfestigung,
— Ausscheidung von Nitriden und Karbiden,
— Kristallerholung,
— Rekristallisation,
— Koagulation von Ausscheidungen,
— Auflösung von Ausscheidungen.

Diese Vorgänge sind abhängig von der chemischen Zusammensetzung des Stahles und der Arbeitstemperatur. Während die ersten beiden Vorgänge die Festigkeit bei höheren Temperaturen *(Warmfestigkeit)* positiv beeinflussen, führen die übrigen zu einem Abfall der Warmfestigkeit. Die wesentliche Entfestigung des Stahles rufen Kristallerholung und Rekristallisation hervor. Deshalb ist man bestrebt, den Beginn dieser Vorgänge zu möglichst hohen Temperaturen zu verschieben. Das erreicht man durch Zusatz der karbidbildenden Elemente W, Mo, V und Cr. Neben dem Legierungsgehalt hat auch das Gefüge einen großen Einfluß. Im Gegensatz zu der Festigkeit bei Raumtemperatur wird die Warmfestigkeit durch Kornvergrößerung verbessert. Die in der DDR zur Anwendung kommenden Stähle werden in folgenden TGL geführt:

TGL 7961 Warmfeste Stähle für Schrauben und Muttern
TGL 14183 Nahtlose Stahlrohre mit gewährleisteten Warmfestigkeitseigenschaften
TGL 14507 Stahlblech für den Kesselbau
TGL 13147 Stähle für Turbinenschaufeln
TGL 13870 Ventilstähle.

Die in Standards enthaltenen Stähle können in verschiedene Gruppen eingeteilt werden:

— *Unlegierte und niedriglegierte Stähle für Arbeitstemperaturen bis etwa 400 °C*
Zu dieser Gruppe gehören solche Stähle wie St 35, St 45, C35, C45, 19Mn5 usw. Sie werden vorwiegend für Maschinenteile im Motoren- und Kraftwagenbau angewandt, daneben auch im Kesselbau für Teile mit geringer Beanspruchung.

— *Legierte ferritisch-perlitische Stähle für den Temperaturbereich von 400 bis 580 °C*
Durch die Legierungselemente Chrom (bis 12%), Molybdän (bis 1%) und Vanadin (bis 0,5%) wird eine ausreichende Festigkeit erreicht. Zu dieser Gruppe gehören z. B. die Stähle 15Mo3, 13CrMo4.4, 10CrMo9.10, 24CrMoV5.5, X20Cr13 und X22CrMoV12.1. Sie werden für Kesselbleche, Überhitzerrohre, Turbinenschaufeln usw. angewandt.

■ Ü. 2.14

2.3.9. Federstähle

Stähle für Federn sind legierte Baustähle, die nach der Formgebung im warmen oder kalten Zustand zu Federn und federnden Teilen durch Härten und nachfolgendes Anlassen die für die Verwendung notwendigen Festigkeitseigenschaften erhalten.

Federstähle werden, wie der Name schon sagt, für Federn angewandt. Federn sind Bauteile, die hauptsächlich im elastischen Bereich beansprucht werden. Um den Werkstoff möglichst hoch auszulasten, müssen die Federstähle eine hohe Elastizitätsgrenze aufweisen. Außerdem werden die Federn schwingend beansprucht. Daraus läßt sich die Forderung nach einer hohen Dauerfestigkeit ableiten. Diese Eigenschaften werden durch die unterschiedlichsten Legierungskombinationen und Behandlungszustände erreicht. Man kann die Federstähle in vier Gruppen einteilen:

— *Unlegierte Stähle, patentiert, kaltgezogen*
Diese Stähle sind in der TGL 14193 enthalten. Es sind Edelstähle, die durch das Patentieren und die nachfolgende Kaltformgebung Festigkeiten von 1270 bis 3920 MPa erreichen. Zu dieser Gruppe gehören die Stähle MK45 bis MK110. Angewandt werden sie für Förderseile, Zug- und Druckfedern, Torsionsfedern usw.

— *Legierte Stähle, wärmebehandelt*
In diese Gruppe gehören die Stähle nach TGL 13789. Sie sind in der Hauptsache auf der Legierungsbasis Silicium—Mangan, Silicium—Chrom und Chrom—Vanadin aufgebaut (50SiMn7, 55SiMn7, 60SiMn7, 65SiMn7, 62SiCr5, 50CrV4 und 58CrV4). Diese Stähle werden im vergüteten Zustand verwendet und erreichen durch die Legierungselemente und die Wärmebehandlung sehr gute Federeigenschaften. Verarbeitet werden diese Stähle u. a. zu Blattfedern, Schraubenfedern, Tellerfedern und Spiralfedern.

— *Stähle für warmfeste Federn*
  Die Stähle für warmfeste Federn sind in der TGL 13872 enthalten. Dazu gehören die Stähle 62SiCr5, 50CrV4, 45CrMoV6.7 und 21CrMoV5.11. Sie werden dann eingesetzt, wenn die Federn bei Temperaturen bis 500 °C belastet werden. Anwendungsgebiete sind Ventilfedern, Federn für Heißdampfschieber, Dichtungsfedern usw.

— *Stähle für nichtrostende Federn*
  Zu dieser Gruppe der Stähle, die in der TGL 14187 erfaßt sind, gehören die Stähle X20Cr13, X12CrNi17.7 und X5CrNiMo18.11.2. Durch den hohen Legierungsgehalt sind die Stähle gegenüber angreifenden Medien sehr beständig. Sie werden deshalb hauptsächlich für Federn in der chemischen Industrie angewandt.

An die Federstähle werden hinsichtlich der Eigenschaften hohe Anforderungen gestellt. Das trifft besonders auf die Reinheit zu.

▶ *Begründen Sie, warum bei Federstählen eine hohe Reinheit gefordert wird!*

Die Federn werden, wie bereits erwähnt, wechselnd beansprucht. Befinden sich nichtmetallische Einschlüsse an der Oberfläche oder liegen Oberflächenfehler (Riefen, Risse, Entkohlung usw.) vor, so können diese als Kerben wirken und als Anriß für einen Dauerbruch dienen.

■ Ü. 2.15

2.3.10. Korrosionsbeständige Stähle

Korrosionsbeständige Stähle sind hochlegierte Stähle mit einem Chromgehalt von mindestens 12%. Sie zeichnen sich durch besondere Beständigkeit gegenüber korrosiven Medien aus.

Die *korrosionsbeständigen Stähle* können entsprechend ihrem Legierungsgehalt in zwei Gruppen eingeteilt werden:

— Cr-Stähle

— Cr-Ni-Stähle.

Hauptlegierungselement ist in jedem Falle Chrom mit Gehalten über 12%. Durch Chrom wird der Stahl passiviert. Das wird damit erklärt, daß sich an der Oberfläche des Stahls eine Oxidhaut oder eine mit Sauerstoff angereicherte Schicht bildet. Dadurch wird das Potential des Stahls in den positiven Bereich verschoben. Zusätze der Elemente Nickel, Mangan, Molybdän, Kupfer u. a. dienen zur Verbesserung der mechanischen Eigenschaften und der Korrosionsbeständigkeit bei Einwirkung bestimmter Medien.

Die in der TGL 7143 »Korrosionsbeständige Stähle« enthaltenen Cr-Stähle sind besonders für den Einsatz in oxydierenden Medien geeignet. Sie sind im Vergleich zu den Cr-Ni-Stählen billig. Dafür weisen sie einige Nachteile auf. Sie können nicht für Schweißkonstruktionen verwendet werden, da durch das Fehlen der $\alpha \rightarrow \gamma$-Umwandlung eine starke Kornvergröberung und damit eine Versprödung auftritt. Die Cr-Stähle sind nicht für den Einsatz in Schwefel- oder Salzsäure geeignet.

Die Cr-Ni-Stähle weisen ein austenitisches Gefüge auf und besitzen deshalb gute plastische Eigenschaften. Die Gefahr der Versprödung ist bei ihnen wesentlich geringer. In Tabelle 2.5 sind Verwendungsbeispiele für die korrosionsbeständigen Stähle nach TGL 7143 zusammengestellt.

■ Ü. 2.16

Der Nachteil der korrosionsbeständigen Stähle besteht in ihrer Neigung zur *interkristallinen Korrosion (Kornzerfall)*. Sie wird durch Ausscheidung von Chromkarbiden an den Korngrenzen eingeleitet. Durch die Bildung dieser Karbide verarmt die Umgebung der Korngrenze an Chrom. In diesem Bereich wird die Resistenzgrenze unterschritten, und es kommt bei Anwesenheit eines Elektrolyten zur Bildung eines Lokalelements. Die Korrosion schreitet ohne sichtbare äußere Zeichen in das Innere des Werkstoffs fort, und der Stahl kann dadurch in einzelne Körner zerfallen. Es wurden deshalb Stähle entwickelt, die gegenüber dieser Korrosionsart beständig sind. Das wird z. B. in solchen Stählen erreicht, in denen durch einen sehr kleinen C-Gehalt ($< 0{,}10\%$) die Möglichkeit der Chromkarbidbildung weitestgehend ausgeschlossen ist. Auch der Zusatz von Elementen, die eine höhere Affinität zum Kohlenstoff besitzen, hat sich bewährt. Das sind die Elemente Titan, Tantal und Niob.

▶ *Überlegen Sie, ob auch durch eine Wärmebehandlung die Chromkarbidausscheidung vermieden oder beseitigt werden kann!*

Bei den austenitischen Stählen kann eine vorliegende Cr-Karbidausscheidung durch das Abschrecken auf Austenit (Homogenisieren) beseitigt werden. Das ist eine Wärmebehandlung bei 1000 bis 1100 °C mit nachfolgender Wasserabkühlung. Werden so behandelte Teile geschweißt oder bei Temperaturen über 600 °C geglüht, kommt es wieder zur Cr-Karbidausscheidung. Bei den rost- und säurebeständigen Cr-Stählen wird durch ein Glühen bei Temperaturen von 650 bis 850 °C eine globulare Einformung der schalenförmig ausgeschiedenen Cr-Karbide und eine Nachdiffusion von Cr in die Cr-verarmten korngrenzennahen Bereiche erreicht. Dadurch wird die Gefahr der interkristallinen Korrosion verringert.
Eine weitere Korrosionserscheinung bei korrosionsbeständigen Stählen ist der *Lochfraß*. Hervorgerufen wird diese Korrosion durch Inhomogenitäten im Stahl und durch Fremdrost bei Anwesenheit von Halogenionen (insbesondere Cl-Ionen). Durch die Anwendung Mo-legierter Stähle kann diese Korrosionsform vermieden werden.

2.3.11. Hitze- und zunderbeständige Stähle

Hitze- und zunderbeständige Stähle sind hochlegierte Stähle, die gegenüber Hochtemperaturkorrosion über **600 °C** durch die Bildung oxidischer Schutzschichten beständig sind.
Die Zunderbeständigkeit ist nur in Medien vorhanden, bei denen sich die Schutzschichten ausbilden können und hinreichend erhalten bleiben.

Die *hitze-* und *zunderbeständigen Stähle* nach TGL 7061 sind für den Einsatz bei Temperaturen über 550 °C entwickelt worden. Deshalb wird neben der *Zunderbeständigkeit* eine ausreichende Warmfestigkeit bei Verwendungstemperatur verlangt. Dies wird durch Zulegieren von Chrom, Aluminium und Silicium erreicht. Die

Tabelle 2.5. Einsatzgebiete der korrosionsbeständigen Stähle nach TGL 7143

Stahlmarke	Vorzugsweise Anwendung	Polierbarkeit	Tiefziehfähigkeit	Anwendbar für Betriebstemperaturen
X7Cr14	Eßbestecke, Haushaltgeräte, Armaturen	gut	gut	$-25 \cdots +550\,°C$
X10Cr13	Bauteile unter dauerndem Angriff von Wasser und Dampf, Ventile, Rohre, Turbinenschaufeln, Medizintechnik	gut	gut	$-40 \cdots +550\,°C$
X20Cr13	bei starker mechanischer Beanspruchung, für Wellen, Bolzen, Turbinenschaufeln, Druckgußformen, Medizintechnik	gut	gering	$-40 \cdots +550\,°C$
X40Cr13	bei Verschleißbeanspruchung, für Messer, Kunstharzformen, Wälzlager, Kolbenstangen, Federn, Medizintechnik	sehr gut	gering	$20 \cdots 200\,°C$
X40CrMo15	partiell härtbare Messerklingen, chirurgische Scheren, dentalmedizinische Instrumente, Fleischermesser	sehr gut	—	$20 \cdots 200\,°C$
X60CrMoV15	nichtrostende Messerklingen, Jagdmesser, Fleischermesser, Schneidwerkzeuge aller Art, verschleißfeste Bauteile	sehr gut	—	$20 \cdots 200\,°C$
X8Cr17	Schanktischverkleidungen, nicht geschweißte Teile in der Salpetersäureindustrie, Fahrzeugbau, Waschmaschinen, Haushalteinrichtungen	gut	sehr gut	$20 \cdots 300\,°C$
X8CrTi17	geschweißte Teile in der Salpetersäureindustrie, Seifenindustrie, in Molkereien, Brauereien und Waschmaschinen	kein Hochglanz	sehr gut	$20 \cdots 300\,°C$
X12CrMoS17	gut zerspanbar für Armaturen, Schrauben, Zahnräder, Wellen, Medizintechnik	gut	gering	$-25 \cdots +550\,°C$
X22CrNi17	stark mechanisch beanspruchte Teile in Molkereien, Hefe-, Stärke- und Papierindustrie, Pumpenteile, Ventile	gut	gering	$-40 \cdots +550\,°C$
X35CrMo17	Wellen, Spindeln und Ventile, warmfeste Teile, beim Angriff von Salpetersäure und organischen Säuren	gut	gering	$-40 \cdots +550\,°C$

X90CrMoV18	Schneidwaren, Lochscheiben von Fleischmaschinen, Wälzlager	sehr gut	gering	20···200 °C
X10CrNi18.9	Milcherhitzer, ärztliche Geräte und medizinische Hilfsmittel, Zahnersatz, bestimmte säurebeständige Teile in der Salpetersäure-, Sulfitzellstoff- und Fettsäureindustrie, Geräte der Lebensmittelverarbeitung, beim Angriff organischer Säuren und Fruchtsäuren; X10CrNi18.9: für nicht geschweißte Teile; X5CrNi18.10 für geschweißte Teile und Medizintechnik	sehr gut	sehr gut	−200···+300 °C
X5CrNi18.10		gut	sehr gut	−200···+550 °C
X8CrNiTi18.10		kein Hochglanz	sehr gut	−200···+550 °C
X5CrNiMo18.11	Säurebeständige (auch geschweißte) Teile in der Sulfitzellstoff-, Textil-, Farben-, Fettsäure-, Gummi- und Treibstoffindustrie, beim Angriff von Salpetersäure-Schwefelsäure-Gemischen, Phosphorsäure, für ärztlichen und fotografischen Bedarf sowie für die pharmazeutische Industrie; X5CrNiMo18.11 außerdem für Medizintechnik	sehr gut	sehr gut	−60···+300 °C
X8CrNiMoTi18.11		kein Hochglanz	sehr gut	−200···+550 °C

Tabelle 2.6. Einsatzbereiche und Beständigkeit der hitze- und zunderbeständigen Stähle nach TGL 7061

Stahlmarke	Anwendbar in Luft bis etwa in °C	Beständigkeit gegen schwefelhaltige Gase		Stickstoffhaltige sauerstoffarme Gase	Aufkohlung
		oxydierend	reduzierend		
X10CrAl7	800	sehr groß	mittel	gering	mittel
X10CrAl13	950				
X10CrAl18	1050				
X10CrAl24	1200		groß		
X8CrNiTi18.10	800	mittel	gering	groß	gering
X15CrNiSi20.13	1050				
X15CrNiSi25.20	1200				
X20CrNiSi25.4	1100	groß	mittel	mittel	mittel
X12NiCrSi36.16	1100	mittel	gering	groß	mittel

genannten Elemente haben eine große Affinität zu Sauerstoff und schützen den Stahl durch die Bildung einer stabilen, festhaftenden Oxidschicht vor weiterer Oxydation. Zur Anwendung kommen ferritische Cr-Al-Stähle und austenitische Cr-Ni-Stähle mit Zusatz von Silicium. Die gute Zunderbeständigkeit wird bei beiden Gruppen besonders durch Chrom erreicht. Durch Aluminium und Silicium wird die Zunderbeständigkeit noch verbessert, während Ni-Zusätze die Warmfestigkeit des Stahls wesentlich erhöhen. Nach der chemischen Zusammensetzung des Stahls richten sich die Anwendungstemperatur und die Beständigkeit gegenüber bestimmten Gasen. In Tabelle 2.6 sind die Angaben für die nach TGL 7061 genormten Stähle zusammengestellt. Daran können Sie ebenfalls sehen, daß die hochchromhaltigen Stähle die größte Zunderbeständigkeit an Luft aufweisen. Angewandt werden die hitze- und zunderbeständigen Stähle besonders im Industrieofenbau und in der chemischen Industrie.

■ Ü. 2.17

2.3.12. Nichtmagnetisierbare Stähle

Nichtmagnetisierbare Stähle sind hochlegierte Stähle mit weitgehend paramagnetischem Verhalten für Bauteile, bei denen keine Störung oder Abschirmung des magnetischen Feldes auftreten darf. Erhöhte Festigkeitswerte lassen sich durch Kaltverformen erzielen, wobei sich die Neigung zu ferromagnetischem Verhalten geringfügig erhöhen kann.

Die *nichtmagnetisierbaren Stähle* nach TGL 18248 sind paramagnetische Werkstoffe. Das Hauptkennzeichen ist ein austenitisches Gefüge, das durch die Legierungselemente Mangan, Nickel und Stickstoff erzielt wird. Zur Festigkeitssteigerung und Gewährleistung der Rost- und Säurebeständigkeit enthalten sie in den meisten Fällen auch noch Chrom. Die mechanischen Eigenschaften werden durch eine Kaltverfestigung erheblich verbessert. Allerdings muß berücksichtigt werden, daß die Kaltformgebung durch die gute Verfestigungsfähigkeit der austenitischen Stähle erheblich erschwert wird. Angewandt werden die nichtmagnetisierbaren Stähle im Elektromaschinen- und -gerätebau.

Anwendungsbeispiele

X12MnCr18.12	Induktorkappenringe, Bandagen von Generatoren
X15CrNiMn12.10	Präzisionsmeßinstrumente, Elektromaschinenbau

2.3.13. Stähle zum Kaltumformen

Kaltstauchstähle sind legierte und unlegierte Stähle — meist in Form warmgewalzten oder gezogenen Drahtes — die auf Grund ihrer chemischen Zusammensetzung und ihres Reinheitsgrades ein hohes Kaltformänderungsvermögen besitzen, sich dadurch gut für die spanlose Kaltformtechnik eignen und darüber hinaus nach Fertigbearbeitung den Einsatzbedingungen entsprechende mechanische und andere Eigenschaften (wie Korrosionsfestigkeit) aufweisen.

Die Kaltformbarkeit wird ebenfalls von der Erschmelzungsart, der chemischen Zusammensetzung und dem Gefüge bestimmt. Ganz allgemein kann man sagen, daß die Kaltformbarkeit mit geringer werdender Reinheit und steigendem Gehalt an Legierungs- und Begleitelementen verschlechtert wird. Besonders ausgeprägt ist die Verminderung der Kaltformbarkeit durch steigende Gehalte der Elemente C, S, P und N. Das günstigste Gefüge für die Kaltformung stellt Ferrit mit globular eingeformten Karbiden dar. Eine Aussage über die Kaltformbarkeit kann aus den Werten für die Einschnürung des Stahles getroffen werden. Für die Kaltformung besonders geeignet sind Stähle mit einer Einschnürung über 50%. In der TGL 14195 sind die für eine Kaltformung geeigneten Kaltstauchstähle zusammengestellt (Tabelle 2.7).

Anwendungsbeispiele

M7Q	Zündkerzen
42CrMo4	hochfeste vergütete Normteile
X8Cr17Q	rost- und säurebeständige Normteile

Tabelle 2.7. Arten der Kaltstauchstähle

Stahlart	Stähle
unlegiert	M7Q, M8Q, Mbk5Q, Mk3Al, C10Q, C15Q, C25Q, C35Q, C45Q, Ck10AlQ, Ck15AlQ, Ck22AlQ
Cr-legiert	15Cr3Q, 34Cr4Q, 35Cr2Q, 40Cr4Q, 42Cr2Q, X8Cr17Q
Cr-Mo-legiert	25CrMo4Q, 34CrMo4Q, 42CrMo4Q
Cr-V-legiert	50CrV4Q
Cr-Ni-legiert	X5CrNi18.10
Cr-Ni-Mo-legiert	X5CrNiMo18.11
Mn-Cr-legiert	16MnCr5Q, 20MnCr5Q
Mn-B-legiert	20MnB4Q

2.3.14. Automatenstähle

Automatenstähle sind Stähle, die für spangebende Bearbeitung auf Automaten besonders geeignet sind. Sie sind vor allem durch gute Spanbrüchigkeit gekennzeichnet. Die guten Zerspanungseigenschaften werden durch höhere Schwefelgehalte, gegebenenfalls mit weiteren Zusätzen, wie z. B. Blei und anderen spanbrechenden Elementen, erreicht. Automatenstähle sind für die spanlose Kaltformgebung nur bedingt geeignet.

Die *Zerspanbarkeit* der Werkstoffe ist für die Verarbeitung des Stahls von großer Bedeutung. Abhängig ist die Zerspanbarkeit von der Erschmelzungsart, der chemischen Zusammensetzung und dem Gefüge der Stähle. Die Erschmelzungsart wirkt durch die chemische Zusammensetzung des Stahls auf die Zerspanbarkeit. Der Thomasstahl, der bei der spangebenden Bearbeitung die ungünstigsten Eigenschaften aufweist, ist durch höhere Gehalte an Begleitelementen und nichtmetallischen Einschlüssen gekennzeichnet. Durch die bessere Reinheit weisen Elektrostähle die günstigste Zerspanbarkeit auf.

▶ *Erläutern Sie, warum nichtmetallische Einschlüsse, insbesondere Oxide, die Zerspanbarkeit verschlechtern!*

Die Zerspanbarkeit wird von den Begleit- und Legierungselementen stark beeinflußt. Die Elemente Schwefel, Blei, Selen, Tellur und Bismut begünstigen durch ihre spanbrechende Wirkung die Zerspanbarkeit.

Für die spangebende Herstellung von Normteilen (Schrauben, Muttern) auf Automaten wurden Stähle entwickelt, die als *Automatenstähle* bezeichnet werden. In der DDR werden schwefel- und bleilegierte Automatenstähle nach TGL 12529 (z. B. 9S20, 9SMn23, 9SMnPb23, 15S20, 45S20) angewandt. Die S-legierten Automatenstähle enthalten 0,15 bis 0,30 % S bei Mn-Gehalten von 0,5 bis 1,5 %. Die Mangansulfide unterbrechen den metallischen Zusammenhang des Stahles und führen zur Bildung kurzbrüchiger Späne. Dadurch können größere Schnittgeschwindigkeiten bei der spangebenden Bearbeitung angewandt werden. Nachteilig wirken sich die Mangansulfide auf die Zähigkeit und Dauerfestigkeit aus.

Die bleilegierten Automatenstähle enthalten 0,10 bis 0,50 % Pb. Das Blei wird dem Stahl während der Erstarrung zugesetzt, und es bilden sich feindisperse Einschlüsse metallischen Bleis; diese wirken spanbrechend. Der Vorteil dieser Stähle besteht darin, daß die Zähigkeit und Dauerfestigkeit nicht wesentlich verschlechtert werden. Der Nachteil liegt in der schwierigen Herstellung. Die beim Legieren und bei der Warmformgebung entstehenden Bleidämpfe sind sehr giftig. Deshalb müssen besondere Arbeitsschutzmaßnahmen angewandt werden. Alle anderen Legierungselemente verschlechtern mit steigendem Gehalt diese Eigenschaft.

■ Ü. 2.18

Eine gewisse Sonderstellung nimmt Kohlenstoff ein. Bei niedrigen C-Gehalten (< 0,10 %) »schmiert« der Stahl. Die günstigste Zerspanbarkeit weisen Stähle mit einem C-Gehalt von 0,10 bis 0,25 % auf. Bei höheren Gehalten nimmt die Festigkeit des Stahls zu, und damit erhöht sich der Verschleiß der Werkzeuge.

Das Gefüge beeinflußt die Spanbildung und den Verschleiß der Werkzeuge. Bei kohlenstoffarmen Stählen hat sich ein sehr grobes Ferrit-Perlit-Gefüge als günstig erwiesen. Ein Normalglühgefüge gibt die beste Zerspanbarkeit bei Stählen mit 0,2 bis 0,5 % C. Höher-C-haltige und hochlegierte Stähle sind im weichgeglühten Zustand am besten zerspanbar.

2.4. Arbeitsstähle

Zielstellung

Aus den Arbeitsstählen werden Werkzeuge hergestellt, die zur Bearbeitung metallischer und nichtmetallischer Werkstoffe dienen. Daraus ergibt sich, daß die Stähle unterschiedlichste Eigenschaften aufweisen müssen. In diesem Abschnitt sollen Sie mit den Anforderungen an die Werkzeugstähle und dann mit den verschiedenen Gruppen der Stähle vertraut gemacht werden. Dazu ist es notwendig, daß Ihnen die Wirkung der Legierungselemente, insbesondere der Karbidbildner, bekannt ist.

2.4.1. Anforderungen an Arbeitsstähle

Die Arbeitsstähle werden, wie bereits erwähnt, für Werkzeuge zur Bearbeitung unterschiedlichster Werkstoffe eingesetzt. Daraus ergeben sich auch sehr verschiedenartige Anforderungen an die Eigenschaften, vor allem hinsichtlich von Härte, Einhärtung, Verschleißfestigkeit, Druckfestigkeit, Schneidfähigkeit und Maßbeständigkeit.

▶ *Überlegen Sie, welche Zusammenhänge zwischen diesen Größen bestehen!*

Die *Härte* der Werkzeuge richtet sich nach dem jeweiligen Verwendungszweck. Für Schnittwerkzeuge ohne schlagartige Beanspruchung (Bohrer, Fräser usw.) werden hohe Härtewerte gefordert (60 bis 66 HRC). Diese Härte wird im Martensit durch C-Gehalt über 0,6% erreicht. Legierungselemente beeinflussen die Härte nur, wenn sie harte Sonderkarbide oder Nitride bilden. Bei Werkzeugen mit starker Schlagbeanspruchung (Meißel, Lochdorne, Prägewerkzeuge usw.) verzichtet man zugunsten guter Zähigkeitseigenschaften auf hohe Härtewerte. Man verwendet für so beanspruchte Werkzeuge Stähle mit geringerem C-Gehalt oder wählt beim Anlassen höhere Temperaturen.
Eine andere Möglichkeit besteht in der Anwendung von Werkzeugen, die einen zähen Kern und eine harte Oberfläche aufweisen.
Die *Einhärtungstiefe* wird durch den Gehalt an Legierungs- und Begleitelementen bestimmt. Zur Erzielung geringer Einhärtungstiefen werden sehr reine C-Stähle und für große Einhärtungstiefen legierte Stähle verwendet.
Die *Verschleißfestigkeit* wird von der Härte des Stahls und der Menge der Sonderkarbide bestimmt. Für Werkzeuge mit starker Verschleißbeanspruchung werden deshalb Stähle zur Anwendung kommen, die neben einer hohen Härte einen großen Anteil harter Sonderkarbide aufweisen.
Die *Druckfestigkeit* steht mit der Einhärtungstiefe in unmittelbarem Zusammenhang, d. h., mit zunehmender Einhärtungstiefe wird auch die Druckfestigkeit verbessert.

▶ *Erklären Sie diese Tatsache!*

Die *Schneidfähigkeit* eines Werkzeuges ist von der Härte und der Verschleißfestigkeit des Stahls abhängig. Je größer die Härte und der Verschleißwiderstand sind, desto besser ist auch die Schneidfähigkeit. Allerdings muß dabei berücksichtigt werden, daß sich die Werkzeuge durch die Beanspruchung während ihres Einsatzes erwärmen, weshalb Stähle für große Schnittleistungen anlaßbeständig sein müssen.

Die *Maßbeständigkeit* wird bei vielen Werkzeugen, insbesondere Meßwerkzeugen, gefordert. Sie wird nur erreicht, wenn ein einwandfreies Härtungsgefüge vorliegt. Liegt Restaustenit vor, so kann es durch die Beanspruchung (mechanisch oder thermisch) während des Einsatzes zu Maßänderungen kommen.

■ Ü. 2.19

2.4.2. Unlegierte Arbeitsstähle

Unlegierte Werkzeugstähle sind Stähle, die sich durch ihre Reinheit und durch die Gleichmäßigkeit des Härtungsverhaltens auszeichnen. Sie werden vorwiegend für Kaltarbeitswerkzeuge verwendet, bei denen neben hoher Oberflächenhärte ein zäher Kern erforderlich ist.

Die unlegierten Arbeitsstähle sind in der TGL 4392 enthalten. Es sind Edelstähle, die sich durch große Reinheit und Gleichmäßigkeit des Gefüges auszeichnen. Durch die hohe kritische Abkühlungsgeschwindigkeit der C-Stähle sind die Einhärtungstiefen gering. Das hat zur Folge, daß sie nach dem Härten eine harte verschleißfeste Oberfläche und einen zähen Kern aufweisen. Für Werkzeuge mit starker Schlagbeanspruchung sind deshalb die unlegierten Arbeitsstähle oft geeigneter als durchhärtende legierte Stähle.

Entsprechend der TGL 4392 werden die unlegierten Arbeitsstähle in vier Gütegruppen eingeteilt. Die einzelnen Gruppen unterscheiden sich vor allem hinsichtlich ihres Reinheitsgrades und damit der erreichbaren Einhärtungstiefe.

▶ *Überlegen Sie, welcher Zusammenhang zwischen der Reinheit an Begleitelementen und der Einhärtungstiefe besteht!*

Die Stähle der 1. Gütegruppe (C100W1 und C110W1) weisen die größte Reinheit auf. Durch Zusätze von Vanadin und Titan sind sie sehr feinkörnig und damit unempfindlich gegen Überhitzung oder Überzeitung. Die erreichbare Einhärtungstiefe beträgt 2,0 bis 3,0 mm. Angewandt werden die Stähle der 1. Gütegruppe für Prägewerkzeuge, Gewindeschneidwerkzeuge, Schnittwerkzeuge für Nichteisenmetalle usw.

Die Stähle der 2. Gütegruppe (C70W2 bis C130W2, abgestuft um 0,10%) haben bei etwas geringerer Reinheit auch eine etwas größere Einhärtungstiefe. Die aus ihnen hergestellten Werkzeuge werden für die Bearbeitung nichtmetallischer Werkstoffe, insbesondere Holz, angewandt.

Die Stähle der 3. Gütegruppe (C60W3 und C75W3) werden unterschiedlich eingesetzt. Durch ihre größere Einhärtungstiefe (bis 6,0 mm) sind diese Stähle auch für größere Werkzeuge geeignet. Aus dem Stahl C60W3 werden hauptsächlich Holz- und Steinbearbeitungswerkzeuge und aus dem Stahl C75W3 Warmwalzen und Warmgesenke hergestellt.

Die Stähle der 4. Gütegruppe sind für spezielle Verwendungszwecke entwickelt worden. So findet der Stahl C85WS für die Herstellung von Sägen aller Art Verwendung. Der Stahl C55WS dient zur Herstellung von Beilen, Äxten, Ambossen, Zangen, Hacken usw.

■ Ü. 2.20,

2.4.3. Legierte Kaltarbeitsstähle

Legierte Kaltarbeitsstähle sind Werkzeugstähle, die hauptsächlich für Werkzeuge zur spanlosen oder spangebenden Formgebung und zur Trennung oder Zerkleinerung von Werkstoffen im kalten Zustand verwendet werden. Daneben dienen sie auch in erheblichem Umfang zur Fertigung hochwertiger Meßzeuge und Geräteteile.

Die TGL 4393 »Legierte Kaltarbeitsstähle« umfaßt eine große Gruppe von Stählen mit C-Gehalten von 0,06 bis 2,1%. Daraus ist zu erkennen, daß, bedingt durch die verschiedenartige Anwendung, Stähle mit speziellen Eigenschaften entwickelt wurden. Eine Einteilung nach der chemischen Zusammensetzung ist deshalb kaum möglich. Sinnvoller ist die Einteilung nach dem Verwendungszweck.
Die 1. Gruppe der Kaltarbeitsstähle ist für die Herstellung von *Werkzeugen für die Plastindustrie* gedacht. Es sind Einsatzstähle, die zur Erzielung einer harten verschleißfesten Oberfläche und eines zähen Kerns mit den Elementen Chrom, Mangan, Molybdän und Nickel legiert sein können. Der C-Gehalt liegt zwischen 0,06 und 0,22%. Typische Stähle sind 6CrMo18.5, 13NiCr12, 16MnCr5 und 22CrMo4.

▶ *Überlegen Sie, warum die Werkzeuge für die Plastindustrie einsatzgehärtet werden!*

Die Stähle sollen möglichst gut polierbar sein und eine gute Maßhaltigkeit aufweisen. Zur Herstellung einer verschleißfesten Oberfläche werden die Werkzeuge oft hartverchromt.
In eine 2. Gruppe kann man die Stähle für *Dauerschlagwerkzeuge* einteilen. Dazu zählen die Stähle 38CrSi6, 45CrSiV6, 45WCrV7, 55WCrV7 und 67SiCr5. Durch den mit etwa 0,7% begrenzten C-Gehalt weisen diese Stähle eine gute Zähigkeit auf. Zur Erzielung der Verschleißfestigkeit dient das Legieren mit den karbidbildenden Elementen Chrom, Wolfram oder Vanadin. Silicium verbessert dagegen das elastische Verhalten der Werkzeuge. Aus diesen Eigenschaften resultiert die Anwendung der genannten Stähle. Sie finden hauptsächlich für die Herstellung von Druckluftwerkzeugen, Kaltlochstempeln, Meißeln, Kaltschermessern, Formstanzen usw. Verwendung.
Eine weitere Gruppe wird besonders für die Herstellung von *Prägewerkzeugen* verwendet. Dazu gehören die Stähle 40NiCrMo15, 50NiCr13, 55WCrV7, 85Cr7, 90MnV8 und 100V3. Wie Sie aus den Stahlbezeichnungen erkennen, variiert der C-Gehalt von 0,4 bis 1,0%. Das läßt sich damit erklären, daß die Prägewerkzeuge für die unterschiedlichsten Materialien (z. B. Stahl, NE-Metalle, Plaste usw.) angewandt werden.
Zu der Gruppe der Stähle für *Preßwerkzeuge* zählen die Stähle 90MnV8, 100Cr6, 105MnCr4 und 145CrV6. Sie besitzen durch den hohen C-Gehalt eine gute Verschleißfestigkeit. Die Durchhärtung bringt eine hohe Druckfestigkeit und Maßbeständigkeit mit sich. Angewandt werden die Stähle für Gewindeschneideisen, Druck- und Biegewerkzeuge, Bohrer, Fräser usw.
Für die ausgesprochenen *Schnittwerkzeuge* kommen Stähle mit einem C-Gehalt von 0,9 bis 1,6% zur Anwendung.

▶ *Warum wird ein so hoher C-Gehalt gewählt, wenn schon die Maximalhärte des Martensits bei etwa 0,6% erreicht wird?*

Zur Bildung von harten verschleißfesten Karbiden sind die Schnittstähle mit Chrom, Molybdän, Vanadin und Wolfram legiert. Aus diesem Grund wird der über den für die Maximalhärte des Martensits hinausgehende C-Gehalt für die Bildung der Sonderkarbide benötigt. Mit steigendem Karbidgehalt nimmt die Verschleißfestigkeit und damit auch die Schneidfestigkeit zu. Typische Stähle für Schnittwerkzeuge sind: 105WCr6, 115CrV3, 125CrSi5, 135WV4, 140Cr2, 142WV13 und 145CrV6. Sie werden für Fräser, Räumnadeln, Feilen, Schnitte, Stanzen usw. angewandt.

Die größte Verschleißfestigkeit weisen die Kaltarbeitsstähle mit 12% Cr und C-Gehalten von 1,65 bis 2,1% auf. Der Gehalt an Sonderkarbiden ist bei ihnen sehr groß (etwa 30%). Beim Härten zeichnen sie sich durch eine gute Maßbeständigkeit aus. Zu der Gruppe gehören die Stähle 165CrMoWV46, 210Cr46 und 210CrW46. Sie werden für Hochleistungsschnitte, Stanzwerkzeuge, Ziehwerkzeuge usw. verwendet.

■ Ü. 2.21

Die Wärmebehandlung der Kaltarbeitsstähle erfordert viel Sorgfalt. Zur spangebenden Herstellung der Werkzeuge müssen die Stähle weichgeglüht werden. Dabei sollten möglichst kein Korngrenzenzementit und unvollständig eingeformter Perlit vorhanden sein. Sie erschweren die spangebende Formung und lösen sich auch bei Erwärmung auf Härtetemperatur schwer auf. Die Karbide dürfen nicht grob sein, da beim Härten keine vollständige Karbidauflösung erfolgt. Grobe Karbide können z. B. bei Schnittwerkzeugen während der Beanspruchung ausbröckeln und so die Standzeit der Werkzeuge verringern. Auch eine vorhandene Karbidzeiligkeit (hervorgerufen durch Seigerungen) wirkt sich ähnlich negativ aus.

Beim Härten komplizierter Werkzeuge sind besondere Schutzmaßnahmen erforderlich. Durch hohe C- und Legierungsgehalte weisen die Stähle eine geringe Wärmeleitfähigkeit auf. Deshalb muß die Erwärmung auf Härtetemperatur stufenweise erfolgen.

▶ *Begründen Sie diese Forderung!*

Außerdem kann es beim Härten zu Entkohlung und Verzunderung kommen. Da die Werkzeuge nach dem Härten nur noch geschliffen werden können, muß das durch geeignete Maßnahmen (Anwendung von Schutzgas, Erwärmung in entkohlungsfreien Salzbädern, Einpacken in Gußspäne oder ausgeglühten Koks) vermieden werden.

Da die Rißempfindlichkeit mit steigendem C- und Legierungsgehalt zunimmt, muß das beim Abschrecken durch die Wahl geeigneter Abschreckmittel und besonderer Schutzmaßnahmen berücksichtigt werden. Es sollte mit dem mildesten Abschreckmittel gearbeitet werden oder bei besonders komplizierten Teilen eine Warmbadhärtung durchgeführt werden. Als Schutzmaßnahmen haben sich bei Werkzeugen mit großen Querschnittsunterschieden Abdeckbleche und -massen bewährt.

Nach dem Härten schließt sich in den meisten Fällen ein Entspannen bei Temperaturen von 180 bis 200 °C oder ein Anlassen an. Bei komplizierten Teilen aus rißempfindlichen Stählen sollte das sofort nach dem Härten erfolgen (ohne vorherige vollständige Abkühlung auf Raumtemperatur).

Die Standzeit der Werkzeuge kann durch eine nachfolgende Oberflächenbehandlung (Nitrieren, Carbonitrieren, Hartverchromen usw.) wesentlich erhöht werden. Man erreicht Standzeiten von 200 bis 300%.

2.4.4. Warmarbeitsstähle

Warmarbeitsstähle sind Werkzeugstähle, die hauptsächlich für Werkzeuge der Ur- und Umformung erwärmter Werkstoffe mit Temperaturen über 300 °C verwendet werden. Kennzeichnende Eigenschaften sind Anlaßbeständigkeit, Warmfestigkeit, Temperaturwechselbeständigkeit und Verschleißbeständigkeit bei höheren Temperaturen.

Aus der Definition ist ersichtlich, daß neben der mechanischen Beanspruchung auch eine thermische Beanspruchung erfolgt.
Diese Eigenschaften werden durch einen C-Gehalt von 0,3 bis 0,6 % und den Zusatz von Legierungselementen, besonders Wolfram und Molybdän, erzielt. Wie Ihnen bekannt ist, verschlechtern die Legierungselemente die Wärmeleitfähigkeit des Stahles. Das wird besonders durch Wolfram bewirkt. Bei dem häufigen Temperaturwechsel und durch die verminderte Wärmeleitfähigkeit kommt es zu einer starken thermischen Beanspruchung. Diese kann zu den *sogenannten Brandrissen* führen.
Gegen Brandrisse sollen die Warmarbeitswerkzeuge möglichst unempfindlich sein. Man sollte dabei aber auch beachten, daß die Form des Werkzeuges und die technologischen Bedingungen während des Einsatzes (Vorwärmung, Kühlung, Beanspruchungsgeschwindigkeit usw.) die Brandrißgefahr beeinflussen.
Bei der Wärmebehandlung der Warmarbeitsstähle muß beachtet werden, bei welchen Temperaturen die Werkzeuge Verwendung finden. Allgemein gilt, daß die Anlaßtemperatur etwa 50 K oberhalb der Arbeitstemperatur gewählt wird. Außerdem sollen die Warmarbeitswerkzeuge vorgewärmt zum Einsatz kommen, da es sonst durch die schlechte Wärmeleitfähigkeit und den Temperaturwechsel zu Brandrissen kommen kann. Als günstig hat sich auch ein Zwischenentspannen nach einer bestimmten Betriebszeit erwiesen.

■ Ü. 2.22

Anwendungsbeispiele

30WCrCoV34.10	Strangpreßwerkzeuge
30WCrV34.11	Warmpreßgesenke, Spritz- und Druckgußwerkzeuge
40CrMnMo7	mittlere und große Gesenke
56NiCrMoV7.4	Hochleistungs-Schmiedehammergesenke

2.4.5. Schnellarbeitsstähle

Schnellarbeitsstähle sind hochlegierte Werkzeugstähle mit hohem Verschleißwiderstand. Sie sind besonders geeignet zur Herstellung von Werkzeugen für spangebende Bearbeitung. Aufgrund ihrer chemischen Zusammensetzung besitzen die Schnellarbeitsstähle nach optimaler Wärmebehandlung eine hohe Anlaßbeständigkeit und Wärmehärte bis zu Beanspruchungstemperaturen von 600 °C.

Schnellarbeitsstähle sind hochlegierte Stähle, die durch den hohen Legierungsgehalt eine große Schneidhaltigkeit, Anlaßbeständigkeit und Verschleißhärte aufweisen. Die Stähle enthalten folgende Legierungselemente:

Kohlenstoff	0,7 bis 1,4 %	Molybdän	0,5 bis 10 %
Chrom	2,5 bis 5,0 %	Vanadin	0,1 bis 5,0 %
Wolfram	2,5 bis 18 %	Cobalt	1,0 bis 10 %.

Aufgrund des hohen Legierungsgehaltes weisen die Stähle ein ledeburitisches Gefüge auf und enthalten etwa 30% Karbide. Die Karbide sind sehr stabil und bewirken die hohe Verschleißhärte und Schneidhaltigkeit.

Die Schnellarbeitsstähle erfordern große Sorgfalt bei der Herstellung und Wärmebehandlung. Durch ungünstige Gieß- und Warmformgebungsbedingungen kann es zu einer netz- und zeilenförmigen Karbidverteilung kommen. Man kann das durch kleine Blockformate und einen hohen Umformgrad vermeiden. Die hohen Legierungsgehalte führen zu einer hohen Formänderungsfestigkeit und einer geringen Wärmeleitfähigkeit. Das erfordert eine vorsichtige Erwärmung auf Warmformgebungstemperatur und eine allseitige Umformung (Schmieden) mit niedrigen Drücken. Sonst kann es zu »Zerschmiedungen« kommen.

Für das Härten der Schnellarbeitsstähle sind sehr hohe Temperaturen erforderlich. Sie müssen so hoch sein, daß mindestens die Hälfte der Karbide gelöst wird.

▶ *Überlegen Sie, warum die Karbide gelöst werden müssen!*

Die Erwärmung auf Härtetemperatur muß mehrstufig erfolgen. Da die Härtetemperaturen wegen der geringen Karbidlöslichkeit sehr hoch gewählt werden müssen (1180 bis 1280 °C), liegen sie dicht unterhalb der Eutektikalen. Schon geringe Überhitzungen können zu einem Aufschmelzen an den Korngrenzen führen. Die Abkühlung kann durch die niedrige kritische Abkühlungsgeschwindigkeit sehr langsam erfolgen. Es reicht eine Öl-, Preßluft- oder auch schon Luftabkühlung aus. Nach dem Härten besteht das Gefüge aus etwa 30 bis 40% Martensit, 10 bis 15% Restkarbiden und Restaustenit. Die Härte beträgt etwa 60 bis 64 *HRC*. Durch den hohen Restaustenitgehalt werden keine günstigen Schneid- und Verschleißeigenschaften erreicht. Deshalb muß sich nach dem Härten immer ein Anlassen anschließen. In Bild 2.8 ist zu erkennen, daß dabei die Härte ansteigt *(Sekundärhärteeffekt)*.

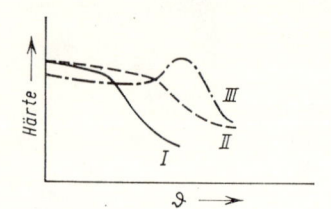

Bild 2.8. Verlauf der Härte in Abhängigkeit von der Anlaßtemperatur für verschiedene Stähle
I unlegierter Werkzeugstahl
II legierter Werkzeugstahl
III Schnellarbeitsstahl

Die Ursache dafür sind die Umwandlung des Restaustenits und die Ausscheidung feindisperser Karbide. Da diese Vorgänge hauptsächlich bei der Erwärmung und Abkühlung ablaufen, hat sich ein mehrmaliges Anlassen bei Temperaturen von 530 bis 580 °C bewährt.

Die in der DDR hergestellten Schnellarbeitsstähle sind in der TGL 7571 enthalten. Häufig angewandte Stähle sind: X97WMo3.3, X82WV9.2, X82WMo6.5 und X125WV12.4. Verwendet werden sie für Schnittwerkzeuge aller Art (Dreh- und Hobelstähle, Fräser, Bohrer usw.).

■ Ü. 2.23 und Ü. 2.24

3
Werkstoffprüfung

3.1. Aufgaben und Einteilung der Werkstoffprüfung

Die Werkstoffprüfung ist ein fester Bestandteil des Fertigungsprozesses in allen Industriezweigen. Ihre Bedeutung nimmt mit fortschreitender Entwicklung der Technik ständig zu. Das umfassende Ziel der Werkstoffuntersuchungen besteht darin, die Qualität der Erzeugnisse zu erhöhen und die Selbstkosten zu senken. Man unterscheidet drei große Aufgabenbereiche der Werkstoffprüfung:

1. Ermittlung der für die Konstruktion und Fertigung notwendigen Kennwerte für die Werkstoffeigenschaften,
2. Ermittlung von Werkstoffehlern und Aufklärung der Ursachen von Brüchen und anderen Werkstoffzerstörungen; die Fehlerprüfung dient gleichfalls zur Bestimmung kritischer Fehler und damit zur Vermeidung von Brüchen,
3. Bestimmung von Werkstoffkenngrößen zur Charakterisierung des Werkstoffverhaltens im Rahmen der Werkstofforschung und -entwicklung.

Die Werkstoffprüfung hilft zugleich, Werkstoff einzusparen, indem sie nachweist, wie hochwertige, teure sowie schwer zu beschaffende Werkstoffe durch billigere, genügend vorhandene wirtschaftlich ersetzt werden können.

■ Ü. 3.1

Im Produktionsbetrieb wird die Werkstoffprüfung an den Stellen erfolgen, wo sie notwendig ist und sich logisch in den Arbeitsablauf einfügt. Man unterscheidet deshalb dem Fertigungsprozeß vorgeschaltete Prüfungen, sogenannte Eingangsprüfungen, die in den Fertigungsprozeß eingeschalteten Prüfungen und nachgeschaltete Prüfungen, die Endkontrollen. Daraus erkennen Sie, daß sich die Werkstoffprüfung nicht nur auf das Prüflabor beschränkt, sondern auch in den Fertigungsprozeß eingebaut ist. Deshalb sind die Kenntnisse auf dem Gebiet der Werkstoffprüfung nicht nur für den Werkstoffachmann, sondern auch für alle anderen ingenieurtechnischen Kader notwendig. Selbstverständlich können die verschiedenen Eigenschaften bzw. Fehler eines Werkstoffes nicht mit einer Prüfung ermittelt werden. Deshalb gibt es sehr viele Werkstoffprüfverfahren, von denen Sie die wichtigsten kennenlernen sollen.
Man kann sie in folgende Hauptgruppen einteilen:

— *metallographische Untersuchungen* zur Ermittlung des Gefügeaufbaus der Werkstoffe

- *mechanisch-technologische Prüfungen* zur Bestimmung der mechanischen und technologischen Eigenschaften der Werkstoffe
- *zerstörungsfreie Werkstoffuntersuchungen* zur Untersuchung der Werkstoffe bzw. Konstruktionsteile auf Fehler, Spannungen, Oberflächenbeschaffenheit u. a. ohne Werkstoffzerstörung
- *chemische Prüfungen* zur Ermittlung der chemischen Zusammensetzung der Werkstoffe
- *physikalisch-technische Spezialverfahren* zur Feststellung physikalischer Eigenschaften, wie Wärme- und elektrische Leitfähigkeit, Permeabilität u. a.

■ Ü. 3.2

Gegenwärtig ist eine rasche Entwicklung sowohl der Prüfverfahren als auch der Geräte feststellbar. Es entsteht eine neue Generation von Werkstoffprüfmaschinen mit rechnergestützter Versuchsvorbereitung, -durchführung und -auswertung durch Anwendung der Mikroelektronik. Damit ist sowohl eine wesentliche Einsparung des Arbeitsaufwandes bei der Versuchsdurchführung als auch eine umfassendere Analyse der anfallenden Daten möglich.

3.2. Metallographie

Zielstellung

Aus den »Grundlagen metallischer Werkstoffe, ...« ist Ihnen bekannt, daß die Eigenschaften eines Werkstoffes in starkem Maße von seinem Gefügeaufbau bestimmt werden. Dieser Abschnitt soll Sie mit den Methoden der metallographischen Gefügeuntersuchung vertraut machen. Nach dem Studium dieses Abschnitts sollen Sie in der Lage sein, metallographische Schliffe selbständig anzufertigen und teilweise zu bewerten.

Die Aufgabe der *Metallographie* besteht in der qualitativen und quantitativen Beschreibung des Gefüges metallischer Werkstoffe mit Hilfe optischer Verfahren. Die Metallographie gestattet, die Eigenschaften und das Verhalten einer Legierung unter gegebenen Beanspruchungsverhältnissen z. T. im voraus zu bestimmen und das günstigste Gefüge für den jeweiligen Verwendungszweck festzulegen. Darüber hinaus ermöglichen die Gefügeuntersuchungen, Aussagen über die Ursachen von Schadensfällen oder über bestimmte Fehler bei der technologischen Behandlung der Werkstoffe zu machen. Weiterhin ist die Metallographie ein wichtiges Verfahren in der Werkstofforschung. Man unterscheidet zwei verschiedene Untersuchungsmethoden, die mikroskopischen und die makroskopischen Gefügeuntersuchungen.

3.2.1. Mikroskopische Gefügeuntersuchungen

Bei der mikroskopischen Gefügeuntersuchung wird eine vorbereitete Probe, ein sogenannter metallographischer Schliff, des zu untersuchenden Werkstoffs mit Hilfe eines Mikroskops betrachtet. Dadurch werden die verschiedenen Gefügebestandteile der Legierungen, ihre Ausbildung und Verteilung, Korngröße und Kornform sowie die vorhandenen Verunreinigungen sichtbar.

Die dafür vorgesehene Probe muß eine Anzahl von Arbeitsgängen durchlaufen.

— *Probenentnahme und Vorbereitung zum Schleifen*
Der Probenentnahme kommt besondere Bedeutung zu, sie muß dem Zweck der Untersuchung angepaßt sein. Beispielsweise gilt es zu beachten, daß bei gewalzten Blechen und Bändern die verschiedenen Schliffanlagen nach Bild 3.1 (Längs-, Quer- und Flachschliff) unterschiedliche Gefügebilder ergeben.

■ Ü. 3.3

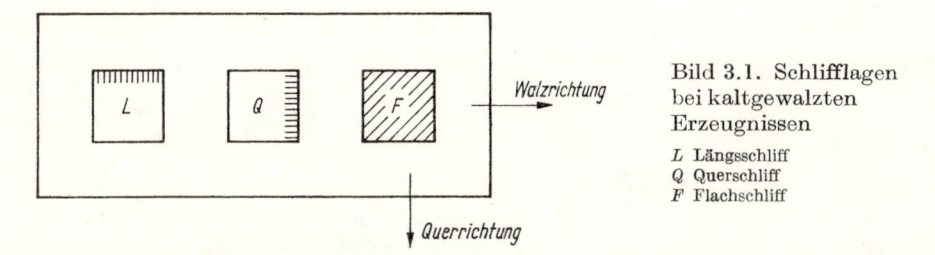

Bild 3.1. Schlifflagen bei kaltgewalzten Erzeugnissen
L Längsschliff
Q Querschliff
F Flachschliff

Bei gewalzten Profilen (Draht, Rund-, Quadratstahl u. a.) unterscheiden sich die Gefüge nur in Längs- und Querrichtung.
Bei allseitig umgeformten Werkstücken sind alle Schlifflagen gleichberechtigt. Demgegenüber zeigen Gußblöcke in den verschiedenen Zonen unterschiedliche Gefügeausbildungen. Es muß auch unterschieden werden, ob die Werkstückoberfläche oder das Werkstückinnere untersucht werden soll. Ersteres kommt besonders bei oberflächenbehandelten Werkstücken vor.
Die vorteilhafte Mikroschliffgröße beträgt $15 \times 15 \times 10$ mm. Die Proben sind so aus dem Werkstück oder Halbzeug herauszuarbeiten, daß keine Gefügeveränderungen durch Verformung oder unzulässige Erwärmung eintreten können. Kleine Proben, wie Drähte und Bänder, spannt man in Klemmen oder bettet sie in Kunstharz ein. Das Einbetten erfolgt auch dann, wenn der Probenrand besonders untersucht werden soll. Die erste Glättung der Probenoberfläche geschieht durch Feilen, Hobeln, Fräsen oder Schleifen.

— *Metallographisches Schleifen*
Das Schleifen erfolgt von Hand oder mit motorgetriebenen Schleifmaschinen auf Schleifpapier verschiedener Körnung. Die Kurzzeichen für die verwendeten Schleifpapierkörnungen nach TGL 10755 enthält Tabelle 3.1. Beim Schleifen von Hand wird das Schleifpapier auf eine ebene Glas- oder Metallplatte gelegt. Man beginnt bei geschlichteten Flächen mit dem Papier der Körnung 20. Der Schliff wird so lange in einer Richtung bewegt, bis alle quer zur Schleifrichtung verlaufenden Riefen verschwunden sind. Nach dem Säubern der Probe vom anhaftenden Schleifstaub geht man auf das nächstfeinere Papier über, wobei eine Drehung der Schleifrichtung um 90° erfolgt. Sind dann die Schleifriefen des vorhergehenden Papiers nicht mehr sichtbar, so findet das nächstfeinere Papier Verwendung. Dieser Vorgang wiederholt sich bis zur Papierkörnung F 20 oder F 14.
Beim Schleifen auf Schleifmaschinen spannt man das Schleifpapier der jeweiligen Körnung auf eine horizontale umlaufende Scheibe. Die Probe wird auf die rotierende Scheibe aufgesetzt und festgehalten. Auch hier muß man die Probe beim Übergang zum nächstfeineren Papier um 90° drehen. Die Probe darf beim Schleifen höchstens handwarm werden. Als besonders günstig erweist sich das

Tabelle 3.1. Schleifpapierkörnungen für das metallographische Schleifen

Kurzzeichen der Korngröße Nr.	Abmessungen des Nennkorns in μm	frühere Bezeichnung Nr.
32	315···250	60
25	250···200	70
20	200···160	80
16	160···125	90
12	125···100	100
10	100···80	120
8	80···63	150···180
6	63···50	220···240
5	50···40	280
F 40	40···28	320
F 28	28···20	400
F 20	20···14	500
F 14	14···10	600
F 10	10···7	700
F 7	7···5	800
F 5	5···3,5	900

Naßschleifen. Das zu verwendende wasserfeste Schleifleinen oder Schleifpapier wird nur auf die rotierende Scheibe aufgelegt. Während des Schleifens läuft Wasser darüber, das eine Kühlung der Schliffläche bewirkt und die abgerissenen Schleifkörner wegspült. Nach dem Schleifen ist die Probe vom anhaftenden Schleifmittel zu säubern.

— *Polieren*

Nach dem Schleifen besitzt die Oberfläche der Probe noch Schleifriefen. Diese müssen durch Polieren beseitigt werden, da sonst eine mikroskopische Gefügeuntersuchung nicht möglich ist. Das Polieren erfolgt auf mit Woll- oder Filztuch bespannten rotierenden Scheiben. Als Poliermittel dient eine wäßrige Suspension von Aluminiumoxid, genannt Poliertonerde. Je nach dem zu untersuchenden Metall verwendet man verschiedene Sorten von Tonerde.

Beim Polieren spritzt man die Tonerdesuspension auf die rotierende Filzscheibe, drückt die Probe leicht gegen das Poliertuch und bewegt sie ständig. Während des Polierens ist das Poliertuch abwechselnd mit Tonerde und destilliertem Wasser zu befeuchten, wobei gegen Ende des Poliervorgangs immer häufiger destilliertes Wasser verwendet wird. Führt man das Polieren nicht sachgerecht durch, so kann es geschehen, daß einzelne Gefügebestandteile, auf deren Identifizierung man besonderen Wert legt, herausgerissen werden. Bei zu langem Polieren können weiche Gefügebestandteile mechanisch abgetragen werden, wodurch eine Reliefstruktur entsteht, die nur in einigen Fällen erwünscht ist. Für besonders harte Werkstoffe, wie Karbide, Nitride u. a., schleift und poliert man mit Diamantpulver meist in Form von Pasten. Zum gleichzeitigen mechanischen Polieren mehrerer Proben benutzt man Vibrationspolieranlagen. Ein Andrücken der Proben von Hand erfolgt bei diesem Verfahren nicht. Trotzdem ist das mechanische Polieren sehr zeitaufwendig. Außerdem entsteht eine sehr dünne kaltverformte Oberflächenschicht, die in einigen Fällen die Untersuchung behindert. Durch das *elektrolytische Polieren* werden diese Nachteile beseitigt.

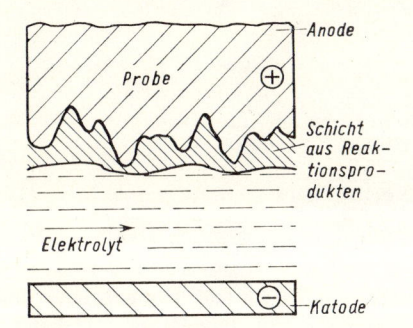

Bild 3.2. Schema des elektrolytischen Polierens

Man ordnet dabei die Probe in einem bewegten Elektrolyten gegenüber einer Katode aus Platin oder X8CrNi18.10 an (Bild 3.2). Beim Anlegen einer Spannung löst sich das Metall, und es bildet eine dünne Schicht von Reaktionsprodukten mit hohem elektrischem Widerstand. Diese Schicht weist infolge der Elektrolytströmung eine ebenere Oberfläche als die Probe auf, wodurch sie ungleichmäßig dick wird. Die Stromstärke und demzufolge die anodische Auflösungsgeschwindigkeit ist dort am größten, wo die Schicht am dünnsten ist, d. h. an den Spitzen der Probenoberfläche. Dadurch kommt es zur Glättung der Oberfläche. Bei elektrochemisch stark heterogenen Legierungen bereitet das elektrolytische Polieren Schwierigkeiten. In diesem Fall wendet man eine Kombination von mechanischem und elektrolytischem Polieren, das sogenannte *Elektrowischpolieren*, an.

Stellt man bei der Probe unter dem Mikroskop keine Unebenheiten mehr fest, dann wird sie mit Wasser und Alkohol gereinigt und in Heißluft getrocknet, damit sich keine Flecken auf den Probenoberflächen bilden. Am polierten Schliff lassen sich bereits Mikrorisse, Gasblasen, Mikrolunker, Korrosionsangriffe und nichtmetallische Einschlüsse erkennen. Bild 3.3 zeigt als Beispiel eine so behandelte Probe mit Graphiteinschlüssen im Gußeisen mit Lamellengraphit.

Die zeilenförmigen karbidischen Einschlüsse in einem austenitischen Chrom-Nickel-Stahl nach Bild 3.4 sind ebenfalls am ungeätzten Schliff erkennbar. Die Menge und Anordnung dieser Einschlüsse lassen auf schlechte Umformbarkeit schließen.

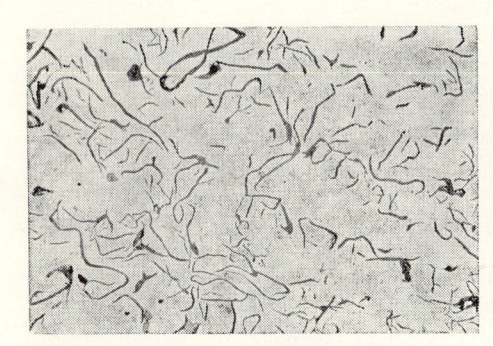

Bild 3.3. Graphiteinschlüsse im Gußeisen mit Lamellengraphit (ungeätzt)

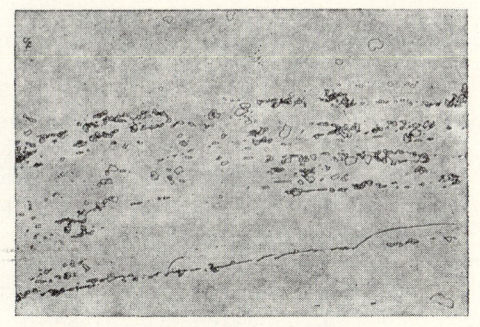

Bild 3.4. Zeilenförmige Karbideinschlüsse in einem austenitischen Chrom-Nickel-Stahl (ungeätzt)

— *Ätzen*

In den meisten Fällen ist zur Sichtbarmachung des Gefüges die Einwirkung von Säuren oder Basen auf die Probenoberfläche, das sogenannte Ätzen, erforderlich. Je nachdem, wie der Angriff des Ätzmittels erfolgt, unterscheidet man zwei Arten, die Korngrenzen- und die Kornflächenätzung.

Bei der Korngrenzenätzung werden nur die Korngrenzen sichtbar gemacht.

Infolge der Einwirkung des Ätzmittels werden die einzelnen Kristallite gleichartig, aber unterschiedlich stark angegriffen. Dadurch entsteht ein terrassenförmiger Aufbau der Oberfläche nach Bild 3.5a. Bei senkrechtem Lichteinfall reflektieren die Wände nicht in das Objektiv, dadurch erscheinen sie dunkel. Eine andere Möglichkeit der *Korngrenzenätzung* zeigt Bild 3.5b. Hier wird durch das Ätzmittel die unedlere Korngrenzensubstanz aufgelöst, wodurch grabenartige Vertiefungen zwischen den Körnern entstehen. Auch in diesem Fall erscheinen die Korngrenzen dunkel.

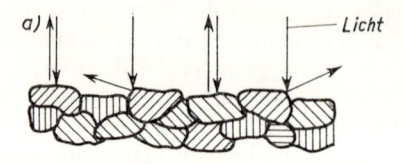

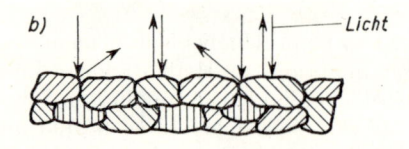

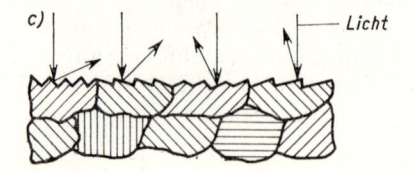

Bild 3.5. Verschiedene Arten der Ätzung
 a) Korngrenzenätzung durch Reliefbildung
 b) Korngrenzenätzung durch Korngrenzenvertiefung
 c) Kornflächenätzung

Die Kornflächenätzung bewirkt, daß die einzelnen Kristallite unterschiedlich aussehen.

Dies kann nach Bild 3.5c dadurch geschehen, daß das Ätzmittel die Kristallite infolge ihrer unterschiedlichen Gitterlage zur Schlifffläche ungleichmäßig angreift. Je nach dem Grad der Aufrauhung reflektieren die einzelnen Kristallflächen das einfallende Licht unterschiedlich in das Objektiv, wodurch die Farbtönungen variieren. Die Kornfarbätzung ist ebenfalls eine Kornflächenätzung. Bei ihr werden durch Wärmeeinwirkung oder durch Lösungen auf den einzelnen Kristalliten unterschiedlich dicke Oxid- oder Salzschichten gebildet.
Tabelle 3.2 gibt eine kleine Auswahl der wichtigsten Ätzmittel und deren Einsatzgebiete an.

▶ Ü. 3.4

Tabelle 3.2. Zusammenstellung wichtiger metallographischer Ätzmittel

Metall	Kennzeichnung und Zusammensetzung des Ätzmittels	Anwendung
Stahl (Gußeisen)	*alkoholische Salpetersäure* 10 bis 50 cm³ Salpetersäure auf 1000 cm³ Ethylalkohol	Ätztemperatur 20 °C, Ätzdauer 10 bis 20 s, Nachweis von Perlit, Korngrenzen
	alkoholische Pikrinsäure 40 g Pikrinsäure auf 1000 cm³ destilliertes Wasser	Korngrenzen
	alkoholische Natriumpikratlösung 24 g Pikrinsäure, 300 g Natronlauge, 900 cm³ destilliertes Wasser	Ätztemperatur 50 bis 90 °C, Ätzzeit bis 10 min, Nachweis von Eisennitrid und Zementit
	Heynsches Ätzmittel 9 g Kupferammoniumchlorid, 100 m³ destilliertes Wasser	Ätzzeit bis 5 min, makroskopischer Nachweis von Phosphorseigerungen
	Oberhoffersches Ätzmittel 500 cm³ destilliertes Wasser, 50 cm³ konzentrierte Salzsäure, 30 g Eisen(III)-chlorid, 1 g Kupferchlorid, 0,4 g Zinnchlorid	Ätzzeit 20 bis 30 s makroskopischer Nachweis von Phosphorseigerungen
	Adler-Ätzmittel 25 cm³ destilliertes Wasser, 50 cm³ konzentrierte Salzsäure, 15 g Eisen(III)-chlorid, 3 g Kupferammoniumchlorid	makroskopische Schweißnahtuntersuchungen
Aluminium und Al-Legierungen	50 cm³ Flußsäure (40%), 950 cm³ destilliertes Wasser	Ätztemperatur 20 °C, Ätzzeit 10 bis 60 s, Entwicklung des Feingefüges
	10 g Natriumhydroxid, 1000 cm³ destilliertes Wasser	Ätzdauer 10 bis 15 min, Makroätzung
Kupfer- und Cu-Legierungen	10 g Kupferammoniumchlorid, 120 cm³ destilliertes Wasser	Ätztemperatur 80 °C, Ätzdauer 10 bis 20 s, Entwicklung des Feingefüges
Blei	170 cm³ konzentrierte Salpetersäure, 170 cm³ Eisessig, 680 cm³ Glycerin	Ätztemperatur 80 °C Ätzdauer 10 bis 20 s, Entwicklung des Feingefüges
Magnesium	80 cm³ konzentrierte Salpetersäure, 920 cm³ Ethylalkohol	Ätztemperatur 20 °C Ätzdauer 4 bis 6 s, Entwicklung des Feingefüges

— *Metallmikroskop*

Die Beobachtung und Auswertung der vorbereiteten Metallschliffe erfolgt mit dem Metallmikroskop. Gegenüber dem Durchlichtmikroskop arbeitet das Metallmikroskop wegen der Undurchsichtigkeit der Objekte mit Auflicht. Die Probe befindet sich außerdem meist über dem Objektiv auf einem verstellbaren Objektträgertisch. Man spricht vom umgekehrten Auflichtmikroskop. Die Vergrößerung des Mikroskops ergibt sich als Produkt der Einzelvergrößerungen von Objektiv und Okular. Die Güte des Mikroskops wird maßgeblich durch das Auflösungsvermögen seines Objektivs bestimmt. Darunter versteht man den kleinsten Abstand zweier Punkte d, die noch getrennt wahrnehmbar sind. Es berechnet sich aus

$$d = \frac{\lambda}{A} = \frac{\lambda}{n \cdot \sin \alpha} \tag{3.1}$$

A numerische Apertur (lat. Öffnung) der Objektivlinse
λ Wellenlänge des verwendeten Lichts
n Brechungsindex des Mediums zwischen Objektiv und Objekt
α halber Öffnungswinkel der Frontlinse des Objektivs.

■ Ü. 3.5

Bei Anwendung der Immersionstechnik beträgt das mit dem Lichtmikroskop erreichbare Auflösungsvermögen 0,24 µm, d. h., es lassen sich Vergrößerungen bis 2000:1 erreichen. Für metallographische Serienarbeiten eignet sich besonders eine Reihe kleinerer Metallmikroskope wie das Auflichtmikroskop »Metaval« nach Bild 3.6. Wissenschaftliche Untersuchungen führt man mit dem gro-

Bild 3.6. Auflichtmikroskop »Metaval« (VEB Carl Zeiss Jena)

ßen Auflicht-Kameramikroskop »Neophot 30« durch (Bild 3.7). Mit den Mikroskopen können Sie die Proben sowohl visuell betrachten als auch mit einer Platten- oder Kleinbildkamera fotografieren. Dabei sollen nach TGL 0-50600 folgende Abbildungsmaßstäbe eingehalten werden:

1,   2,   5   :1
10,   20,   50   :1
100,   200,   500:1
1000, 1500   :1.

Um die mikroskopische Betrachtung der Proben und die fotografischen Aufnahmen durchführen zu können, ist eine besondere Beleuchtung der Objekte erforderlich.

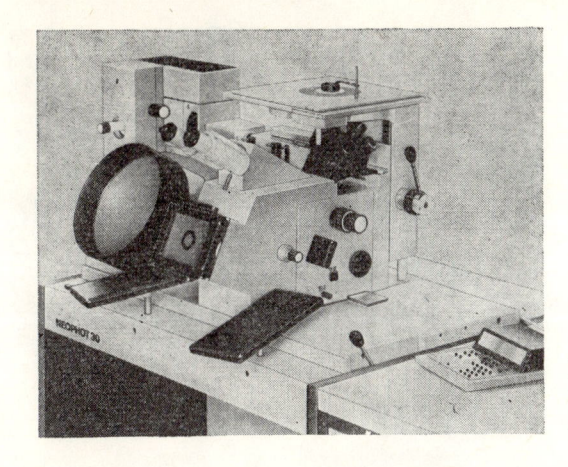

Bild 3.7. Großes Auflicht-Kameramikroskop »Neophot 30« (VEB Carl Zeiss Jena)

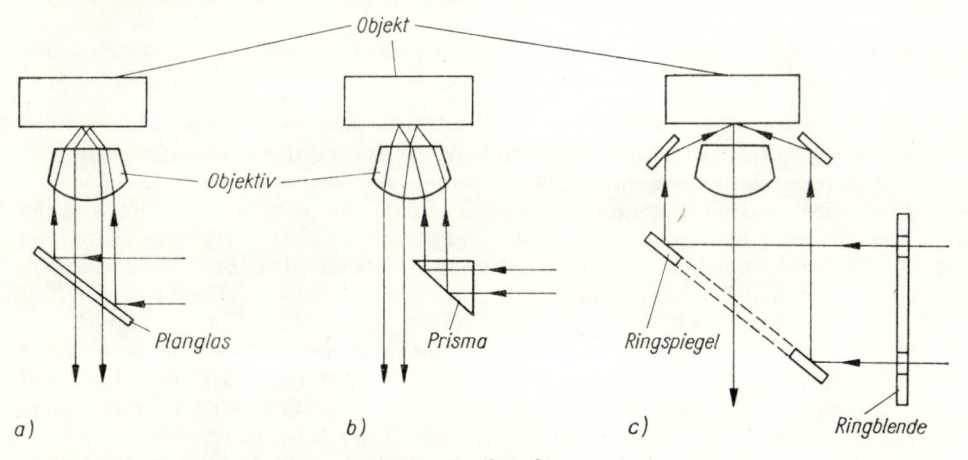

Bild 3.8. Beleuchtungsarten im Metallmikroskop
 a) Hellfeldbeleuchtung mit Planglas
 b) Hellfeldbeleuchtung mit Prisma
 c) Dunkelfeldbeleuchtung mit Ringspiegel

Je nach der Richtung, in welche die auf das Objekt auftreffenden Lichtstrahlen reflektiert werden, unterscheidet man Hell- und Dunkelfeldbeleuchtung.

Bei der *Hellfeldbeleuchtung* mit Planglas oder Prisma nach Bild 3.8a und b wird das Objekt so beleuchtet, daß die senkrecht zur optischen Achse liegenden Flächen das Licht in das Objekt reflektieren. Die Probenoberfläche erscheint hauptsächlich hell. Bei der *Dunkelfeldbeleuchtung* reflektieren nur solche Stellen des Objekts Licht in das Objektiv, die nicht senkrecht, sondern geneigt zur optischen Achse liegen. Die Dunkelfeldbeleuchtung mit Ringspiegel und Hohlspiegelkondensor zeigt Bild 3.8c. Die Dunkelfeldbeleuchtung entspricht etwa der Beleuchtung mit diffusem Tageslicht. Es erscheinen die Stellen hell, die im Hellfeld dunkel sind. Welche Beleuchtungsart man anwendet, richtet sich nach den sichtbar zu machenden Gefügebestandteilen. Bild 3.9 zeigt Schliffbilder bei Hell- und Dunkelfeldbeleuchtung.

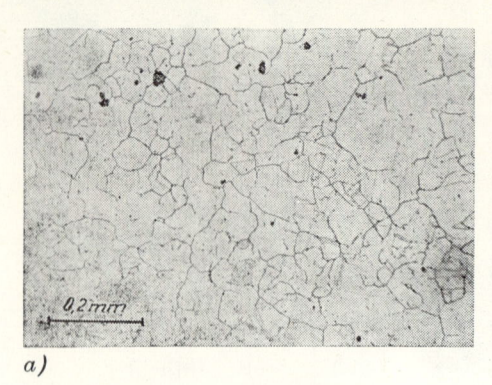

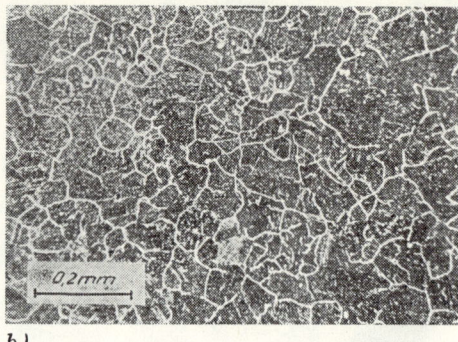

Bild 3.9. Korngrenzenätzung
a) Hellfeld
b) Dunkelfeld

▶ *Vergleichen Sie die fotografischen Aufnahmen von Schliffen, die bei Hell- und Dunkelfeldbeleuchtung angefertigt wurden.*

Aus Gleichung (3.1) erkennen Sie, daß das Auflösungsvermögen des Lichtmikroskops beschränkt ist. Eine bedeutende Verbesserung des Auflösungsvermögens läßt sich durch die Anwendung von Strahlen sehr kleiner Wellenlänge erreichen. Dies wird in Elektronenmikroskopen genutzt, die anstelle von Lichtstrahlen Elektronenstrahlen mit einer Wellenlänge von etwa $0{,}05 \cdot 10^{-10}$ m verwenden. Neben dem höheren Auflösungsvermögen besitzt das *Elektronenmikroskop* gegenüber dem Lichtmikroskop eine größere Tiefenschärfe. Es lassen sich Vergrößerungen bis $1\,000\,000 : 1$ erreichen. Anstelle der Glaslinsen verwendet man beim Elektronenmikroskop zum Sammeln der Elektronenstrahlen elektromagnetische oder elektrostatische Linsen. Die Anwendung der Elektronenstrahl-Durchstrahlungsmikroskope macht es erforderlich, von der Oberfläche der Probe einen durchstrahlungsfähigen Abdruck herzustellen, der das Oberflächenrelief formgetreu enthält. Entsprechend der unterschiedlichen Dicke des Abdrucks, die sich aus dem Oberflächenrelief der Probe ergibt, werden die Elektronenstrahlen mehr oder weniger in ihrer Intensität geschwächt und liefern auf dem Leuchtschirm oder der fotografischen Platte entsprechende Kontraste (Bild 3.10).

Bild 3.10. Elektronenmikroskopische Aufnahme einer geätzten Aluminiumoberfläche

Gegenüber dem Elektronen-Durchstrahlungsmikroskop besitzt das sogenannte »*Rasterelektronenmikroskop*« den Vorteil, daß die Schlifffläche im Auflicht betrachtet wird und damit die aufwendige Probenpräparation entfällt. Außerdem ist die mit ihm erreichbare Tiefenschärfe größer. Zur Bilderzeugung wird die Intensität der an der Oberfläche reflektierten sowie der aus der Probenoberfläche ausgelösten Sekundärelektronen auf einer Katodenstrahlröhre abgebildet.

■ Ü. 3.6

— *Fotografische Aufnahme*

In vielen Fällen erweist es sich als notwendig, vom Mikroschliff eine fotografische Aufnahme anzufertigen. In der Regel erfolgt die Aufnahme mit der Plattenkamera des »Neophot«. Der vorher im Mikroskop betrachtete und für die Aufnahme vorgesehene Ausschnitt des Schliffbildes wird bei festgelegtem Abbildungsmaßstab auf eine Mattscheibe projiziert. Wichtig ist dabei die Wahl des richtigen Bildausschnittes. Beispielsweise legt man ein durch Kaltverformung gestrecktes Gefüge immer parallel zur Längsseite der Platte. Ebenso verfährt man mit Zeilengefüge. Nach der Scharfeinstellung wird die Mattscheibe durch eine Schiebekassette mit eingelegter Orwo-Mikroplatte ersetzt.

■ Ü. 3.7

— *Auswertung mikroskopischer Untersuchungen*

Das sichtbar gemachte Gefüge wird qualitativ und z. T. auch quantitativ ausgewertet. Bei einer qualitativen Auswertung kann man erkennen:
— die Art der Gefügebestandteile,
— die Anordnung der Gefügebestandteile und
— eventuell vorhandene Fehler im Gefüge.

Das Erkennen der Gefügebestandteile setzt einige Erfahrungen voraus. Der Ungeübte hilft sich dabei zweckmäßig mit Vergleichsbildern.

▶ *Prägen Sie sich vor allem die Grundgefüge der Eisen-Kohlenstoff-Legierungen und die Wärmebehandlungsgefüge der Stähle aus den anderen Teilen der Lehrbuchreihe ein!*

Ihnen ist bekannt, daß man aus den Gefügebestandteilen, deren Mengenanteilen und Anordnung z. T. auf die Eigenschaften der Werkstoffe schließen kann. Einige Beispiele sollen dies verdeutlichen. Bild 3.11 zeigt die *Widmannstätten*sche Struktur eines Stahlgusses. Sie besitzt geringe Festigkeit und eine gewisse Sprödigkeit und muß deshalb durch eine Normalglühung beseitigt werden.
Im Bild 3.12 ist das sekundäre Zeilengefüge eines ferritisch-perlitischen Stahles, wie es nach dem Warmwalzen entsteht, dargestellt. Es läßt unterschiedliche mechanische Eigenschaften in Längs- und Querrichtung erwarten. Durch Normalisieren kann dieses Gefüge ebenfalls beseitigt werden.
Bild 3.13 zeigt das Weichglühgefüge eines eutektoiden Stahles. Die vollständige Einformung der Karbide läßt auf eine gute Umformbarkeit schließen.
Die Randentkohlung (Bild 3.14) eines nahezu eutektoiden Stahles deutet auf eine fehlerhafte Wärmebehandlung hin. Für eine nachfolgende Härtung ist ein Abarbeiten dieser randentkohlten Schicht erforderlich.
Daß durch Gefügeuntersuchungen auch die Ausgangspunkte bzw. Ursachen von Rissen und Brüchen sichtbar werden, zeigen die Bilder 3.15 und 3.16. Sie erkennen, daß im Bild 3.15 der Bruch von dem spröden Karbidnetz des Schnellarbeitsstahles X82WMo6.5 ausgeht, während er im Bild 3.16 seinen Ausgang von den Deltaferritzeilen des austenitischen Chrom-Nickel-Stahles nimmt.

3. Werkstoffprüfung

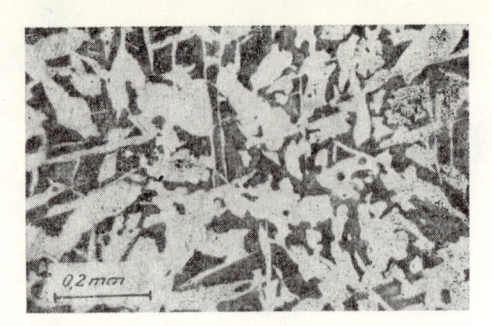

Bild 3.11. *Widmannstätten*sche Struktur eines Stahlgusses (geätzt mit alkoholischer HNO$_3$)

Bild 3.12. Sekundäres Zeilengefüge eines ferritisch-perlitischen Stahles (geätzt mit alkoholischer HNO$_3$)

Bild 3.13. Weichglühgefüge eines eutektoiden Stahles (geätzt mit alkoholischer HNO$_3$)

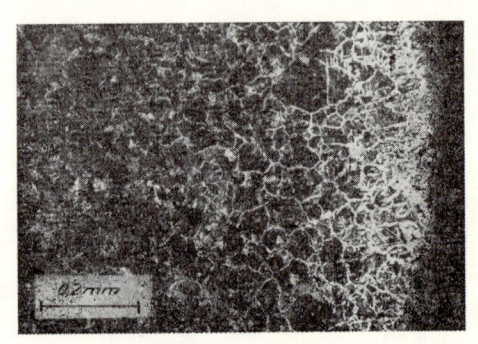

Bild 3.14. Randentkohlter Stahl (geätzt mit alkoholischer HNO$_3$)

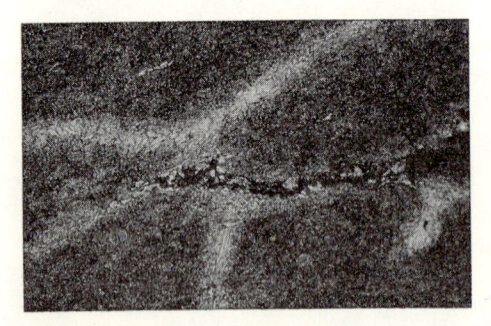

Bild 3.15. Riß, vom Karbidnetz eines Schnellarbeitsstahles ausgehend (geätzt)

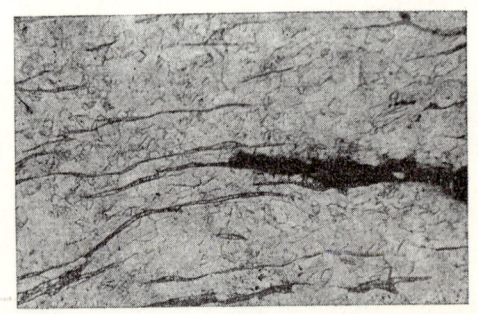

Bild 3.16. Riß entlang den Deltaferritzeilen eines austenitischen Chrom-Nickel-Stahles (geätzt)

Die quantitativen Auswertungsmethoden metallographischer Schliffe sind verschiedentlich recht kompliziert und zeitaufwendig. Einige wichtige Methoden sollen hier kurz behandelt werden. Die Tiefe von Aufkohlungs- und Entkohlungszonen, der Weißeinstrahlung von Kokillenhartguß oder die Dicke metallischer Überzüge kann mit dem Objektmikrometer direkt am Mikroskop oder am Gefügebild bestimmt werden.

— *Mikrohärtemessung* TGL 39274

Die *Mikrohärtemessung* ermöglicht eine Härtemessung auf kleinstem Raum. Man kann damit die Härte einzelner Gefügebestandteile, aber auch sehr dünner Oberflächenschichten bestimmen.

Die Mikrohärtemessung arbeitet mit einer gleichseitigen Diamantpyramide und entspricht in ihrem Wesen der unter Abschnitt 3.3.4.2. behandelten *Vickers*härtemessung. Die Prüfkräfte betragen 0,0098 bis 4,905 N. Dazu verwendet man das Mikrohärteprüfgerät mhp 100, das im Mikroskop eingesetzt wird. Das Bild 3.17 zeigt Mikrohärtedrücke in Messing. An der Größe der Eindrücke läßt sich die unterschiedliche Härte der beiden Kristallarten im Messing deutlich erkennen.

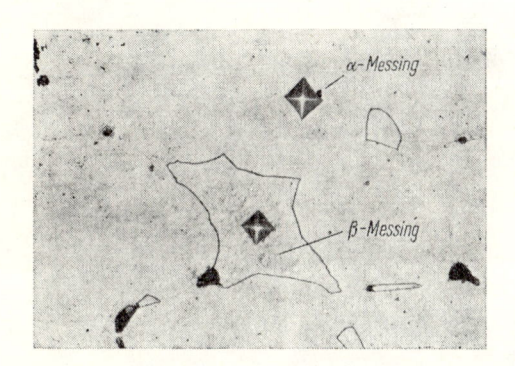

Bild 3.17. Mikrohärte mit gleicher Last (0,05 N) in zwei verschiedenen Kristallarten von Messing CuZn42

— *Korngrößenbestimmung* TGL 39118

Ihnen ist bereits bekannt, daß die Größe der Kristallite für zahlreiche mechanische Eigenschaften metallischer Werkstoffe, wie Härte, Festigkeit, Dehnbarkeit u. a., entscheidend ist.

Als Korngröße eines metallischen Werkstoffs bezeichnet man die im Schliffbild bei entsprechender Vergrößerung sichtbaren Schnittflächen durch die Kristallite. Bei der Korngrößenbestimmung wird der mittlere Flächeninhalt oder der mittlere Durchmesser der Kristallite ermittelt.

Die Messung der Korngröße erfolgt zweckmäßig auf einem fotografischen Abzug mit 100facher Vergrößerung. An einem Schliff sollen mindestens 3 Messungen durchgeführt werden. Man zeichnet auf der Mikrofotografie einen Kreis, ein Quadrat oder ein Rechteck, deren Fläche 0,5 mm² der Schlifffläche, d. h. bei der gewählten Vergrößerung 5000 mm² auf der Mikrofotografie entspricht. Für das Kreisverfahren nach Bild 3.18a ist ein Kreis mit einem Durchmesser von 79,8 mm zu zeichnen.

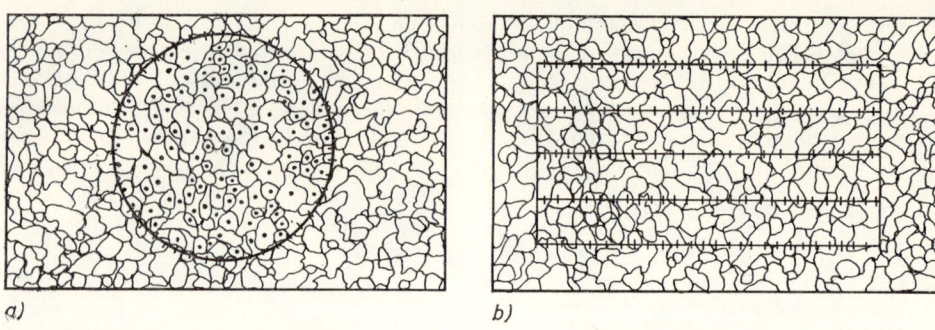

Bild 3.18. Korngrößenbestimmung
a) nach dem Kreisverfahren
b) nach dem Linienschnittverfahren

Die Gesamtzahl der Körner (n_{100}) auf der Fläche von 5000 mm² bei 100facher Vergrößerung ist

$$n_{100} = n_1 + \frac{n_2}{2} \tag{3.2}$$

n_1 Anzahl der im Kreis liegenden Körner
n_2 Anzahl der von der Kreislinie geschnittenen Körner.

Die Anzahl der Körner auf 1 mm² Schlifffläche beträgt dann $m = 2\,n_{100}$. Weicht die Vergrößerung von 100 ab, so berechnet man die Anzahl der Körner auf 1 mm² Schlifffläche aus

$$m = \left(2\,\frac{V}{100}\right)^2 n_V \tag{3.2a}$$

V Abbildungsmaßstab
n_V Gesamtzahl der Körner auf der Schlifffläche bei der Vergrößerung V.

Der mittlere Kornquerschnitt (in mm²) beträgt dann

$$a = \frac{1}{m} \tag{3.2b}$$

und der mittlere Korndurchmesser (in mm)

$$d = \frac{1}{\sqrt{m}}. \tag{3.2c}$$

Lehrbeispiel:

Es sind der mittlere Kornquerschnitt und der mittlere Korndurchmesser nach Bild 3.18a zu ermitteln. Der Abbildungsmaßstab ist 100 : 1.

Lösung:

Die Anzahl der im Kreis liegenden Kristallite $n_1 = 93$, die Anzahl der vom Kreis geschnittenen Kristallite $n_2 = 43$.

$$n_{100} = 93 + \frac{43}{2} = 114{,}5.$$

Die Anzahl der Körner je mm² Schlifffläche $m = 229$. Der mittlere Kornquerschnitt $a = 1/229 = 0{,}00437$ mm².

Der mittlere Korndurchmesser beträgt $d = 1/\sqrt{m} = 0{,}066$ mm.

Bei gestreckten Kristalliten (ungleichachsige Körner), wie sie nach Kaltumformung auftreten, empfiehlt sich die Anwendung des Linienschnittverfahrens. Man zeichnet auf der Mikrofotografie 5 bis 10 parallele Linien. Die von den Linien geschnittenen Kristallite werden ausgezählt, wobei das letzte von jeder Linie geschnittene Korn nicht mitgezählt wird. Der mittlere Durchmesser von gleichachsigen Körnern in mm ergibt sich aus

$$\overline{L} = \frac{L}{\overline{N}} \tag{3.3}$$

L summierte Länge der Linien (in mm)
$\overline{N}$ Gesamtzahl der Körner, die durch die Strecke der Länge L geschnitten werden.

Für Kristallite mit Vorzugsrichtung führt man die Durchmesserbestimmung in Zieh- und Querrichtung durch und kann aus deren Quotient auf die Streckung der Kristallite schließen.

■ Ü. 3.8 und Ü. 3.9

▶ *Was kann man aus der Kristallstreckung feststellen?*

— *Bestimmung der Mengenanteile von Gefügebestandteilen*

Ein einfaches, aber zeitaufwendiges Verfahren zur Bestimmung der Mengenanteile besteht im Ausplanimetrieren der Gefügebestandteile oder durch Ausschneiden und Wägen.

▶ *Beachten Sie, daß aus dem Schliffbild nur Flächenanteile ermittelt werden können, die aber proportional zu den Volumenanteilen angesehen werden.*

Beim Linienschnittverfahren werden wie bei der Korngrößenbestimmung mehrere Linien auf dem fotografischen Abzug eingezeichnet. Man mißt jeweils die auf die einzelnen Gefügebestandteile entfallenden Längenabschnitte. Bei der Auswertung werden die Längenanteile gleich den Volumenanteilen des untersuchten Gefüges gesetzt. Schneller, aber nach dem gleichen Prinzip arbeiten sogenannte Punktzählgeräte, die die Bestimmung direkt am Mikroskop gestatten. Moderne Geräte ermöglichen eine automatische Messung. Dabei tastet ein Lichtpunkt das Gesichtsfeld der Probe zeilenförmig ab. Die von den unterschiedlich hellen Gefügebestandteilen reflektierten Lichtpunkte werden registriert. Ein angeschlossener Kleinrechner liefert sofort die gewünschten Ergebnisse.

— *Gefügerichtreihen*

Um zeitraubende Messungen abzukürzen, entwickelte man Gefügerichtreihen. Bei der Gefügebeurteilung mittels Richtreihen vergleicht man das zu untersuchende Gefüge mit einer Anzahl ähnlicher, aber hinsichtlich des zu beurteilenden Gefügemerkmals abgestufter Gefügebilder. Jedes Gefüge der Richtreihe erhält eine Kennziffer. Das zu prüfende Gefüge bekommt die Kennziffer des Gefüges der Richtreihe, dem es am ähnlichsten ist. Der Vergleich des Schliffes mit der Richtreihe erfolgt bei einem genau festgelegten Abbildungsmaßstab mit Hilfe eines Richtreihenansatzes direkt am Mikroskop.

■ Ü. 3.10

Bild 3.19 zeigt schematisch die Korngrößenbestimmung mit Hilfe von Gefügerichtreihen. Die mit Hilfe von Richtreihen mögliche Klassifikation ist subjektiv und setzt daher einen geübten Betrachter voraus.

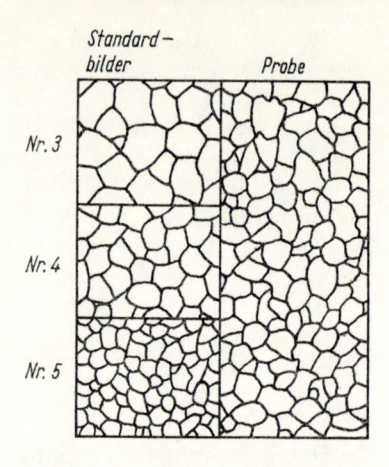

Bild 3.19. Korngrößenbestimmung mit Hilfe von Richtreihen

3.2.2. Makroskopische Gefügeuntersuchungen

Bei den makroskopischen Gefügeuntersuchungen betrachtet man geschliffene und eventuell geätzte metallische Probestücke mit bloßem Auge oder durch eine Lupe mit bis 20facher Vergrößerung. Dadurch lassen sich Lunker, Glasblasen, grobe Unterschiede in der Gefügebeschaffenheit, Blockseigerungen, Faserverlauf, Zeilengefüge u. a. erkennen.

In diesem Rahmen ist es nur möglich, zwei Beispiele für die Makrountersuchung zu beschreiben. Weitere Verfahren sind in TGL 39507 »Prüfung von Stahl; Verfahren zur Prüfung und Beurteilung der Makrostruktur« enthalten.

— *Nachweis von P- und S-Seigerungen im Stahl*

Die im unberuhigt vergossenen Block vorhandenen P- und S-Seigerungen werden durch die anschließende spanlose Formung nicht beseitigt. Der Nachweis über das Vorhandensein und die Verteilung dieser Verunreinigungen erfolgt durch verschiedene Methoden.

Bei der Methode nach *Heyn* genügt ein Überdrehen, Abhobeln oder Grobschleifen der Probe des zu untersuchenden Werkstoffs. Danach behandelt man die Probe mit dem *Heyn*schen Ätzmittel nach Tabelle 3.2. Auf der Probenoberfläche entsteht ein Cu-Niederschlag, der mit Watte unter Wasser abgewaschen wird. Die P- und S-Seigerungen färben sich dunkelbraun, während das Ätzmittel das reine Eisen nicht angreift (Bild 3.20a). Bei der Ätzung nach *Oberhoffer* müssen die Proben poliert sein, um die Seigerungen einwandfrei erkennen zu können. Die Zusammensetzung des benötigten Ätzmittels enthält ebenfalls Tabelle 3.2. Nach dem Ätzen erscheinen die seigerungsfreien Stellen dunkel, während die Seigerungsstellen nicht angegriffen werden. Bild 3.20b läßt das deutlich erkennen. Häufig erfolgt der Nachweis der S-Seigerungen mit dem *Baumannabdruck*. Mit Hilfe dieses Verfahrens kann man die Schwefelverteilung auf fotografischem Papier festhalten. Die Probenoberfläche muß geschliffen sein. Danach wird normales Fotopapier, das bekanntlich eine Silberbromidschicht besitzt, in 5%iger Schwefelsäure durchweicht und dann auf eine ebene Unterlage, am besten eine Glasplatte, mit der Schichtseite nach oben gelegt. Jetzt drückt man den Schliff 1 bis 5 min auf das Fotopapier. Dabei spielen sich folgende Reaktionen ab:

$FeS + H_2SO_4 \rightarrow FeSO_4 + H_2S$
$H_2S + 2\,AgBr \rightarrow 2\,HBr + Ag_2S$

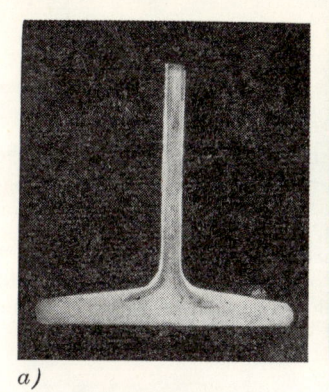

Bild 3.20. Nachweis der P- und S-Seigerungen im Stahl

a) nach *Heyn*
b) nach *Oberhoffer* (1 : 1)

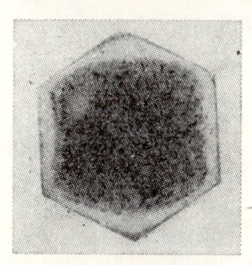

Bild 3.21. *Baumann*abdruck zum Nachweis der S-Seigerungen im Stahl

An den Seigerungsstellen entsteht ein schwarzbrauner Niederschlag von Silbersulfid. Das Papier wird anschließend abgewaschen, fixiert, gewässert und getrocknet. Ein *Baumann*abdruck ist in Bild 3.21 dargestellt.

— *Beurteilung von Schweißnähten durch Makroätzung*

Fehlerhafte Schweißnähte können zu schwerwiegenden Schäden führen. Die Untersuchung der Schweißnähte wird deshalb mit verschiedenen Prüfmethoden durchgeführt, die Sie z. T. noch kennenlernen. Eine Methode ist die Makroätzung. Dabei wird die Schweißnaht senkrecht zur Nahtrichtung geschnitten und die Oberfläche geschliffen. Für die Ätzung verwendet man das in der Tabelle 3.2 genannte *Adler*-Ätzmittel. An der Schweißnaht lassen sich nach Bild 3.22 drei Zonen mit unterschiedlicher Gefügestruktur erkennen:

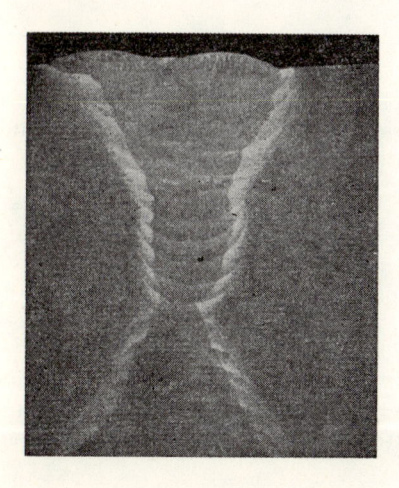

Bild 3.22. *Adler*-Ätzung einer Schweißnaht

1. *Schmelzzone*
   Infolge der schnellen Erstarrung durch die Wärmeableitung bildet sich das für den Gußzustand typische Gußgefüge.
2. *Wärmeeinflußzone*
   Darunter versteht man den Bereich des Grundwerkstoffs, der infolge der Schweißwärme Gefüge- und Festigkeitsveränderungen erfahren hat.
3. *wärmeunbeeinflußter Grundwerkstoff*
   Des weiteren lassen sich durch die *Adler*-Ätzung die Anzahl der Schweißlagen, die Einbrandverhältnisse, Korngröße und Kornform sichtbar machen. Nahtflanken- und Wurzelfehler, Gasblasen und Schlackeneinschlüsse sind bereits an der geschliffenen, ungeätzten Naht zu erkennen.

3.2.3. Versuchsanleitung »Mikroskopische Gefügeuntersuchung«

Aufgabe

Von einer unbekannten Stahlprobe ist ein Mikroschliff mit einer fotografischen Aufnahme bei einem Abbildungsmaßstab von 100 : 1 anzufertigen. Das Gefüge ist qualitativ zu bewerten. Des weiteren ist die Korngröße zu bestimmen.

Versuchsdurchführung:

1. Die geschlichtete Probe wird auf der Naßschleifmaschine metallographisch geschliffen. Das zuletzt verwendete Schleifpapier besitzt die Körnung Nr. 14.
2. Nach der Säuberung der Probe ist sie mit Tonerdesuspension der Sorte Nr. 1 auf einer rotierenden Filzscheibe zu polieren, bis alle Schleifriefen beseitigt sind. Anschließend wird die Probe gereinigt und getrocknet.
3. Das Ätzen erfolgt durch Tauchen der Probe in alkoholische Salpetersäure. Nach dem Ätzen ist die Probe in Alkohol zu tauchen und in Heißluft zu trocknen.
4. Die Probe ist mit der Schlifffläche auf den Objektträgertisch des eingestellten Mikroskops (Beleuchtungsart, Abbildungsmaßstab) aufzulegen und durch das Okular zu betrachten.
5. Nachdem der für die Fotografie günstigste Bildausschnitt ausgesucht wurde, ist er auf die Mattscheibe zu projizieren. Danach wird die Kassette mit der Mikroplatte eingesetzt und belichtet.
6. Die belichtete Platte ist nach Vorschrift zu entwickeln. Anschließend können von ihr Positive angefertigt werden.
7. Am Schliffbild sind die vorhandenen Gefügebestandteile zu ermitteln (Vergleich mit Grundgefügen). Daraus kann auf die Zusammensetzung und auf den Behandlungszustand geschlossen werden. Die Korngrößenbestimmung erfolgt nach Bild 3.18.

3.3. Mechanisch-technologische Werkstoffprüfung metallischer Werkstoffe

Zielstellung

Aus dem bisherigen Studium der Werkstofftechnik kennen Sie die wesentlichsten mechanischen und technologischen Eigenschaften der Metalle. Sie rechnen bereits mit den hier zu ermittelnden Kenngrößen, weil sie die Grundlage für die Festigkeits- und Elastizitätslehre bilden. Außerdem haben Sie diese Kennwerte zur Charakterisierung verschiedener Werkstoffe bzw. unterschiedlicher Behandlungszustände oder für die Einschätzung, ob ein Werkstoff für einen bestimmten Verwendungszweck geeignet ist, herangezogen.

Dieser Abschnitt soll Ihnen zeigen, wie diese mechanischen und technologischen Eigenschaften der metallischen Werkstoffe im Versuch ermittelt werden und wie die mechanischen Kenngrößen definiert sind. Erkennen Sie, wie sich die mechanischen Eigenschaften bei unterschiedlichen Werkstoffen und Behandlungszuständen sowie bei wechselnden Versuchsbedingungen ändern. Prägen Sie sich deshalb besonders die Schaubilder ein, die diesen Sachverhalt widerspiegeln. Kurze Versuchsanleitungen der wichtigsten Prüfverfahren sollen es Ihnen ermöglichen, die Versuche selbständig durchzuführen.

3.3.1. Einteilung der Prüfungen und Beanspruchungsverhältnisse

Mit Hilfe der *mechanisch-technologischen Werkstoffprüfung* werden die mechanischen und technologischen Eigenschaften der Werkstoffe ermittelt. Dabei übt man mit Hilfe geeigneter Maschinen und Geräte auf einen meist standardisierten Probekörper eine Kraft aus. Diese Kraftwirkung führt zur Formänderung und schließlich zur Zerstörung des Probekörpers. Das Verhalten des Werkstoffs während des Versuchs wird zu seiner Beurteilung herangezogen.
Die wichtigsten mechanischen und technologischen Eigenschaften, die man mit den Prüfverfahren ermittelt, sind wie folgt definiert:

Festigkeit ist der innere Widerstand eines Körpers gegen seine Formänderung und Zerstörung infolge äußerer und innerer Kräfte.
Elastizität ist die Fähigkeit eines Werkstoffs, nach Aufhören der Kraftwirkung, d. h. nach Entlastung, seine ursprüngliche Form wieder einzunehmen (elastische Formänderung).
Plastizität ist die Fähigkeit eines Werkstoffs, nach Entlastung eine Gestaltänderung beizubehalten (plastische oder bildsame Formänderung).
Härte ist der Widerstand eines Körpers gegen das Eindringen eines anderen, härteren Körpers.

Die mechanisch-technologische Werkstoffprüfung hat folgende Aufgaben zu erfüllen:

— Die Ermittlung von Werkstoffkenngrößen, die der Konstrukteur zur Bauteilauslegung verwendet.
  Bei der Dimensionierung von Bauteilen wird vom Konstrukteur die auf Grund der wirkenden Kräfte auftretende vorhandene Spannung σ_{vor} berechnet. Diese muß gleich oder kleiner sein als die für den verwendeten Werkstoff zulässige Spannung. Die zulässige Spannung erhält man aus einem im Versuch ermittelten Werkstoffkennwert K und einem Sicherheitsbeiwert S nach der Beziehung

$$\sigma_{zul} = \frac{K}{S}. \tag{3.4}$$

Zur Durchsetzung der Materialökonomie ist man bestrebt, die zulässige Spannung zu erhöhen. Das kann nach Gleichung (3.4) durch die Erhöhung des Werkstoffkennwertes K oder durch Verringerung des Sicherheitsbeiwertes S geschehen. Verwendet man beispielsweise an Stelle der Allgemeinen Baustähle die höherfesten schweißbaren Baustähle, so gelangt man zu einer Verringerung des tragenden Querschnitts, was zur Leichtbauweise führt.

Die Prüfung erfolgt meist bei mechanisch einfachen, oft einachsigen Beanspruchungen. Bei den Bauteilen treten aber in der Regel mehrachsige Spannungszustände auf. Diese im Versuch nachzuahmen ist sehr schwierig und außerdem unwirtschaftlich und erfolgt deshalb nur in Sonderfällen. Üblicherweise müssen die bei einachsiger Prüfbeanspruchung erhaltenen Kennwerte zur Beurteilung von Bauteilen mit mehrachsigem Spannungszustand dienen. Dazu verwendet man Spannungshypothesen, mit denen es möglich ist, einen mehrachsigen Spannungszustand über eine Vergleichsspannung σ_v in einen einachsigen umzurechnen. Für die Bauteilauslegung gilt dann

$$\sigma_v \leqq \sigma_{zul}. \tag{3.5}$$

— Die Ermittlung von Werkstoffkenngrößen, mit deren Hilfe der Technologe eine Bewertung des Umformverhaltens und die Bestimmung der erforderlichen Umformkräfte vornehmen kann.
— Die Ermittlung von Werkstoffkenngrößen zur laufenden Qualitätsüberwachung und
— die Ermittlung von Werkstoffkenngrößen zur Bewertung des Werkstoffverhaltens im Rahmen der Werkstofforschung und -entwicklung sind noch notwendig.

Die mechanisch-technologische Werkstoffprüfung wird in statische, dynamische und technologische Prüfverfahren eingeteilt. Bei den *statischen Prüfverfahren* erfolgt die Kraftwirkung stetig steigend, oder sie bleibt längere Zeit konstant. Die statischen Prüfverfahren gehören zu den klassischen Werkstoffprüfungen. Dazu zählen

Zugversuch	Scherversuch
Druckversuch	Verdrehversuch
Biegeversuch	Lochversuch
Zeitstandversuch	statische Härtemessung.

Bei den *dynamischen Prüfverfahren* kann die Beanspruchung schlagartig oder schwingend sein. Man unterscheidet deshalb

Prüfverfahren mit schlagartiger Beanspruchung,
Prüfverfahren mit schwingender Beanspruchung,
dynamische Härtemessungen.

Als *technologische Werkstoffprüfungen* bezeichnet man diejenigen Untersuchungen, bei denen das Verhalten des Werkstoffs unter solchen Bedingungen beobachtet wird, wie sie bei seiner Weiterverarbeitung oder später im Betrieb auftreten. Sie können in folgende Hauptgruppen eingeteilt werden:

technologische Kaltversuche und
technologische Warmversuche.

■ Ü. 3.11

Bei der mechanisch-technologischen Werkstoffprüfung sind Probenabmessungen, Versuchseinrichtung und -ausführung meist genau vorgeschrieben, d. h. standardisiert. Nur so ist es möglich, bei wiederholten oder unabhängig voneinander durchgeführten Untersuchungen reproduzierbare Ergebnisse zu erhalten.

3.3.2. Statische Festigkeitsprüfungen

3.3.2.1. Zugversuch

Kennzeichnung des Zugversuchs

Der *Zugversuch* gilt als Grundversuch in der Werkstoffprüfung, da man mit ihm Kennwerte ermittelt, die als Berechnungsgrundlage dienen. Außerdem läßt sich aus den Kennwerten des Zugversuchs auf die Verarbeitungsmöglichkeit und andere Eigenschaften der Werkstoffe schließen. Für den Zugversuch gelten nachfolgende Standards:

TGL RGW 471-77	Metalle; Zugversuch
TGL 14401, Bl. 1	Prüfung von Gußeisen mit Lamellengraphit; Probennahme für den Zug- und Biegeversuch
TGL 14401, Bl. 2	Prüfung von Gußeisen mit Lamellengraphit; Zugversuch
TGL 14318	Prüfung von Temperguß; Zugversuch
TGL 16200	Prüfung von Nichteisenmetallen; Zugprobe für Druckguß
TGL RGW 835	Prüfung metallischer Werkstoffe; Zugversuch an Drähten
TGL RGW 1194	Metalle; Zugversuch bei erhöhten Temperaturen
TGL 14070	Prüfung von Plasten; Zugversuch
TGL 24369	Prüfung metallischer Werkstoffe; Zugversuch bei tiefen Temperaturen.

Der Zweck des Zugversuchs besteht in der Ermittlung von Festigkeits- und Verformungskennwerten bei Einhaltung bestimmter Versuchsbedingungen.

Beim Zugversuch wird ein standardisierter Probestab in Richtung seiner Stabachse einer anwachsenden Zugkraft ausgesetzt.

Dabei wirken im Querschnitt des Probestabes nur Spannungen in Richtung der Stabachse, d. h. Zugspannungen (Normalspannungen).
Man spricht von einem einachsigen Spannungszustand. Unter der Wirkung der Zugkraft verlängert sich der Probestab. Als Verlängerung versteht man die Längenzunahme während der Belastung:

$$\Delta L = L - L_0 \tag{3.6}$$

ΔL Verlängerung
L_0 ursprüngliche Meßlänge der Probe
L Länge der Meßlänge L_0 in jedem Augenblick des Versuches.

Werden über der Verlängerung ΔL die Zugkräfte F bis zum Bruch des Probestabes in einem rechtwinkligen Koordinatensystem aufgetragen, so erhält man ein *Kraft-Verlängerungs-Diagramm*. Dieses Schaubild zeichnet der Diagrammschreiber der Zugprüfmaschine auf. Um das Verhalten des Werkstoffes unabhängig von den Probenmessungen darzustellen, bezieht man die wirkenden Kräfte auf den Ausgangsquerschnitt der Probe und erhält somit die Nennspannung.
Festigkeitskennwerte werden in MPa angegeben (1 MPa = 1 Nmm^{-2}).

$$R = \frac{F}{S_0} \tag{3.7}$$

R Nennspannung
F Zugkraft
S_0 Ausgangsquerschnitt der Probe

Die Verlängerung ΔL bezogen auf die Ausgangslänge der Probe L_0 ergibt die Dehnung:

$$\varepsilon = \frac{\Delta L}{L_0} 100 \tag{3.8}$$

ε Dehnung.

Man erhält damit ein *Spannungs-Dehnungs-Diagramm* (Bild 3.23). Es hat prinzipiell das gleiche Aussehen wie ein Kraft-Verlängerungs-Diagramm. Aus dem Spannungs-Dehnungs-Diagramm für einen weichen Stahl erkennt man charakteristische Beanspruchungsgrenzen, die den zu bestimmenden Festigkeitskennwerten entsprechen. Die Spannungs-Dehnungs-Diagramme sind für den jeweiligen Werkstoff ein wichtiges Charakteristikum. Aus ihnen läßt sich bereits auf das Verhalten eines Werkstoffes schließen. Bild 3.24 zeigt die Spannungs-Dehnungs-Diagramme verschiedener Werkstoffe. Die Zugbeanspruchung muß gleichmäßig und stoßfrei erfolgen. Die Spannungszunahme-Geschwindigkeit soll zwischen 3 und 30 MPa/s liegen.

■ Ü. 3.12

Festigkeitskennwerte des Zugversuchs

Bei der Betrachtung des Spannungs-Dehnungs-Diagramms nach Bild 3.23 erkennen Sie, daß die Kurve im ersten Bereich linear ansteigt. Es handelt sich um eine Gerade. In diesem Bereich ist die Spannung der Dehnung direkt proportional.

$$R \sim \varepsilon \tag{3.9}$$

$$\varepsilon = \alpha \, R \tag{3.10}$$

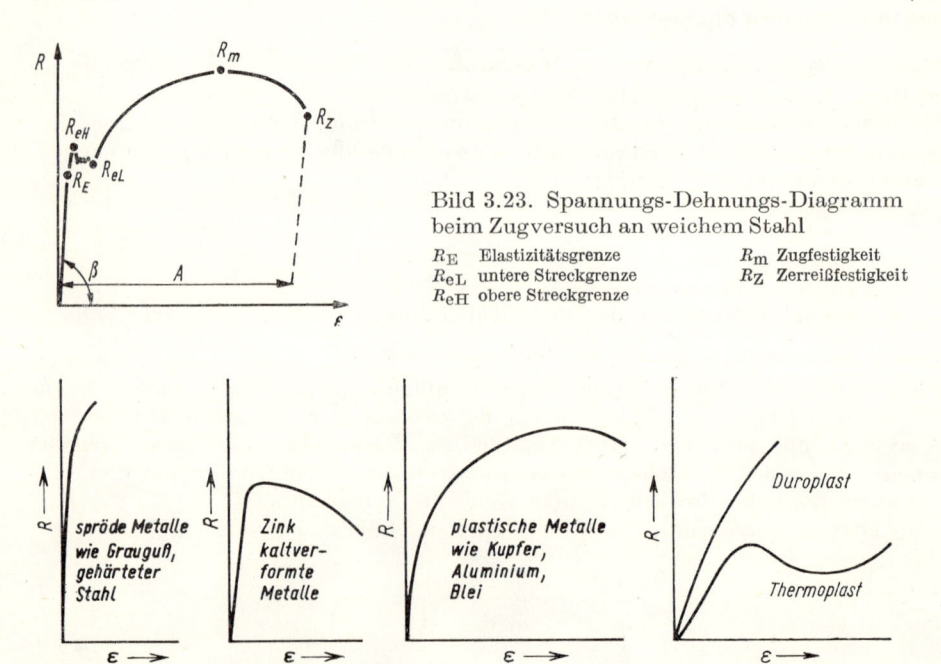

Bild 3.23. Spannungs-Dehnungs-Diagramm beim Zugversuch an weichem Stahl

R_E Elastizitätsgrenze R_m Zugfestigkeit
R_{eL} untere Streckgrenze R_Z Zerreißfestigkeit
R_{eH} obere Streckgrenze

Bild 3.24. Spannungs-Dehnungs-Diagramme verschiedener Werkstoffe

Der eingeführte Proportionalitätsfaktor α wird als Dehnzahl bezeichnet. Der reziproke Wert der Dehnzahl ist der *Elastizitätsmodul E*:

$$\frac{1}{\alpha} = E. \tag{3.11}$$

Man kann sich unter dem Elastizitätsmodul, der eine für metallische Werkstoffe wichtige Konstante darstellt, diejenige Spannung vorstellen, die einen Stab ohne Querschnittsveränderung elastisch auf das Doppelte seiner Länge verformen würde. Mit dem Elastizitätsmodul ergibt sich das *Hooke*sche Gesetz für einachsige Beanspruchung:

$$R = E \cdot \varepsilon. \tag{3.12}$$

Im Bereich der Geraden bleibt die Verformung des Probestabes rein elastisch, d. h., nach Entlastung geht er in seine Ausgangsform zurück. Das *Hooke*sche Gesetz gilt bis zur Elastizitätsgrenze R_E, bei der nach Entlastung noch keine bleibende Dehnung des Probestabes nachweisbar ist. Da sich diese Grenzspannung meßtechnisch nicht ermitteln läßt, bestimmt man im Zugversuch die sogenannte *technische Elastizitätsgrenze*.

Die technische Elastizitätsgrenze ist diejenige Spannung, die eine bleibende Dehnung des Probestabes von 0,01% bzw. 0,005% der Meßlänge L_0 bewirkt. Man bezeichnet sie mit $R_{p\,0,01}$ bzw. $R_{r\,0,01}$.

$$R_{p\,0,01} = \frac{F_{p\,0,01}}{S_0} \quad \text{bzw.} \quad R_{r\,0,01} = \frac{F_{r\,0,01}}{S_0} \tag{3.13}$$

$F_{p\,0,01}$ Zugkraft, bei der eine bleibende Dehnung von 0,01% der Meßlänge eintritt
S_0 ursprüngliche Querschnittsfläche der Probe

Wird die Elastizitätsgrenze durch stufenweise Be- und Entlastung ermittelt, bezeichnet man sie mit $R_{r\,0,01}$. Die durch zügige Kraftzunahme ohne Zwischenentlastung ermittelten Werte werden mit $R_{p\,0,01}$ bezeichnet.

Die Bestimmung der technischen Elastizitätsgrenze erfordert eine Dehnungsmessung während des Versuchs. Da es sich um sehr kleine Dehnungen handelt, spricht man von Feindehnungsmessung.

Bei weichem Baustahl und einigen Legierungen tritt oberhalb der Elastizitätsgrenze plötzlich ein Last- bzw. Spannungsabfall auf, obwohl sich der Werkstoff gleichzeitig merklich plastisch verformt. Man bezeichnet diese Spannung als *Streckgrenze R_e*.

Die Streckgrenze ist diejenige Spannung, bei der die Probe ohne merkliche Vergrößerung der Zugkraft bleibend gedehnt wird.

$$R_e = \frac{F_e}{S_0} \tag{3.14}$$

R_e Streckgrenze
F_e Zugkraft an der Streckgrenze

Die Kraft F_e an der Streckgrenze entspricht dem ersten Knick im Kraft-Verlängerungs-Diagramm (Bild 3.23). Man kann sie an der Kraftmeßuhr der Prüfmaschine ablesen.

Das Auftreten der Streckgrenze ergibt sich aus dem Gitteraufbau der metallischen Werkstoffe. Bekanntlich befinden sich im metallischen Werkstoff Versetzungen, deren Vorhandensein die plastische Umformung ermöglicht. Die Umformung besteht aus einer Wanderung von Versetzungen. Die Versetzungswanderung wird jedoch erschwert, wenn Fremdatome, bei Stahl C- und N-Atome, sich in Atomwolken um die Versetzungen lagern und sie stabilisieren. Die Wanderung der Versetzungen kann erst dann erfolgen, wenn die aufgebrachte Spannung eine Größe erreicht, die die Versetzungen von den Fremdatomen losreißt. Das tritt bei der oberen Streckgrenze R_{eH} auf. Sobald aber die Trennung der Versetzungen von den Atomwolken erfolgt ist, geht die Verformung zunächst leichter vor sich, und die Spannung bzw. Last im Diagramm sinkt ab.

Beim Erreichen der Streckgrenze treten am polierten Probestab Fließfiguren, die sogenannten *Lüder*schen Linien, auf. Diese Gleitlinien sind um 45° zur Stabachse geneigt und geben die Gleitebenen an, auf denen die Verformung erfolgt. Da sich diese Gleitschichten innerhalb des Fließbereiches nur allmählich über die Probenlänge ausbreiten, treten örtliche Verfestigungen auf, die eine Schwankung der Spannung zwischen der oberen und unteren Streckgrenze hervorrufen. Erst wenn das Fließen den gesamten Probestab erfaßt hat, kann die Spannung unter stetiger Zunahme der Dehnung weiter anwachsen. Das ist an der unteren Streckgrenze R_{eL} der Fall. Als obere Streckgrenze R_{eH} wird die Spannung bezeichnet, die dem beim Fließen des Metalls registrierten ersten Abfall der Zugkraft entspricht. Die untere Streckgrenze R_{eL} ist der kleinste Spannungswert beim Fließen des Metalls.

Als Kennwert wird die obere Streckgrenze bestimmt. Die Streckgrenze besitzt sowohl für den Konstrukteur als auch für den Umformer eine große praktische Bedeutung. Der Konstrukteur bleibt bei der Festlegung seiner zulässigen Spannung meist unterhalb von R_e, um plastische Verformungen zu vermeiden. Bei der spanlosen Umformung des Werkstoffs muß R_e überschritten werden. Kaltverformte und gehärtete Stähle sowie Nichteisenmetalle zeigen keine ausgeprägte Streckgrenze (Bild 3.24). In diesem Fall ermittelt man eine Dehngrenze R_p bzw. R_r als diejenige Spannung, bei der die plastische Dehnung eine gewisse vorgeschriebene Größe erreicht. Üblich ist die Ermittlung der 0,2-Dehngrenze, die auch als technische Streckgrenze bezeichnet wird.

Die 0,2-Dehngrenze oder technische Streckgrenze $R_{p\,0,2}$ bzw. $R_{r\,0,2}$ ist diejenige Spannung, die eine plastische Dehnung von 0,2% seiner Meßlänge hervorruft.

$$R_{p\,0,2} = \frac{F_{p\,0,2}}{S_0} \quad \text{bzw.} \quad R_{r\,0,2} = \frac{F_{r\,0,2}}{S_0} \tag{3.15}$$

$R_{p\,0,2}$; $R_{r\,0,2}$ 0,2-Dehngrenze
$F_{p\,0,2}$; $F_{r\,0,2}$ Zugkraft an der 0,2-Dehngrenze

Nach Überschreiten der Streckgrenze steigt die Spannung weiter an. Bei plastischen Werkstoffen ist dieser Spannungsanstieg mit einer starken Dehnung verbunden, wobei der plastische Anteil an der Gesamtdehnung immer mehr zunimmt. Die Spannung steigt auf Grund der immer stärker werdenden Verfestigung des Werkstoffes bis zu einem Maximum an. Hier ist die *Zugfestigkeit* R_m erreicht. Bis zum Erreichen der Zugfestigkeit dehnt sich der Stab gleichmäßig über die gesamte Meßlänge bei gleichmäßiger Querschnittsverminderung. Man spricht von einer Gleichmaßdehnung. Bis zur Zugfestigkeit R_m liegt eine einachsige Normalspannung vor. Bei der Weiterführung des Versuchs beginnt sich der Probestab an der Stelle des späteren Bruchs einzuschnüren. Damit entsteht ein mehrachsiger Spannungszustand, für den die im Zugversuch gemachten Voraussetzungen nicht mehr gültig sind. Beim Erreichen der Zerreißfestigkeit R_z erfolgt dann der Bruch der Probe. Weil die Dehnung im Bereich zwischen R_m und R_z vorrangig in der Zone der Einschnürung erfolgt, spricht man in diesem Bereich von der Einschnürungsdehnung.

Die Zugfestigkeit R_m erhält man als Quotient aus der Höchstlast F_m und der Querschnittsfläche S_0 vor dem Versuch

$$R_m = \frac{F_m}{S_0} \tag{3.16}$$

R_m Zugfestigkeit
F_m Höchstlast

Die Höchstlast F_m wird an der Kraftmeßuhr der Zugprüfmaschine abgelesen. Bei spröden Werkstoffen gibt es keine Einschnürungsdehnung. Wie Sie aus Bild 3.23 ersehen, steigt die Spannung ohne größere Dehnung an. Zugfestigkeit und Zerreißfestigkeit fallen zusammen.

Häufig berechnet man aus den Festigkeitswerten das Streckgrenzenverhältnis als den Quotienten aus Streckgrenze und Zugfestigkeit:

$$\frac{R_e}{R_m} \quad \text{bzw.} \quad \frac{R_{p0,2}}{R_m} \,. \tag{3.17}$$

Es liegt in den Grenzen von 0,5 bis 0,95. Je höher das Verhältnis ist, um so besser kann man den betreffenden Werkstoff für Konstruktionszwecke ausnutzen.

Verformungskennwerte des Zugversuchs

Bruchdehnung

Als Bruchdehnung bezeichnet man das Verhältnis der Meßlängenzunahme der Probe nach dem Bruch zur ursprünglichen Meßlänge.

kurzer Stab   langer Stab

$$A_5 = \frac{L_u - L_0}{L_0} \, 100 \qquad A_{10} = \frac{L_u - L_0}{L_0} \, 100 \tag{3.18}$$

$$L_0 = 5 \cdot d_0 \qquad\qquad\qquad L_0 = 10 \cdot d_0$$

A_5, A_{10} Bruchdehnung (in %)
L_0 ursprüngliche Meßlänge der Probe
L_u Meßlänge der Probe nach dem Bruch
d_0 Ausgangsdurchmesser der Probe.

Die Meßlänge L_0 wurde vor dem Versuch am Probestab markiert. Nach dem Versuch legt man die Stabteile mit den Bruchflächen zusammen und mißt die Entfernung L_u der ursprünglichen Meßlänge L_0. Daraus läßt sich die Bruchdehnung ermitteln.

Unter »Zugproben« können Sie nachlesen, daß man beim Zugversuch kurze und lange Proportionalstäbe verwendet. Beide Stabarten haben ein unterschiedliches Verhältnis von Meßlänge zu Probendurchmesser. Aus diesem Grund treten auch unterschiedliche Bruchdehnungen auf. Man muß deshalb immer angeben, ob die Bruchdehnung am kurzen oder langen Proportionalstab ermittelt wurde. Die Bruchdehnung am langen Proportionalstab erhält die Bezeichnung A_{10} und am kurzen Proportionalstab A_5. Zwischen beiden besteht die Beziehung

$$A_5 = (1{,}2 \text{ bis } 1{,}5) \, A_{10}. \tag{3.19}$$

Die Ermittlung der Bruchlänge L_u erfolgt nur dann in der gezeigten Art, wenn der Bruch annähernd in der Stabmitte liegt. Befindet er sich am Ende der Meßlänge, also in Nähe der Einspannköpfe, dann tritt eine Dehnbehinderung auf. Dadurch ergibt sich eine kleinere Bruchlänge als bei mittigem Bruch. Nach dem Standard kann die Bruchlänge durch einfaches Ausmessen bestimmt werden, wenn der Mindestabstand des Bruches von der Meßmarke mindestens $1/3\, L_0$ beträgt. Ist diese Bedingung nicht erfüllt, so kann man mittels eines besonderen Verfahrens trotzdem die Bruchlänge finden. Dabei wird der Bruch theoretisch in die Stabmitte gelegt. Um eine solche Auswertung zu ermöglichen, teilt man die Meßlänge des Probestabes vor dem Versuch mittels einer Probenabteilmaschine in eine gerade Zahl, aber mindestens zehn gleiche Teile.

Lehrbeispiel:

Für den in Bild 3.25 dargestellten außermittig gebrochenen Probestab ist die Bruchlänge L_u allgemein zu bestimmen! Die Meßlänge wurde vor dem Versuch in 20 gleiche Teile geteilt.

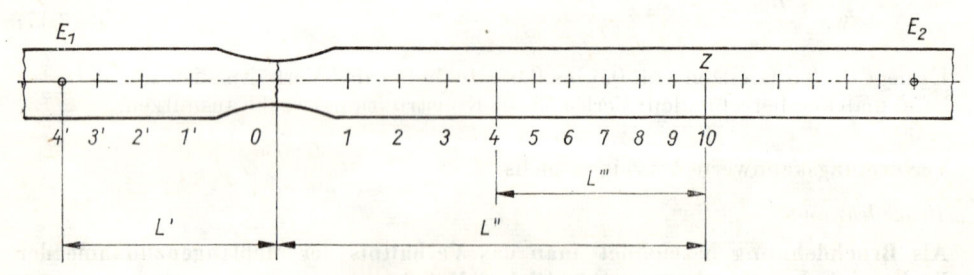

Bild 3.25. Ermittlung der Bruchlänge L_u bei außermittigem Bruch der Zugprobe

Lösung:

Aus dem kurzen Bruchstück wird die erste neben dem Bruch sichtbare Marke als 0-Punkt für die Messung angenommen. Von dem Nullpunkt aus zählt man dann die auf dem kurzen Bruchstück vorhandenen Teilstriche ab. Im vorliegenden Fall sind es 4. Sie ergeben den Wert L'. Sodann werden vom 0-Punkt aus auf dem langen Bruchstück die der halben Meßlänge entsprechenden 10 Teilstriche abgezählt und somit L'' ermittelt. Um den Bruch in die Mitte zu legen, fehlen am kurzen Bruchstück noch 6 Teile an der halben Meßlänge. Diese zählt man vom langen Bruchstück von Z aus in Richtung zum Bruch ab und erhält somit die Länge L'''. In die Formel für die Bruchdehnung wird als Bruchlänge L_u

$$L_u = L' + L'' + L''' \tag{3.20}$$

eingesetzt.

Brucheinschnürung

Die Brucheinschnürung ist die auf den Ausgangsquerschnitt bezogene prozentuale Querschnittsverminderung an der Bruchstelle des Probestabs. Sie ist ein Maß für die größte im Zugversuch erreichbare Formänderung.

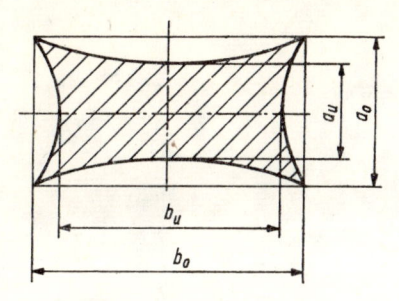

Bild 3.26. Ermittlung der Querschnittsfläche an der Bruchfläche an Flachproben

$$Z = \frac{S_0 - S_u}{S_0} \cdot 100 \tag{3.21}$$

Z Brucheinschnürung (in %)
S_u kleinste Querschnittsfläche der Probe nach dem Bruch
S_0 Querschnittsfläche der Probe vor dem Versuch

Bei Rundproben erhält man S_u, indem man den Durchmesser an der am stärksten eingeschnürten Stelle mißt. Bei Flachproben oder Vierkantproben sind die Begrenzungsflächen nach Bild 3.26 gewölbt. Die Querschnittsfläche an der Bruchstelle errechnet sich dann nach Gleichung (3.22):

$$S_u = 0{,}25 \, (a_u + a_0) \cdot (b_u + b_0). \tag{3.22}$$

Beachten Sie, daß in älteren Veröffentlichungen und in einer Reihe noch gültiger Standards für die Kenngrößen des Zugversuches die früher verwendeten Kennzeichen enthalten sind. Tabelle 3.3 zeigt eine Gegenüberstellung der alten und neuen Kurzzeichen für den Zugversuch.

■ Ü. 3.13 und 3.14

Tabelle 3.3. Gegenüberstellung der alten und neuen Kurzzeichen für den Zugversuch

Kenngröße	Kurzzeichen	
	alt	neu
Nennspannung	σ	R
Streckgrenze	σ_S	R_e
obere Streckgrenze	—	R_{eH}
untere Streckgrenze	—	R_{eL}
0,2-Dehngrenze	$\sigma_{0,2}$	$R_{p0,2}$; $R_{r0,2}$
Zugfestigkeit	σ_B	R_m
Bruchdehnung	δ	A (A_5, A_{10})
Brucheinschnürung	ψ	Z

Ermittlung von Dehngrenzen

Die Bestimmung der technischen Elastizitätsgrenze, der technischen Streckgrenze sowie des Elastizitätsmoduls macht eine Feindehnungsmessung erforderlich. Für die Feindehnungsmessung eignen sich folgende Geräte:

— Spiegelfeindehnungsmeßgerät nach *Martens*,
— elektrische Dehnungsmeßstreifen, die auf die Probe aufgeklebt werden,
— elektronisches Dehnungsmeßgerät (Bild 3.27) und
— Dehnungsmesser mit einer oder zwei Meßuhren (Bild 3.28).

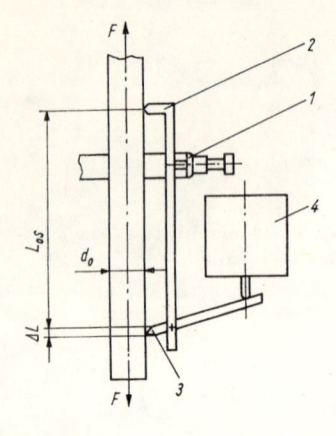

Bild 3.27. Elektronisches Dehnungsmeßgerät (schematisch)
1 Meßschienenklemme
2 feste Schneide
3 bewegliche Schneide
4 induktiver Geber

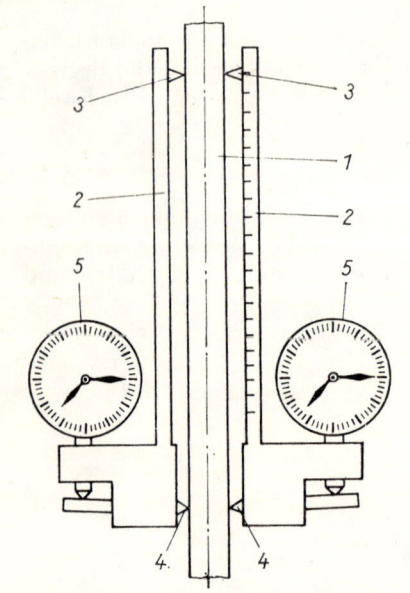

Bild 3.28. Dehnungsmesser mit zwei Meßuhren (schematisch)
1 Probestab
2 Schneidenhalter
3 feste Schneiden
4 drehbare Schneiden
5 Meßuhren

Während mit den drei erstgenannten Geräten Längenänderungen von 0,001% der Meßlänge feststellbar sind, lassen sich mit dem Dehnungsmesser mit Meßuhren nur Längenänderungen von 0,05% nachweisen. Mit ihm läßt sich deshalb nur die technische Streckgrenze ermitteln.

Die technische Elastizitätsgrenze kann rechnerisch oder zeichnerisch aus den Versuchswerten ermittelt werden. Dabei gilt folgendes Meßprinzip:

Der Probestab wird mit einer Vorlast von 500 bis 1000 N belastet. Die Dehnungsmeßeinrichtung am Probestab ist danach in Nullstellung zu bringen. Jetzt belastet und entlastet man den Stab stufenweise und liest sowohl bei Belastung als auch bei Entlastung auf Vorlast den Dehnbetrag ab. Das wird so lange wiederholt, bis eine bleibende Dehnung der Meßlänge von 0,01% erreicht oder knapp überschritten wird. Da es im allgemeinen nicht möglich ist, gerade die Belastung $F_{0,01}$ zu finden, die eine bleibende Dehnung von 0,01% verursacht, so erfolgt die rechnerische Auswertung aus 2 Meßpunkten nach Bild 3.29a.

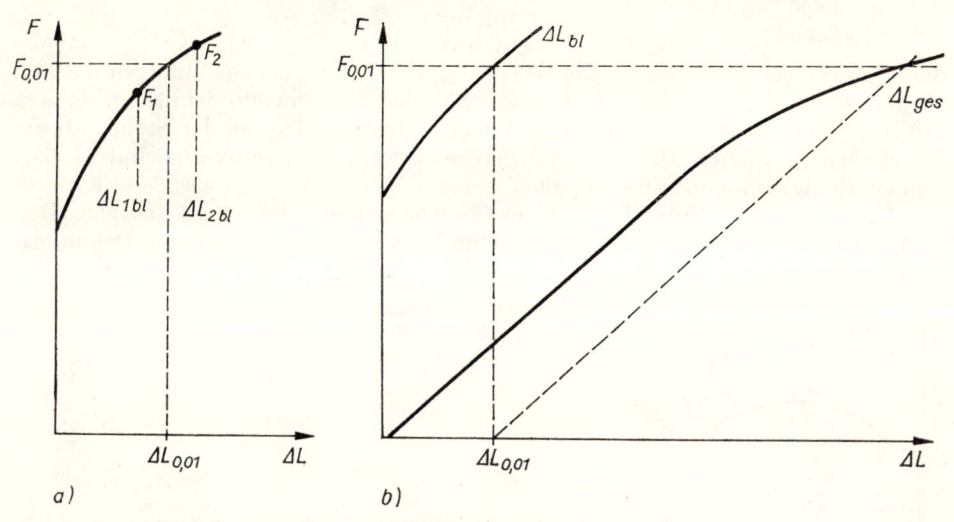

Bild 3.29. Ermittlung der technischen Elastizitätsgrenze
a) rechnerisch
b) zeichnerisch

$$\frac{F_2 - F_1}{\Delta L_{2\,bl} - \Delta L_{1\,bl}} = \frac{F_{0,01} - F_1}{\Delta L_{0,01} - \Delta L_{1\,bl}}$$

$$F_{0,01} = \frac{(F_2 - F_1)(\Delta L_{0,01} - \Delta L_{1\,bl})}{(\Delta L_{2\,bl} - \Delta L_{1\,bl})} + F_1 \qquad (3.23)$$

Bei der Ermittlung von $R_{r\,0,01}$ nach dem zeichnerischen Verfahren werden die bei stufenweiser Be- und Entlastung des Probestabs gefundenen Meßwerte in ein Kraft-Verlängerungs-Schaubild eingetragen (Bild 3.29b). Die Belastung $F_{0,01}$ erhält man, indem durch den der Dehnung von 0,01% entsprechenden Wert L_{bl} eine Parallele zur *Hooke*schen Geraden gezogen wird. Der Schnittpunkt dieser Parallelen mit der aufgenommenen Kurve ergibt $F_{0,01}$. Im zweiten Fall schneidet die bei $\Delta L_{0,01}$ errichtete Senkrechte die Kurve der bleibenden Dehnung bei $F_{0,01}$. Aus den aufgenommenen Versuchswerten läßt sich gleichzeitig der Elastizitätsmodul E ermitteln. Er entspricht dem Anstieg der *Hooke*schen Geraden im Bild 3.23.

■ Ü. 3.15

Die technische Streckgrenze ermittelt man in der gleichen Weise wie die technische Elastizitätsgrenze.

■ Ü. 3.16

Dehngrenzen, die nach dem beschriebenen Verfahren durch stufenweise Be- und Entlastung ermittelt wurden, bezeichnet man mit R_r, z. B. $R_{r\,0,01}$. Ermittelt man die Dehngrenzen mit dem elektronischen Dehnungsmeßgerät, so ist dies auch durch eine einmalige Belastung möglich. Der Diagrammschreiber zeichnet ein stark vergrößertes Kraft-Verlängerungsschaubild auf. Für die Auswertung wird eine Parallele zur *Hooke*schen Geraden bei der zu ermittelnden Dehngrenze gezeichnet.
Die durch eine zügige Kraftzunahme ohne Zwischenentlastung ermittelten Dehngrenzen werden mit R_p bezeichnet, z. B. $R_{p\,0,2}$.

Wahre Spannung

Beim Zugversuch beziehen wir die Kräfte zur Ermittlung der Spannungen auf den Ausgangsquerschnitt S_0. Da sich der Stab während des Versuchs dehnt, verkleinert sich sein Querschnitt bei konstantem Volumen insbesondere an der Stelle, wo die Einschnürung auftritt. Die tatsächlichen oder wahren Spannungen sind größer. Man erhält sie, wenn man die in jedem Augenblick des Versuchs wirkende Kraft F auf den jeweiligen vorhandenen kleinsten Querschnitt der Probe bezieht. Den Unterschied zwischen dem scheinbaren und dem wahren Spannungs-Dehnungs-Diagramm stellt Bild 3.30 dar.

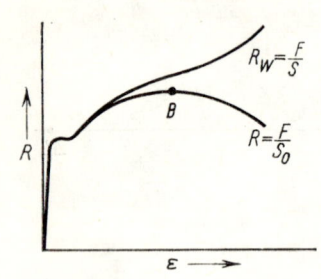

Bild 3.30. Wahres und scheinbares Spannungs-Dehnungs-Diagramm

▶ *Überlegen Sie, warum bei Werkstoffen, die für Konstruktionszwecke Anwendung finden, die Kenntnis der wahren Spannung nicht erforderlich ist!*

Die Bestimmung der wahren Spannung ist notwendig, wenn Untersuchungen über die Fließvorgänge und das Verfestigungsverhalten der metallischen Werkstoffe durchgeführt werden.

Einflüsse auf die Kenngrößen des Zugversuchs

— Einfluß der Wärmebehandlung

Vergleicht man die Spannungs-Dehnungs-Diagramme normalisierter, vergüteter und gehärteter Proben derselben Stahlqualität nach Bild 3.31, so erkennt man, daß der gehärtete Stahl eine wesentlich höhere Elastizitätsgrenze und Zugfestigkeit aufweist als der normalisierte und vergütete, während Dehnung und Einschnürung auf einen Minimalwert abgesunken sind. Die ausgeprägte Streckgrenze läßt sich bei gehärtetem und häufig auch bei vergütetem Stahl nicht feststellen.

— Einfluß von Legierungselementen

Beim Stahl hat der Kohlenstoff einen starken Einfluß auf die Kennwerte des Zugversuchs. Bild 3.32 stellt die Spannungs-Dehnungs-Diagramme von Stählen und verschiedenen C-Gehalten dar. Mit steigendem C-Gehalt nehmen Streckgrenze und Zugfestigkeit zu, während die Bruchdehnung abnimmt. Auch andere Legierungselemente des Stahls, wie Mangan, Chrom und Nickel, haben festigkeitssteigernde Wirkung.

— Einfluß der Prüftemperatur

Viele Bauteile werden unterhalb oder oberhalb der Raumtemperatur beansprucht. Man führt deshalb den Zugversuch auch bei tiefen und bei hohen Temperaturen durch.

Mit abnehmender Temperatur steigen bei allen Werkstoffen Zugfestigkeit und

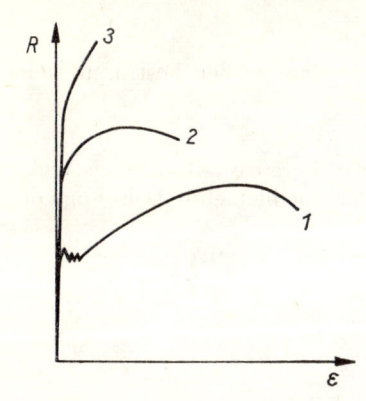

Bild 3.31. Spannungs-Dehnungs-Diagramme eines unlegierten Stahles bei unterschiedlichem Wärmebehandlungszustand
1 normalisiert *3* gehärtet
2 vergütet

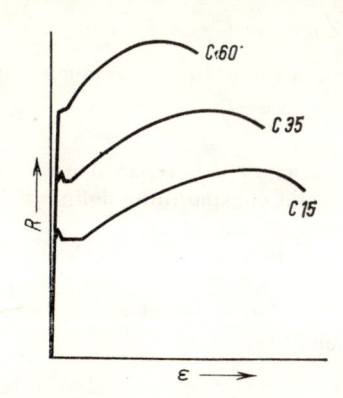

Bild 3.32. Spannungs-Dehnungs-Diagramme von Stählen mit verschiedenen C-Gehalten

Streckgrenze an. Die Änderung von Bruchdehnung und Brucheinschnürung ist dagegen abhängig von der Kristallisationsform der metallischen Werkstoffe. Beim α-Eisen nehmen Bruchdehnung und Brucheinschnürung erst bei —140 °C stark ab. Ähnlich verhalten sich die hexagonal kristallisierenden Metalle Magnesium und Zink. Bei kubisch-flächenzentriert kristallisierenden Metallen, wie Ni, Pb und Cu, nehmen Bruchdehnung und Brucheinschnürung mit fallender Temperatur zu.

Beim Zugversuch oberhalb Raumtemperatur vermindern sich mit steigender Temperatur sowohl die Streckgrenze als auch die Zugfestigkeit; Bruchdehnung und Brucheinschnürung nehmen zu (Bild 3.33). Werkstoffe, bei denen bei be-

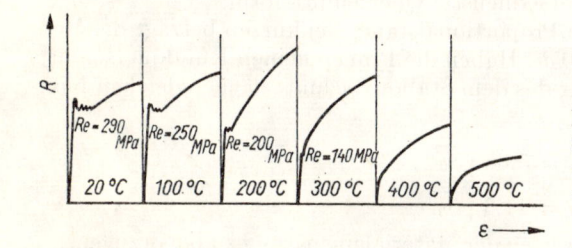

Bild 3.33. Ausbildung der Spannungs-Dehnungs-Diagramme von weichem Stahl in Abhängigkeit von der Temperatur

stimmten Temperaturen Ausscheidungsvorgänge ablaufen, zeigen dabei bestimmte Anomalien. Letzteres gilt beispielsweise für weichen unlegierten Stahl. Die Belastungsgeschwindigkeit hat auf die Kennwerte des Warmzugversuchs großen Einfluß. Oberhalb einer bestimmten Temperatur treten bei metallischen Werkstoffen Kriecherscheinungen auf. In diesem Fall erhält man durch den Zeitstandversuch (s. Abschnitt 3.3.2.4.) aussagefähigere Kennwerte.

■ Ü. 3.17

3. Werkstoffprüfung

Besonderheiten des Zugversuches an Plasten

Bei Plastwerkstoffen können im Zugversuch folgende Kenngrößen bestimmt werden:

— Zugfestigkeit,
— Zugspannung bei der Streckgrenze bzw. Ersatzstreckgrenze (Als Ersatzstreckgrenze wird dabei die Zugspannung definiert, bei der eine bleibende Dehnung von meist 1% der Meßlänge auftritt.),
— Reißfestigkeit (Spannung im Augenblick des Reißens der Probe),
— Reißdehnung,
— Dehnung an der Streckgrenze und
— Dehnung bei Höchstkraft.

Die Prüfbedingungen

— Entnahme und Herstellungsverfahren der Prüfkörper,
— Normalisierungsbedingungen,
— atmosphärische Bedingungen im Prüfraum sowie
— Prüfgeschwindigkeit

beeinflussen die Prüfergebnisse stark und sind deshalb stets anzugeben.

Zugproben und Versuchseinrichtungen

Nach TGL 4395 versteht man unter Proben für die Werkstoffprüfung den Teil des Probestückes, der für die Durchführung des Versuchs Verwendung findet. Als Probestück bezeichnet man den Teil des Werkstücks oder Halbzeugs, aus dem die Probe herausgeschnitten wird. Die Probe ist so zu entnehmen, daß die durchschnittlichen Eigenschaften des Werkstücks oder Halbzeugs erfaßt werden. Durch das Herausarbeiten der Probe dürfen sich die Eigenschaften nicht ändern.

Die Ergebnisse des Zugversuchs sind nur dann untereinander vergleichbar, wenn die Herstellung der Probestäbe nach dem Standard erfolgt. Nach TGL RGW 471-77 werden für den Zugversuch Rundproben mit einem ⌀ ab 3 mm und Flachproben mit einer Dicke ab 0,5 mm bei einem Verhältnis von Breite zu Dicke bis 8 : 1 verwendet. Darüber hinaus erfolgt die Prüfung an Drähten und Bändern sowie Profilstahl und Fertigerzeugnissen unterschiedlichster Querschnittsform.

Man unterscheidet kurze und lange Proportionalstäbe. Bei kurzen beträgt die Meßlänge $L_0 = 5\,d_0$, bei langen $L_0 = 10\,d_0$. Haben die Proben keinen Rundquerschnitt, so verwendet man den Durchmesser des dem Stabquerschnitt flächengleichen Kreises. Damit ergibt sich für

kurze Proportionalstäbe $\qquad L_0 = 5{,}65\,\sqrt{S_0}$

lange Proportionalstäbe $\qquad L_0 = 11{,}3\,\sqrt{S_0}$.

Die kurzen Proportionalstäbe sind wegen der Materialeinsparung zu bevorzugen.

Die Proben bestehen in der Regel aus einer Versuchslänge L_v und einem verstärkten Kopf zur Aufnahme der Einspannvorrichtung. Innerhalb L_v wird L_0 markiert. Die verschiedenen Probenformen unterscheiden sich vor allem durch die Form der Einspannköpfe. Bild 3.34 zeigt eine Rundprobe mit glattem Zylinderkopf und eine Flachprobe.

Der Zugversuch erfolgt auf Zugprüfmaschinen. In der Regel sind diese auch noch für andere Prüfungen, den Druckversuch und den Biegeversuch, eingerichtet. Man bezeichnet sie in diesem Fall als *Universalprüfmaschinen*. Die Prüfmaschinen unterscheiden sich in der Art des Antriebs, der Krafterzeugung und Kraftmessung. Der

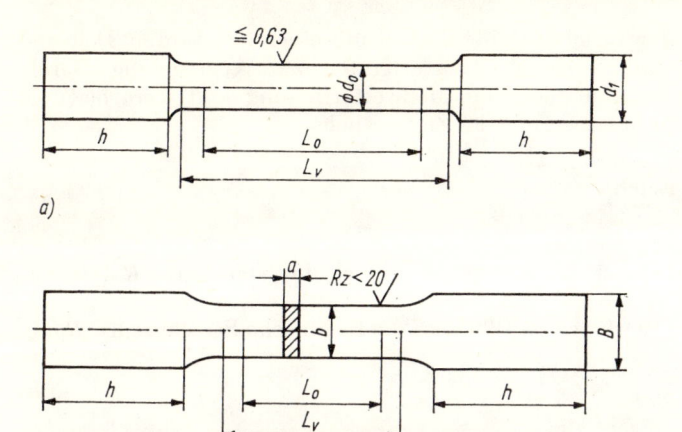

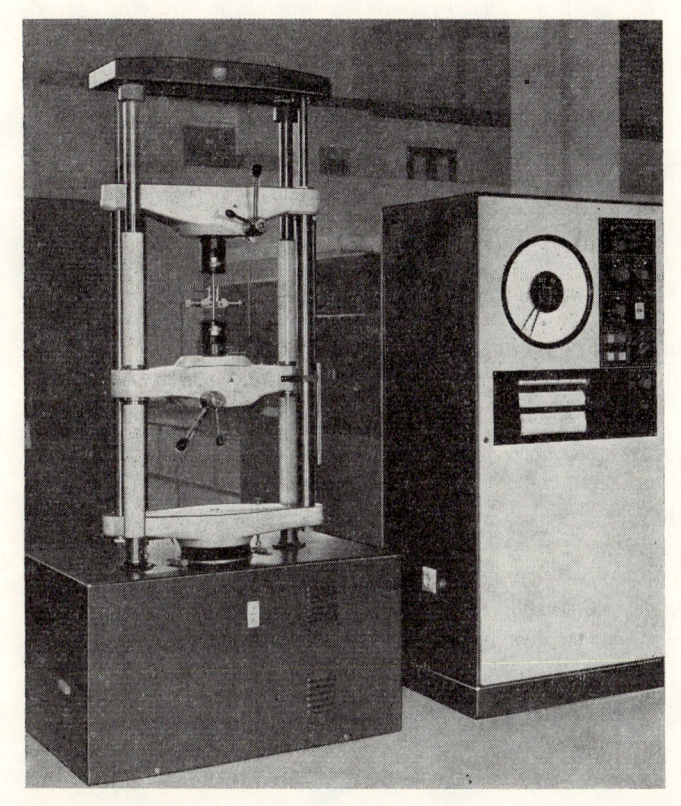

Bild 3.34. a) Zugprobe mit glattem Zylinderkopf

d_0 Probendurchmesser
L_0 Meßlänge (5 d_0 bzw. 10 d_0)
L_V Versuchslänge (L_0 + 0,5 d_0 bis L_0 + 2 d_0)
d_1 Kopfdurchmesser
h Kopfhöhe

b) Flachprobe mit einer Dicke über 3 mm

a Probendicke
b Probenbreite
L_0 Meßlänge
       (5,65$\sqrt{S_0}$ bzw. 11,3 $\sqrt{S_0}$)
L_V Versuchslänge
       (L_0 + 1,5 $\sqrt{S_0}$ bis
       L_0 + 2,5 $\sqrt{S_0}$)
B Kopfbreite
S_0 Querschnittsfläche der Probe

Bild 3.35. Universalfestigkeitsprüfmaschine EU 20 (VEB Werkstoffprüfmaschinen Leipzig)

Antrieb geschieht entweder mechanisch oder hydraulisch. Dabei werden Kräfte von 10 bis 6000 MN erzeugt. Die Kraftmessung kann durch Meßdose, Neigungswaage, Pendelmanometer oder mit einem elektronischen Kraftmesser erfolgen. Das letztgenannte Verfahren arbeitet praktisch trägheitslos, so daß vor allem schnell verlaufende Vorgänge erfaßt werden können.

Bild 3.35 zeigt die Universalfestigkeits-Prüfmaschine EU 20 mit hydraulischem Antrieb für maximale Prüfkräfte bis 200 kN.

Moderne Prüfmaschinen gewährleisten die Einhaltung einer konstanten Dehngeschwindigkeit durch eine mikrorechnergestützte Kraft- bzw. Wegregelung. Durch eine automatische Versuchsablaufsteuerung, Meßwerterfassung und -verarbeitung erfolgt der Übergang zur Automatisierung des Zugversuchs.

Versuchsanleitung »Zugversuch«

Aufgabe

a) Von einem unlegierten Baustahl sind im Zugversuch die Kennwerte R_m, R_e, A und Z zu ermitteln.
b) An einer Zugprobe des Werkstoffes Al99,8 ist die technische Streckgrenze $R_{p\,0,2}$ zu bestimmen.

Versuchsdurchführung

1. Die zur Verfügung stehenden Zugproben sind auszumessen und anzureißen. Die angerissene Meßlänge L_0 wird mittels Probenabteilmaschine in eine gerade Anzahl gleicher Abschnitte eingeteilt (Aufgabe a).
2. Der notwendige Kraftmeßbereich wird an der Zugprüfmaschine eingestellt (vorher überschlägig berechnen).
3. Die Zugprobe ist in die Spannbacken der Prüfmaschine einzuspannen und mit einer dem Werkstoff entsprechenden Vorlast zu beanspruchen.
4. Der Diagrammschreiber wird in Arbeitsstellung gebracht (Dehnungsübersetzung festlegen).
5. Zur Ermittlung von $R_{p\,0,2}$ wird der elektronische Dehnungsmesser (Bild 3.27) verwendet. Der Schneidenabstand im induktiven Geber ist auszumessen und der Maßstab für die Diagrammaufzeichnung am Gerät einzustellen (200 : 1). Das Gerät wird an der Probe angebracht und die Nullinie auf dem Diagramm markiert. Die Probe ist zügig zu belasten, bis $F_{0,2}$ überschritten wird. Daraus sind $F_{0,2}$ zeichnerisch nach Bild 3.29 oder rechnerisch nach Gleichung (3.23) zu bestimmen und $R_{p\,0,2}$ zu errechnen.
6. Zur Feststellung von R_e ist die Kraftmeßuhr bei Belastung zu beobachten. F_e ist die Kraft, bei der der Kraftzeiger kurzzeitig stehenbleibt oder pendelt. Die Berechnung erfolgt nach Gleichung (3.14).
7. Nach Eintritt des Bruches der Probe wird die Höchstkraft am Schleppzeiger der Kraftmeßuhr abgelesen und R_m nach Gleichung (3.16) bestimmt.
8. Nach dem Entfernen der Probestücke aus der Prüfmaschine sind die Bruchlänge L_u und die Bruchfläche S_u auszumessen. A und Z werden nach den Gleichungen (3.18) und (3.21) ermittelt.
9. Das erhaltene Kraft-Verlängerungs-Diagramm ist auszuwerten. Alle erhaltenen Werte sind im Prüfprotokoll festzuhalten.

3.3.2.2. Druckversuch

Kennzeichnung des Druckversuches

Für die Prüfung metallischer Werkstoffe kommt dem *Druckversuch* nur geringe Bedeutung zu. Er findet dabei fast nur bei der Prüfung spröder metallischer Werkstoffe, wie Gußeisen oder Lagermetallen, Verwendung, die hauptsächlich auf Druck beansprucht werden und deren Verformungsvermögen sich im Druckversuch erschöpfen läßt. Große Bedeutung besitzt der Druckversuch bei der Prüfung nichtmetallischer Baustoffe, wie Holz, Beton-, Natur- und Kunststeine.

Wie beim Zugversuch, so wird auch beim Druckversuch ein einachsiger Spannungszustand erzeugt; die Kraftrichtung ist aber entgegengesetzt.

Der Druckversuch stellt eine Umkehrung des Zugversuches dar. Dadurch lassen sich die Gesetzmäßigkeiten des Zugversuches sinngemäß auf ihn übertragen.

Zur Ermittlung der Druckspannungen bezieht man die Druckkräfte F auf die Ausgangsfläche der Probe A_0:

$$\sigma_d = \frac{F}{A_0} \qquad (3.24)$$

σ Druckspannung
F Druckkraft
A_0 Ausgangsquerschnitt der Probe.

Die Probe verkürzt sich infolge der Kraftwirkung um $\Delta h = h_0 - h$. Bezieht man die Verkürzung auf die Ausgangshöhe der Probe, so erhält man die Stauchung ε_d (in %):

$$\varepsilon_d = \frac{h_0 - h}{h_0} \, 100 \qquad (3.25)$$

d Stauchung
h_0 Ausgangshöhe der Probe
h Probenhöhe während des Versuches.

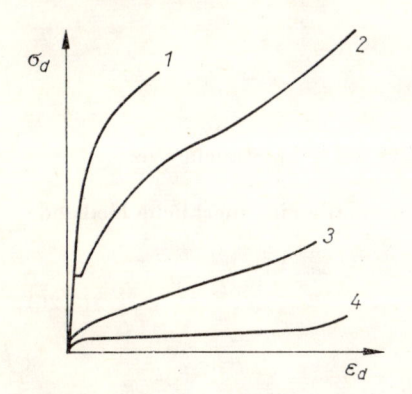

Bild 3.36. Spannungs-Stauchungs-Diagramm verschiedener Werkstoffe

1 Gußeisen mit Lamellengraphit   *3* Zink
2 weicher Stahl   *4* Blei

Analog dem Spannungs-Dehnungs-Diagramm beim Zugversuch kann man Spannungs-Stauchungs-Diagramme entwickeln. Bild 3.36 zeigt diese Diagramme für verschiedene metallische Werkstoffe. Grundsätzlich kann man feststellen, daß die Beanspruchungsgrenzen nicht so deutlich ausgeprägt sind wie beim Zugversuch. Aus dem Diagramm erkennen Sie, daß bei Gußeisen mit Lamellengraphit das Verformungsvermögen bereits nach geringer Stauchung erschöpft ist und der Bruch eintritt. Bedingt durch seinen Gefügeaufbau besitzt Gußeisen mit Lamellengraphit eine 3- bis 4mal größere Druckfestigkeit im Verhältnis zur Zugfestigkeit. Der Bruch erfolgt dabei in der Ebene der größten Schubspannung, d. h. 45° zur Druckrichtung geneigt. Bei plastischen Werkstoffen, wie weichem Stahl, Blei, Kupfer u. a., läßt sich der Bruch im Druckversuch nicht herbeiführen. Die Proben dieser Werkstoffe kann man zusammendrücken, wobei sie sich tonnenförmig ausbauchen. In Einzelfällen entstehen an der Mantelfläche der Probe Längsrisse. Die genannte tonnen-

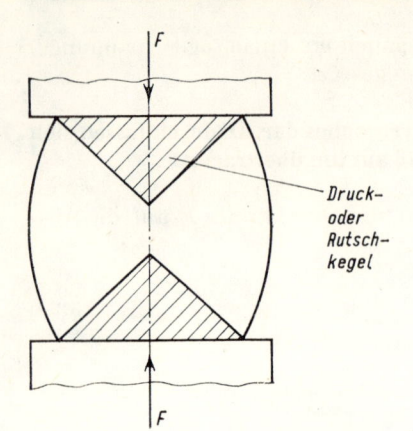

Bild 3.37. Ausbauchung und Druckkegelbildung beim Druckversuch

förmige Ausbauchung der Probe entsteht durch die Behinderung der Querdehnung infolge Reibung an den Preßflächen. Dadurch bilden sich Zonen behinderter Verformung, die sich nach Bild 3.37 kegelförmig in das Innere der Probe erstrecken. Die Verformung besteht im wesentlichen in einem Abgleiten längs der Mantelflächen der an ihrer Verformung behinderten Kegel, die deshalb Druck- oder Rutschkegel genannt werden. Häufig kommt es bei weniger plastischen Werkstoffen entlang diesen Rutschfugen zu Brüchen. Um die Ausbauchung gering zu halten, schmiert man die Preßflächen.

■ Ü. 3.18

Kennwerte des Druckversuchs

Als Festigkeitskennwerte bestimmt man im Druckversuch die Stauchgrenze σ_{dS}.

Die Stauchgrenze ist diejenige Spannung, bei der erstmalig eine merkliche bleibende Stauchung am Probestab eintritt.

$$\sigma_{dS} = \frac{F_{dS}}{A_0} \qquad (3.26)$$

σ_{dS} Stauchgrenze
F_{dS} Druckkraft an der Stauchgrenze
A_0 Ausgangsquerschnitt der Probe

F_{dS} ist am Kraftzeiger der Prüfmaschine abzulesen. Die Stauchgrenze kann man nur bei weichem Stahl feststellen. Bei anderen Werkstoffen, die keine ausgeprägte Stauchgrenze aufweisen, ermittelt man die 0,2-Stauchgrenze $\sigma_{d0,2}$.

Die 0,2-Stauchgrenze ist diejenige Spannung, bei der eine bleibende Stauchung des Probekörpers von 0,2% der Ausgangshöhe eintritt.

$$\sigma_{d0,2} = \frac{F_{d0,2}}{A_0} \qquad (3.27)$$

$\sigma_{d0,2}$ 0,2-Stauchgrenze
$F_{d0,2}$ Druckkraft an der 0,2-Stauchgrenze

Bei plastischen Werkstoffen wird der Versuch hier beendet. Spröde Werkstoffe gestatten die Ermittlung der Druckfestigkeit σ_{dB}.

Die Druckfestigkeit ist der Quotient aus der Belastung beim Bruch und dem Ausgangsquerschnitt.

$$\sigma_{dB} = \frac{F_{max}}{A_0} \tag{3.28}$$

σ_{dB} Druckfestigkeit
F_{ma} Höchstkraft
A_0 Ausgangsquerschnitt der Probe

Vielfach bestimmt man als Druckfestigkeit auch die Spannung, bei der sich an der Probe die ersten Risse zeigen.
Als Verformungskennwerte ermittelt man die Stauchung ε_d nach Gleichung (3.25) und die Ausbauchung ψ_d.

Die Ausbauchung entspricht der Querschnittsvergrößerung $\Delta A = A - A_0$ bezogen auf den Ausgangsquerschnitt A_0.

$$\psi_d = \frac{A - A_0}{A_0} \, 100 \tag{3.29}$$

ψ_d Ausbauchung (in %)
A größte Querschnittsfläche nach dem Versuch
A_0 Ausgangsquerschnitt der Probe

■ Ü. 3.19

Druckproben und Versuchseinrichtung

Bei Metallen werden zylindrische Proben mit einem Durchmesser von $d_0 = 10$ bis 30 mm eingesetzt. Bei Normalproben sind Höhe und Meßlänge gleich, d. h. $h = d_0$. Feindehnungsmessungen zur Bestimmung der 0,2-Stauchgrenze erfordern eine Langprobe mit $h = (2{,}5 \text{ bis } 3) \, d_0$. Um den Einfluß der Endflächen auszuschalten, wird die Meßlänge $h_0 = (2 \text{ bis } 2{,}5) \, d_0$ markiert. Die Proben sind allseitig zu schlichten oder zu schleifen. Außerdem müssen die Endflächen planparallel sein und senkrecht zur Probenachse stehen. Nichtmetallische Baustoffe prüft man mit würfelförmigen Proben. Die Prüfung erfolgt meist zwischen den Druckplatten der Universalprüfmaschine. Die untere Druckplatte lagert in einer Kalotte, um geringe Fehler in der Planparallelität der Probe auszugleichen.

Beziehungen zur Fließkurve

Die Umformfestigkeit k_f ist die wichtigste Kenngröße zur Bestimmung des Kraftbedarfs bei Umformprozessen. Sie stellt diejenige Spannung dar, bei der der Werkstoff bei einachsigem Spannungszustand zu fließen beginnt bzw. bei schon vorangegangener plastischer Umformung das Fließen aufrechterhalten werden kann.
Der funktionelle Zusammenhang der Umformfestigkeit mit dem Umformgrad wird als Fließkurve bezeichnet. Die Fließkurve kann prinzipiell durch alle Prüfverfahren ermittelt werden, bei denen es gelingt, einen definierten Spannungszustand zu erzeugen. Häufig verwendet man dazu den Druck- oder Stauchversuch. Dabei wird bei verschiedenen Umformgraden die Quetschgrenze im Stauchversuch ermittelt.

Nach Definition ist

$$k_f = \frac{F}{A} \tag{3.30}$$

k_f Umformfestigkeit
F Kraft am Beginn des plastischen Fließens
A Querschnittsfläche der Probe

Zur Erzeugung des einachsigen Spannungszustandes kann man den Kegelstauchversuch nach *Siebel* anwenden, bei dem durch geneigte Preßflächen die Reibungskraft zwischen Werkzeug und Probenoberfläche kompensiert wird (Bild 3.38).

■ Ü. 3.20

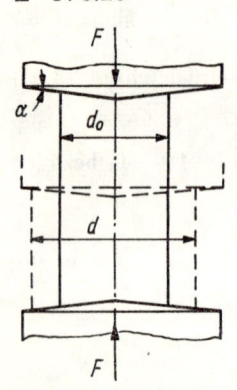

Bild 3.38. Prinzip des Kegelstauchversuches zur Aufnahme von Fließkurven

Bild 3.39. Kaltfließkurve (schematisch)

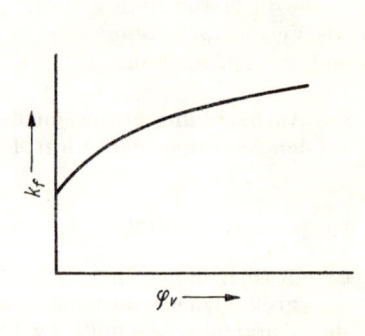

Die Fließkurve erhält man durch Auftragen der Umformfestigkeit in Abhängigkeit von der logarithmischen Vergleichsformänderung φ_v nach Bild 3.39.

Vergleicht man das Spannungs-Stauchungs-Diagramm mit der Fließkurve, so erkennt man, daß die Fließkurvenwerte unter denen des Spannungs-Stauchungs-Diagramms liegen. Im Bereich kleiner Formänderungen können beide in erster Näherung gleichgesetzt werden.

3.3.2.3. Biegeversuch

Kennzeichnung des Biegeversuchs

Der Biegeversuch eignet sich ebenso wie der Druckversuch besonders für die Untersuchung spröder Werkstoffe. Anwendung findet er bei metallischen Werkstoffen in erster Linie bei Gußeisen mit Lamellengraphit. Infolge der geringen Dehnung dieses Werkstoffes lassen sich die elastischen Kennwerte, wie die Elastizitätsgrenze und der Elastizitätsmodul, im Zugversuch nur schwer ermitteln. Im Biegeversuch dagegen erhält man im elastischen Bereich meßbare Durchbiegungen. Für den Biegeversuch an Gußeisen mit Lamellengraphit gelten folgende Standards:

TGL 14401, Bl. 1   Prüfung von Gußeisen; Probenahme für den Zug- und Biegeversuch

TGL 14401, Bl. 3   Prüfung von Grauguß; Biegeversuch.

▶ *Überlegen Sie, warum der Biegeversuch für plastische Werkstoffe nicht charakteristisch ist?*

Beim Biegeversuch wird ein prismatischer Stab, der sich auf zwei Auflagern befindet, in der Mitte durch eine stetig anwachsende Kraft senkrecht zur Stabachse belastet.

Aus Bild 3.40 erkennen Sie, daß die Belastung F ein Biegemoment M_b erzeugt, welches unter der Kraftangriffsstelle den maximalen Wert von

$$M_{b\,max} = \frac{F\,L_s}{4} \tag{3.31}$$

L_s Stütze

aufweist.

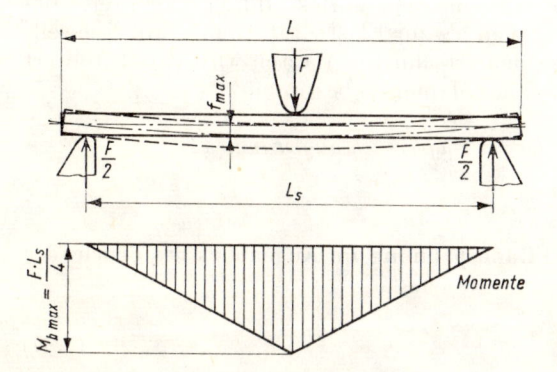

Bild 3.40. Biegebeanspruchung beim Biegeversuch

Dieses Biegemoment verursacht im Querschnitt des Probestabs eine Biegespannung σ_b,

$$\sigma_b = \frac{M_b}{W}, \tag{3.32}$$

wobei W das Widerstandsmoment des Kreisquerschnitts ist;

$$W = \frac{\pi}{32}\,d_0^3 \tag{3.33}$$

d_0 Probendurchmesser.

Die Biegespannungen im Probestab stellen sowohl Zug- als auch Druckspannungen dar. Zwischen diesen liegt die sogenannte neutrale Faser, in der keine Spannungen wirken.
Der Probestab erfährt infolge der Kraftwirkung eine Durchbiegung. Diese hat ebenfalls unter der Kraftangriffsstelle ihren maximalen Wert. Im elastischen Bereich erhält man die Durchbiegung f aus

$$f = \frac{F\,L_s^3}{48\,E\,I} \tag{3.34}$$

f Durchbiegung
L_s Stützweite
E Elastizitätsmodul

I Trägheitsmoment des Kreisquerschnittes $\left(I = \frac{\pi}{64}\,d_0^4\right)$.   (3.35)

Kenngrößen des Biegeversuchs

Elastizitätsmodul

Da sich der *Elastizitätsmodul* aus dem Zug- und Druckversuch infolge der geringen Dehnungswerte bei Gußeisen mit Lamellengraphit nur schwer ermitteln läßt, bestimmt man ihn häufig im Biegeversuch. Durch Umstellen von Gleichung (3.34) erhält man

$$E = \frac{F\, L_s^3}{48\, f\, I}\,. \tag{3.36}$$

Die Ermittlung von E erfolgt, ausgehend von einer Vorlast, durch stufenweise Be- und Entlastung bei konstanten Laststufen bis zur Elastizitätsgrenze, wobei jeweils die Durchbiegung zu messen ist. Aus den errechneten Werten wird ein Mittelwert von E gebildet. Die Durchbiegung wird mit Meßuhren bestimmt.

▶ *Vergleichen Sie diese Methode mit der im Zugversuch angewandten!*

Biegefestigkeit σ_{bB}

Die Biegefestigkeit σ_{bB} ist die höchste Randspannung im Augenblick des Bruchs der Probe.

$$\sigma_{bB} = \frac{M_{bB}}{W} \tag{3.37}$$

M_{bB} Biegemoment beim Bruch

Das Verhältnis von Biegefestigkeit zu Zugfestigkeit σ_{bB}/R_m wird als Biegefaktor bezeichnet. Bei Gußeisen mit Lamellengraphit beträgt er rund zwei.

■ Ü. 3.21

Die Bruchdurchbiegung f_B ist die größte Durchbiegung im Augenblick des Bruchs unter der Kraftangriffsstelle.

Der Biegepfeil (in %)

$$\varphi = \frac{f_B}{L_s^3}\, 100 \tag{3.38}$$

stellt ein Maß für die Biegefähigkeit der Probe dar.
Die Steifigkeit entspricht dem Verhältnis von Biegefestigkeit zu Bruchdurchbiegung.

$$\text{Steifigkeit} = \frac{\sigma_{bB}}{f_B}\, \frac{d_0}{30} \tag{3.39}$$

Besonderheiten der Prüfung an Plastwerkstoffen

Für den Biegeversuch an Plasten gilt TGL 14069. Der statische Biegeversuch wird nur an harten Plasten mit einem Elastizitätsmodul gleich oder größer 50 GPa vorgenommen. Im Versuch läßt sich die Biegefestigkeit σ_{bB} bestimmen. Wenn die Proben nicht brechen, sondern sich nur stark durchbiegen, so ermittelt man an Stelle der Biegefestigkeit die maximal auftretende Biegespannung $\sigma_{b\,max}$ oder mit

$\sigma_{b-1,5}$ diejenige Spannung, bei der die maximale Durchbiegung das 1,5fache der Probendicke ergibt. Weitere Kennwerte sind der Elastizitätsmodul E, die Bruchdurchbiegung f_B und eventuell der Biegewinkel α_b.

Biegeproben und Versuchseinrichtung

Für den Biegeversuch an Gußeisen mit Lamellengraphit werden Rundstäbe mit einem Durchmesser von 10 bis 45 mm verwendet. Die Stützweite der Auflager sowie die Durchbiegungsgeschwindigkeit sind standardisiert. Da die Festigkeitseigenschaften von Gußeisen mit Lamellengraphit stark von den Abkühlungsbedingungen und damit von der Wanddicke der Probe abhängen, muß der Probenentnahme besondere Beachtung geschenkt werden. Man unterscheidet:

— getrennt gegossene Proben,
— angegossene Proben und
— aus dem Gußteil herausgearbeitete Proben.

Die getrennt gegossenen Proben bleiben unbearbeitet, müssen aber frei von Oberflächenfehlern und Gußnähten sein.

Bild 3.41. Prüfgerät »Dynstat«

Die Biegefestigkeit ermittelt man auf 5 MPa genau. Der Versuchsbericht erfordert eine Bruchbeschreibung, die evtl. auftretende Fehlstellen angibt. Der Biegeversuch wird im allgemeinen auf einer Universalprüfmaschine durchgeführt. Die verstellbaren Auflager sind auf dem oberen Spannkopf angeordnet und bewegen sich gegen den feststehenden Biegestempel.

■ Ü. 3.22

Bei Plasten verwendet man in der Regel Rechteckproben standardisierter Abmessungen. Außerdem kommen auch Proben mit kreisförmigem Querschnitt zur Anwendung. Bei der Prüfung von Rohren sind an den Auflagerstellen und an der Biegestelle Füllkörper aus Holz einzupassen.
Der Versuch kann auf der Universalprüfmaschine oder mit dem Prüfgerät »Dynstat« (Bild 3.41) durchgeführt werden. Dieses Gerät eignet sich auch zur Durchführung von Schlagversuchen an Plasten. Die verwendeten Proben haben die Abmessungen $10 \times 15 \times 4$ mm. Die Ergebnisse dieser beiden Versuchsmethoden lassen sich nicht vergleichen. Am Dynstatgerät können das Biegemoment und der Biegewinkel im Moment des Bruchs direkt abgelesen werden, während eine Messung der Durchbiegung nicht erfolgt. Die Prüfgeschwindigkeit v in mm min^{-1} soll bei beiden Prüfanordnungen

$$v = 0{,}5\,s \pm 0{,}2 \qquad (3.40)$$

s Probendicke (in mm)

betragen.

3.3.2.4. Zeitstandversuch

Kennzeichnung des Zeitstandversuchs

In vielen Industriezweigen, insbesondere in der Energiewirtschaft und der chemischen Industrie, werden Werkstoffe langzeitig bei höheren Temperaturen beansprucht. Die dafür notwendigen Festigkeits- und Verformungskennwerte bestimmt man im *Zeitstandversuch*.

Der Zweck des Zeitstandversuchs besteht in der Ermittlung des Festigkeitsverhaltens von Werkstoffen bei erhöhten und während des Versuchs konstanten Temperaturen unter ruhender, d. h. gleichbleibender Zugbeanspruchung.

Dafür gelten folgende Standards:
TGL 11224   Prüfung von Stahl; Zeitstandversuch bei erhöhten Temperaturen
TGL 10975   Prüfung von Stahl, nichtunterbrochener Kriechversuch bei erhöhten Temperaturen,
TGL 10976   Prüfung von Stahl, unterbrochener Kriechversuch bei erhöhten Temperaturen.

Sie werden fragen, warum man diese Kennwerte nicht durch den Zugversuch bei höheren Temperaturen ermitteln kann. Die metallischen Werkstoffe erfahren ab einer bestimmten Temperatur bei konstanter Belastung auch unterhalb der Streckgrenze bleibende Verformungen.

Das plastische Weiterverformen bei ruhender Beanspruchung bezeichnet man als Kriechen.

▶ *Beachten Sie den Unterschied zum Fließen!*

Bei welcher Temperatur das Kriechen einsetzt, hängt in erster Linie vom Metall ab, d. h. von seiner Kristallerholungs- und Rekristallisationstemperatur. Bei Stahl tritt das Kriechen oberhalb 400 °C in Erscheinung. In Abhängigkeit von der Höhe der Belastung und der Temperatur kommt das anfängliche Kriechen infolge Verfestigung des Werkstoffs zum Stillstand, oder es führt nach einer bestimmten Belastungszeit zum Bruch der Probe. Den Verlauf der *Zeitdehnlinien* für diese beiden Fälle zeigt Bild 3.42. Sie erkennen an der Kurve drei Abschnitte. Die Kurve beginnt

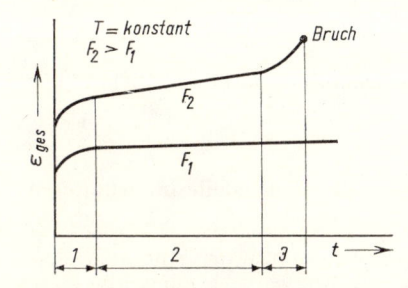

Bild 3.42. Dehnungsverlauf beim Zeitstandversuch — Zeitdehnlinie

bei einem bestimmten Dehnungswert, der sofort mit dem Einsetzen der Belastung auftritt und rein elastisch ist. Der erste Abschnitt besitzt eine verhältnismäßig große Kriechgeschwindigkeit. Danach folgt ein Abschnitt mit annähernd konstanter Kriechgeschwindigkeit. Im dritten Abschnitt beobachtet man ein erneutes Ansteigen der Kriechgeschwindigkeit bis zum Bruch.

Es ist beim Zeitstandversuch erforderlich, standardisierte Proben bei einer konstanten Temperatur einer bestimmten konstanten Beanspruchung zu unterwerfen. Man unterscheidet dabei Versuche mit einer Dauer von weniger als 100 h, die man als sogenannte Kurzzeitversuche bezeichnet, und Langzeitversuche mit einer Dauer von mehr als 1 000 h. Langzeitversuche sind aussagekräftiger, der dafür notwendige Aufwand aber entsprechend größer.

■ Ü. 3.23

Kennwerte des Zeitstandversuchs

Man ermittelt im Zeitstandversuch Festigkeits- und Verformungskennwerte. Diese sind:

— *Zeitstandfestigkeit* $\sigma_{B/\text{Zeit in h}}$

Darunter versteht man die bei einer erhöhten Temperatur auf den Ausgangsquerschnitt der Probe im erkalteten Zustand bezogene ruhende Belastung, die nach einer bestimmten Versuchsdauer den Bruch der Probe hervorruft.

Diejenige höchste Spannung, die gerade noch dauernd ertragen wird, nennt man Dauerstandfestigkeit.

— *Zeitstandkriechgrenze* $\sigma_{\text{bleibende Dehnung in \%/Zeit in h}}$

Das ist die bei einer erhöhten Temperatur auf den Anfangsquerschnitt der Probe bezogene ruhende Belastung, die nach Ablauf einer bestimmten Versuchszeit einen bestimmten Kriechbetrag bewirkt.

Kommt das Kriechen zum Stillstand, so spricht man von der Dauerdehngrenze.

3. Werkstoffprüfung

— *Kriechgeschwindigkeitsgrenze* $\sigma_{\text{Kriechgeschw.}}$ in $10^{-4}\%$ h^{-1}/Zeit in h

Das ist die bei einer erhöhten Temperatur auf den Ausgangsquerschnitt der Probe bezogene ruhende Belastung, die innerhalb eines bestimmten Zeitintervalls eine bestimmte Kriechgeschwindigkeit hervorruft.

Besonders eingeführt hat sich die DVM-Kriechgrenze für eine Kriech- bzw. Dehngeschwindigkeit von $10 \cdot 10^{-4}\%$ h^{-1} in der 25. bis 35. Versuchsstunde, ohne daß die bleibende Dehnung von 0,2% nach 45 h überschritten wird (σ_{DVM}).

— *Zeitstandbruchdehnung* $\delta_{\text{Meßlängenverhältnis}} \frac{L_0}{d}$ /Zeit in h

Das ist die Dehnung der Meßlänge L_0 nach dem Bruch im erkalteten Zustand der Probe (z. B. $\delta_{5/1000}$).

— *Zeitstandeinschnürung* $\psi_{\text{Zeit in h}}$

Das ist die bezogene Querschnittsverminderung an der Bruchstelle im erkalteten Zustand der Probe (z. B. ψ_{1000}).

Zur Auswertung des Versuchs werden die bei konstanter Temperatur, aber verschiedenen Belastungen ermittelten Zeitdehnlinien in ein *Zeitstandschaubild* nach Bild 3.43 umgezeichnet. Aus dem Zeitstandschaubild lassen sich die Zeitstandfestigkeit und Zeitstandkriechgrenzen für alle Einsatzzeiten ablesen.

Lehrbeispiel:

Ermitteln Sie aus dem Zeitstandschaubild nach Bild 3.43 folgende Werte: $\sigma_{B/1000}$, $\sigma_{0,2/1000}$, $\sigma_{1/10000}$!

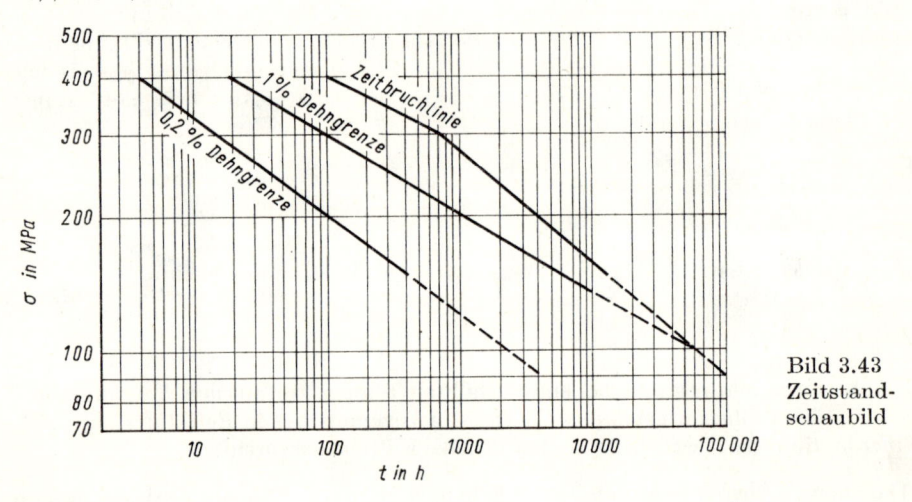

Bild 3.43 Zeitstandschaubild

Lösung:

$\sigma_{B/1000} = 280$ MPa
$\sigma_{0,2/1000} = 120$ MPa
$\sigma_{1/10000} = 130$ MPa

■ Ü. 3.24

Die verwendeten Proben ähneln den normalen prismatischen Zugproben. Das Verhältnis von Meßlänge L_0 zu Stabdurchmesser d_0 soll mindestens drei betragen.

3.3.3. Dynamische Prüfverfahren

3.3.3.1. Prüfverfahren mit schlagartiger Beanspruchung

In der Praxis treten schlagartige Beanspruchungen auf. Beispiele dafür sind das ruckartige Anheben einer Kranlast, das plötzliche Eingreifen zweier Zahnräder, die Stöße beim Arbeiten eines Schmiedehammers u. a. Bei schlagartiger Beanspruchung wird die Fähigkeit eines Werkstoffes, sich infolge einer überelastischen Beanspruchung plastisch zu verformen, ohne daß der Bruch eintritt, verringert. Das führt zu einem makroskopisch verformungslosen bzw. verformungsarmen Bruch, dem sogenannten Sprödbruch, der zur Zerstörung der Bauteile führt. Die Sprödbruchanfälligkeit ist zwar von den Werkstoffeigenschaften abhängig, wird jedoch in starkem Maße von den äußeren Beanspruchungsbedingungen, wie Temperatur, Spannungszustand und Deformationsgeschwindigkeit, beeinflußt. Eine Zusammenstellung der wichtigsten sprödbruchfördernden Bedingungen enthält Tabelle 3.4.

Tabelle 3.4. Sprödbruchfördernde Bedingungen

Konstruktive Gestaltung	Kerben, plötzliche Querschnittsveränderungen, dickwandige Bauteile
Fertigungstechnik	Oberflächenfehler und Anrisse infolge Schweißen, Härten, Schleifen, Ausbildung spezieller Eigenspannungszustände, speziell beim Schweißen
Beanspruchungsbedingungen	niedrige Temperatur, schlagartige Lasteinwirkung, mehrachsiger Spannungszustand
Umgebungsbedingungen	Spannungsrißkorrosion, Flüssigmetallversprödung, Wasserstoffversprödung
Werkstoffstruktur und -gefüge	kubisch-raumzentriertes bzw. hexagonales Gitter, grobkörniges Gefüge, Korngrenzenausscheidungen, Alterung, Verunreinigungen und nichtmetallische Einschlüsse

Um das Verhalten von Werkstoffen bei schlagartiger Beanspruchung zu prüfen, führt man Schlagversuche durch. Je nach der Beanspruchung werden unterschieden:

— Schlagzugversuch,
— Schlagtorsionsversuch,
— Schlagbiegeversuch.

Sämtliche Versuche können auch an gekerbten Proben durchgeführt werden. Bei diesen Versuchen wird eine Probe einer starken Schlagbeanspruchung unterworfen, wobei sie im Gewaltbruch zerstört oder erheblich plastisch verformt wird. Die häufigste Anwendung findet der Kerbschlagbiegeversuch, der zur Ermittlung der Sprödbruchanfälligkeit der Stähle dient. Er soll im folgenden näher behandelt werden.

Kerbschlagbiegeversuch

Der Kerbschlagbiegeversuch wird hauptsächlich zur Prüfung von Stahl und Stahlguß angewandt. Für ihn gelten folgende Standards:
TGL RGW 472-77   Metalle; Kerbschlagbiegeversuch bei Raumtemperatur
TGL RGW 473-77   Metalle; Kerbschlagbiegeversuch bei tiefen Temperaturen.

3. Werkstoffprüfung

Kennzeichnung des Kerbschlagbiegeversuchs

Die Aufgabe des Kerbschlagbiegeversuchs besteht darin, die Zähigkeit eines Werkstoffs bei schlagartiger Beanspruchung und vorliegender Kerbwirkung zu beurteilen.

Der Kerbschlagbiegeversuch soll zeigen, ob ein Werkstoff bei schlagartiger Beanspruchung zum Spröd- oder Trennbruch neigt oder erst nach vorheriger plastischer Verformung durch Verformungsbruch zerstört wird. Der Kerbschlagbiegeversuch dient außerdem zur Überwachung der richtigen Wärmebehandlung, der Alterung und der Neigung zur Anlaßversprödung der Stähle. Die Durchführung des Versuchs erfolgt mit einem Pendelschlagwerk, das Bild 3.44 schematisch darstellt. Der

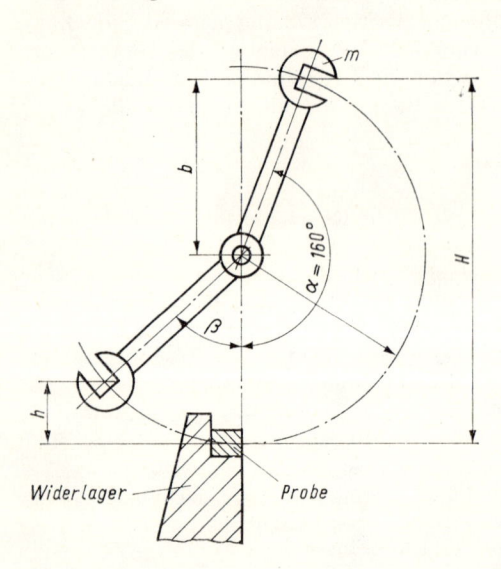

Bild 3.44. Kerbschlagbiegeversuch

Pendelhammer mit der Masse m trifft von der Höhe H auf die Mitte der zweiseitig abgestützten Probe und zerschlägt sie. Dabei wird ein Teil der Energie des Hammers verbraucht, so daß er auf der Rückseite nur noch bis zur Höhe h auspendeln kann. Wenn die Fallarbeit, die der maximalen Energie des Pendelhammers entspricht, $K_{max} = m g H$ ist und die Steigarbeit $m g h$ beträgt, so stellt die Differenz die zur Zerstörung der Probe verbrauchte Schlagarbeit K dar, die unmittelbar am Pendelschlagwerk abgelesen werden kann.

Kenngrößen des Kerbschlagbiegeversuchs

Die wichtigste Kenngröße des Kerbschlagbiegeversuches ist die Kerbschlagzähigkeit KC.

Die Kerbschlagzähigkeit stellt den Quotienten aus der Schlagarbeit und dem Probenquerschnitt im Kerbgrund vor dem Versuch dar.

$$KC = \frac{K}{S_0} \tag{3.41}$$

KC Kerbschlagzähigkeit (in J/cm^{-2})
K Schlagarbeit (in J)
S_0 Querschnittsfläche der Probe an der Kerbstelle vor dem Versuch (in cm^2)

Je nach den Versuchsbedingungen wird die Kerbschlagzähigkeit durch eine Kombination von Buchstaben und Kennziffern gekennzeichnet. Nach den Buchstaben KC bezeichnet der 3. Buchstabe die Kerbform (U = U-förmiger Kerb, V = V-förmiger Kerb).

Die erste Ziffer gibt die maximale Energie des Pendelschlagwerkes an. Für Proben mit einem U-förmigen Kerb bezeichnet die zweite Ziffer die Kerbtiefe und die dritte Ziffer die Breite der Probe.

Ziffern werden nicht angegeben bei der Bestimmung von KCU an Pendelschlagwerken mit $K_{max} = 300$ J bei einer Kerbtiefe von 5 mm und einer Breite der Probe von 10 mm sowie bei der Bestimmung von KCV mit $K_{max} = 300$ J bei 10 mm Probenbreite.

Lehrbeispiel:

Was drücken die Angaben a) KCU 150/2/7,5 und b) KCU 3 aus?

Lösung:

a) Kerbschlagzähigkeit, bestimmt an einer Probe mit U-förmigem Kerb an einem Pendelschlagwerk mit $K_{max} = 150$ J, Kerbtiefe 2 mm, Probenbreite 7,5 mm,

b) Kerbschlagzähigkeit, bestimmt an Proben mit U-förmigem Kerb mit 3 mm Kerbtiefe und 10 mm Probenbreite an einem Pendelschlagwerk von $K_{max} = 300$ J.

In gleicher Weise wie die Kerbschlagzähigkeit wird auch die Schlagarbeit K angegeben (KU bzw. KV = Schlagarbeit an Proben mit U- bzw. V-förmigem Kerb).

Da Kerbschlagzähigkeitswerte nur miteinander verglichen werden können, wenn sie mit der gleichen Probenform und -abmessung ermittelt wurden, ist es nach TGL RGW 472-77 auch zulässig, die Schlagarbeit K als Werkstoffkennwert anzugeben.

▶ *Beachten Sie, daß in älteren Veröffentlichungen für die Kerbschlagzähigkeit das Kurzzeichen a_K und für die Schlagarbeit das Kurzzeichen A_K enthalten sind!*

Es wurde bereits darauf hingewiesen, daß die Neigung der Werkstoffe zum Sprödbruch von vielen Faktoren abhängt. Bei Werkstoffen mit kubisch-raumzentriertem bzw. hexagonalem Gitter ist das Zähigkeitsverhalten stark von der Temperatur abhängig. Zur Bestimmung dieser Temperaturabhängigkeit werden Kerbschlagzähigkeits-Temperatur-Kurven aufgestellt. Das im Bild 3.45 gezeigte Schaubild ist für Stähle mit krz-Gitter charakteristisch. Man unterscheidet darin drei Bereiche:

1. Hohe KC-Werte kennzeichnen die sogenannte Hochlage. Der Bruch tritt hier erst nach merklicher plastischer Verformung der Probe ein; man erhält einen Verformungsbruch. Er besitzt ein mattes sehniges Aussehen.

2. Bei der Tieflage der Kerbschlagzähigkeit treten niedrige KC-Werte auf. In diesem Gebiet erfolgt der Bruch ohne plastische Verformung als Spröd- oder Trennbruch. Er besitzt ein kristallin glänzendes, körniges Aussehen.

3. Hoch- und Tieflage der Kerbschlagzähigkeit sind durch den Steilabfall verbunden. Die Versuchswerte streuen hier stark. Es treten Mischbrüche auf, die beide Brucharten in sich vereinigen. In der Probenmitte befindet sich eine Trennbruchzone, die ein Verformungsbruchgebiet umgibt.

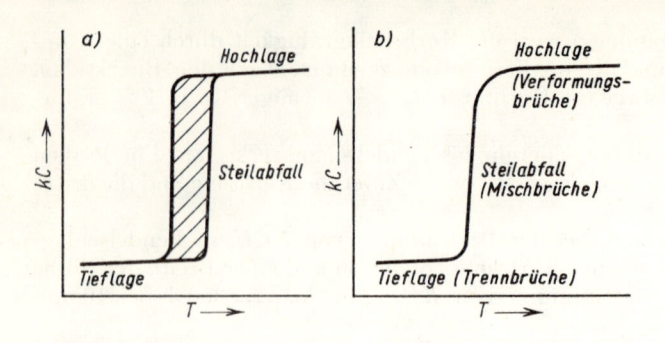

Bild 3.45. Kerbschlagzähigkeits-Temperatur-Schaubild für einen ferritischen Stahl
a) mit Streubereich
b) Streubereich durch Kurve ersetzt

Das *Bruchaussehen* der Proben gilt im Kerbschlagbiegeversuch als Kennwert. Dabei bestimmt man die Größe des kristallinen Flecks, d. h. des Trennbruchanteils im Gebiet des Steilabfalls.

Aus dem mit der *KC-T*-Kurve dargestellten Übergang vom zähen zum spröden Verhalten der metallischen Werkstoffe gewinnt man einen weiteren Kennwert des Kerbschlagbiegeversuchs, die *Übergangstemperatur* $T_ü$.

Die Übergangstemperatur $T_ü$ ist die Temperatur in der *KC-T*-Kurve, bei der eine Kerbschlagzähigkeit von $KC = 35$ J cm^{-2} erreicht wird.

Diese Festlegung erfolgte aus Erfahrungswerten, die bei der Auswertung von Schadensfällen gewonnen wurden. Bei einem *KC*-Wert von 35 J cm^{-2} verformt sich die Probe schon merklich, so daß eine ausreichende Sicherheit gegen Sprödbruch besteht. Damit ergibt sich für die Werkstoffauswahl, daß die Umgebungstemperatur höher liegen muß als die Übergangstemperatur, d. h., sie muß in der *KC-T*-Kurve rechts von $T_ü$ liegen. Alle Faktoren, die das Zähigkeitsverhalten der Werkstoffe beeinflussen, verändern die Kerbschlagzähigkeits-Temperatur-Kurve und damit die Lage der Übergangstemperatur $T_ü$.

■ Ü. 3.25

▶ *Welche Stähle eignen sich deshalb besonders für den Einsatz bei tiefen Temperaturen?*

Nachteile des Kerbschlagbiegeversuchs

Der wesentliche Nachteil des Kerbschlagbiegeversuchs besteht darin, daß sich die ermittelten Kenngrößen nicht mit den zur Dimensionierung erforderlichen Spannungs- und Dehnungswerten in Zusammenhang bringen lassen, d. h., daß sie nicht als Berechnungsgrundlage verwendbar sind. Die Kerbschlagzähigkeit ist eine zusammengesetzte Größe, die aus einem Festigkeits- und einem Verformungsanteil gebildet wird. Der Kerbschlagbiegeversuch gestattet auch keine Trennung der in werkstoffphysikalischer Hinsicht unterschiedlichen Vorgänge der Rißbildung und Rißausbreitung. Außerdem sind die ermittelten Kenngrößen in starkem Maße von den Probenabmessungen und der Probengeometrie abhängig, wodurch sich Beziehungen zu Bauteilen kaum herstellen lassen. Der Kerbschlagbiegeversuch ist somit lediglich in der Lage, eine Rangfolge für das Zähigkeitsverhalten und damit die Sprödbruchneigung verschiedener Werkstoffe und Werkstoffzustände anzugeben.

Um die Aussagefähigkeit des Kerbschlagbiegeversuchs zu erhöhen, wird in den letzten Jahren verstärkt der *registrierende Kerbschlagbiegeversuch*, der die Schlag-

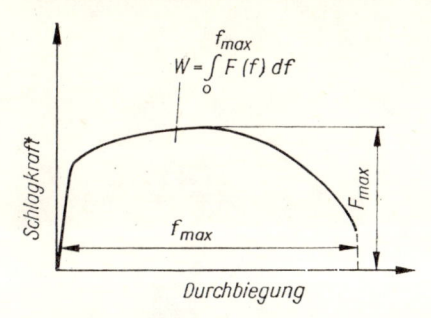

Bild 3.46. Schlagkraft-Durchbiegungs-Kurve (schematisch)

kraft-Durchbiegungs-Kurve beim Schlagvorgang elektronisch aufzeichnet, angewandt. Der Versuch ermöglicht es, den Festigkeitsanteil über die maximale Schlagkraft F_{max} und den Verformungsanteil über die Probendurchbiegung bis zum Bruch f_{max} getrennt zu erfassen (Bild 3.46).

■ Ü. 3.26

Kerbschlagproben und Versuchsbedingungen

Die im Kerbschlagbiegeversuch verwendeten Proben stellt Bild 3.47 dar. Die Abmessungen der Kerbschlagproben sind in Tabelle 3.5 enthalten.

Bild 3.47. Kerbschlagbiegeproben

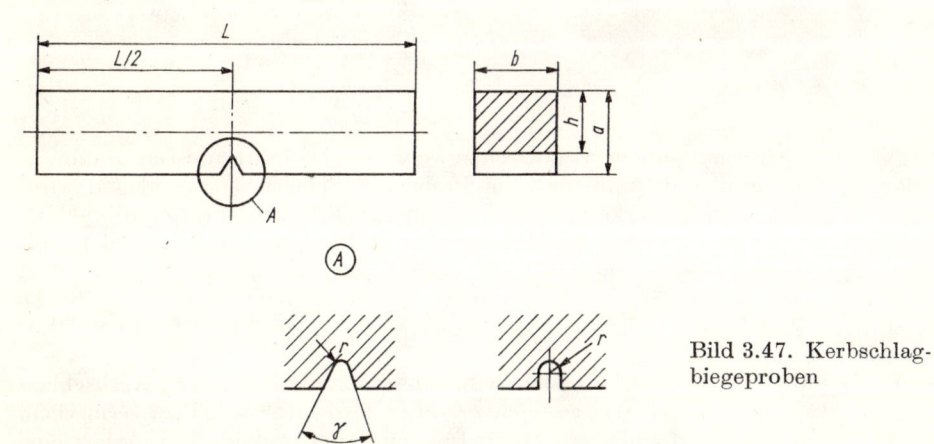

Tabelle 3.5. Abmessungen der Kerbschlagproben

Bezeichnung des Parameters		Nennmaß in mm	Zulässige Abweichung in mm
L		55	± 0,60
a		10	± 0,10
b		10	± 0,10
		7,5	± 0,10
		5	± 0,05
h	V-Kerb, Tiefe 2 mm	8	± 0,05
	U-Kerb	8; 7; 5	± 0,10
r	U-Kerb	1	± 0,07
	V-Kerb	0,25	± 0,025
		45°	± 2°

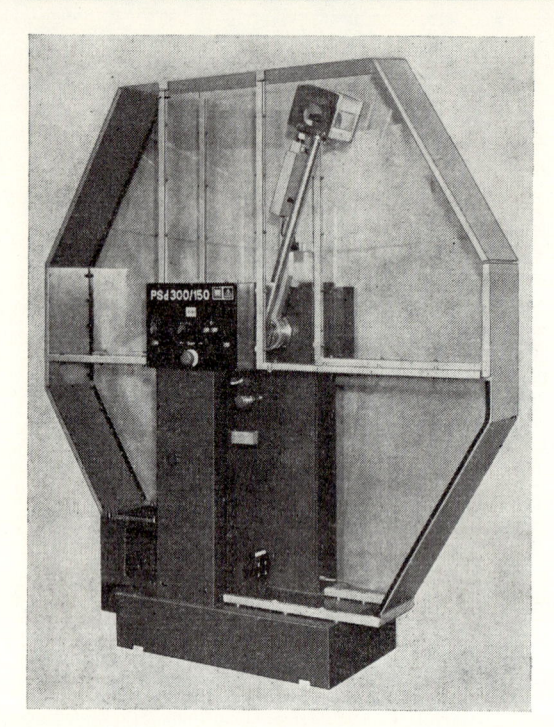

Bild 3.48. Pendelschlagwerk
PSd 300/150
(VEB Werkstoffprüfmaschinen
Leipzig)

Der Versuch wird mit einem Pendelschlagwerk durchgeführt, dessen maximale Schlagarbeit so groß sein muß, daß die Probe mit Sicherheit zerschlagen wird. Üblich sind Pendelschlagwerke mit einer maximalen Schlagarbeit von 15, 50, 150 und 300 J. Bild 3.48 zeigt das Pendelschlagwerk PSd 300/150 ($K_{max} = 300$ J), das sowohl für Schlagbiege- als auch für Schlagzugversuche verwendet werden kann. Es ist zu garantieren, daß die Schlagfinne des Pendelhammers auf die der Kerbe abgewandte Probenseite auftrifft. Die Prüfung ist bei einer Temperatur von 20 °C + 10 K durchzuführen.
Wenn die Probe bei der Prüfung nicht völlig zerstört wurde, gilt die Kerbschlagzähigkeit als nicht ermittelt. Dieser Sachverhalt ist im Prüfprotokoll zu vermerken. Die Aufnahme von Kerbschlagzähigkeits-Temperatur-Schaubildern erfordert eine entsprechende Abkühlung der Proben in Kühlmitteln, z. B. in einem Gemisch von Kohlensäureschnee und Ethylalkohol bis —75 °C und aus flüssigem Stickstoff bis —190 °C, bzw. eine Erwärmung der Proben in Ölbädern. Bei der Bezeichnung der Kerbschlagzähigkeit bei tiefen Temperaturen wird die Prüftemperatur mit angegeben (z. B. KCU^{-40} 150/2/5).

Besonderheiten bei der Prüfung von Plastwerkstoffen (TGL 14068)

Bei Plasten ermittelt man die Schlagzähigkeit (auch als Schlagbiegefestigkeit bezeichnet) und die Kerbschlagzähigkeit. Der Versuch kann mit einem Pendelschlagwerk ($K_{max} = 0,5$ bis 15 J) oder mit dem bereits beim Biegeversuch dargestellten Dynstat-Gerät (Bild 3.41) durchgeführt werden. Die Prüfanordnung und die Probenabmessungen bei Verwendung des Dynstat-Gerätes zeigt Bild 3.49. Der maximale Arbeitsinhalt des Pendels beträgt hier 0,5 bis 2 J bei einem Fallwinkel des Pendels von 60 bzw. 90°. Bei beiden Prüfgeräten kann sofort nach dem Bruch

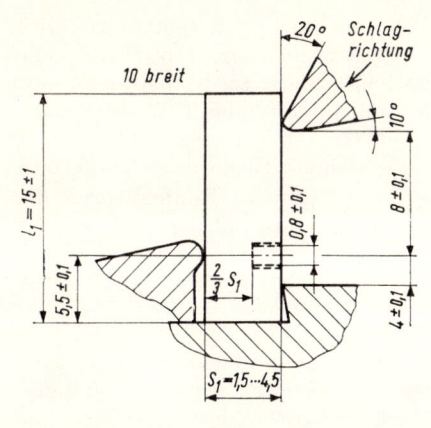

Bild 3.49. Prüfanordnung und Probenabmessungen beim Schlagbiege- bzw. Kerbschlagbiegeversuch mit dem »Dynstat«

der Probe die verbrauchte Schlagarbeit abgelesen werden. Die Versuchsergebnisse beider Prüfungen sind wieder nicht unmittelbar miteinander vergleichbar.
Der Mittelwert aus fünf zerschlagenen Proben ergibt das Prüfergebnis. Zur Aufstellung von Schlagzähigkeits-Temperatur-Schaubildern führt man ebenfalls Schlagbiegeversuche bei verschiedenen Temperaturen durch. Dabei läßt sich feststellen, daß fast alle Plaste einen Abfall der Schlagzähigkeit bei tiefen Temperaturen aufweisen, wogegen die Kerbschlagzähigkeit von der Temperatur nur wenig beeinflußt wird.

Moderne Methoden der Sprödbruchprüfung

Betrachtet man die Abhängigkeit der Bruchspannung ungekerbter und gekerbter Bauteile von der Temperatur nach Bild 3.50, so ist zu erkennen, daß bei gekerbten Teilen die Bruchspannung bei der Temperatur NDT (nile-ductility-transition-temperatur) die Streckgrenze des Werkstoffes erreicht. Unterhalb NDT kann sich ein Sprödbruch auch bei Spannungen ausbreiten, die kleiner als die Streckgrenze sind. Mit zunehmender Kerbgröße verschiebt sich die Beanspruchungs-Temperatur-Kurve nach rechts, bis eine Grenzlinie erreicht ist, bei der auch ein großer Kerb nicht mehr zum Bruch führt bzw. ein wachsender Riß sich nicht weiter ausbreitet. Diese Kurve entspricht im Bild 3.50 der sogenannten CAT-Temperatur (crack-arrest-temperature).
Es wurden Verfahren entwickelt, um die Widerstandsfähigkeit eines Werkstoffes gegenüber der Ausbreitung von spröden Anrissen zu bestimmen. Die größte Bedeu-

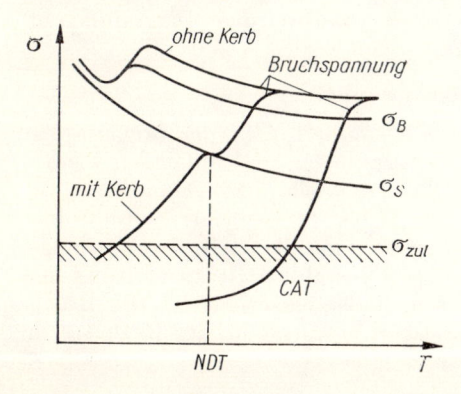

Bild 3.50. Einfluß von Temperatur und Kerbwirkung auf die Bruchspannung

tung haben dabei der *Robertson-Test* zur Bestimmung der CAT-Temperatur und der *Pellini-Test* zur Ermittlung der NDT-Temperatur erlangt. Das Prinzipielle dieser Versuche besteht darin, daß gekerbte Proben schlagartig beansprucht werden. Dabei sucht man die Temperatur, bei der ein auftretender Riß abgefangen wird, d. h. sich nicht weiter ausbreitet. Mit diesen Grenztemperaturen, bei denen kein Sprödbruch mehr erfolgt, können Bruch-Sicherheits-Diagramme aufgestellt werden, aus denen man für verschiedene Fehlergrößen und Temperaturen die zulässige Spannung ablesen kann, unterhalb der keine Ausbreitung vorhandener Anrisse mehr erfolgt.

Bruchmechanik

Mit der Entwicklung der Bruchmechanik wurde ein großer Fortschritt bei der Entwicklung einer Bruchsicherheitskonzeption erreicht. Sie gestattet es, in Abhängigkeit vom äußeren Spannungszustand und im Werkstoff vorhandenen Fehlern, eine Kenngröße, die sogenannte Bruchzähigkeit, zu ermitteln. Diese Kenngröße ist ein Maß für den Widerstand eines Werkstoffs gegen die Ausweitung eines Anrisses zum Bruch. Sie kann im Zusammenhang mit einer Fehlergrößenbestimmung unmittelbar in die Festigkeitsberechnung von Bauteilen einbezogen werden.

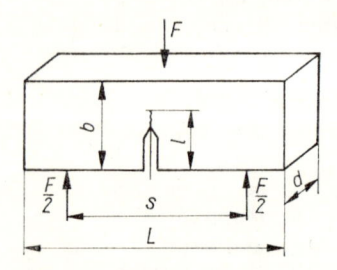

Bild 3.51. Dreipunkt-Biegeprobe zur Bestimmung der Bruchzähigkeit

Zur Bestimmung der Bruchzähigkeit wird eine gekerbte Probe nach Bild 3.51 zusätzlich mit einem durch schwingende Beanspruchung erzeugten Ermüdungsanriß versehen. Die so vorbereitete Probe setzt man in der Biegevorrichtung der Universalprüfmaschine einer steigenden Belastung mit definierter Belastungsgeschwindigkeit aus. Unter der Wirkung der Prüfkraft wird sich der Riß im Kerbgrund vergrößern und der Kerb aufweiten. Bei einer bestimmten Belastung kommt es zur instabilen Rißausbreitung, d. h. zu einer Rißausbreitung, die zum Bruch führt, ohne daß die auf den Materialquerschnitt wirkende Kraft ansteigt. Durch eine geeignete Meßeinrichtung wird ein Kraft-Kerbaufweitungs-Diagramm aufgezeichnet, das zur Versuchsauswertung herangezogen wird.

Bei der Prüfung müssen zwei Fälle unterschieden werden:

1. Die Rißausbreitung geht weitgehend elastisch vor sich, d. h., der Bruch erfolgt unterhalb der Streckgrenze. Plastische Verformungen sind auf einen kleinen Bereich in unmittelbarer Umgebung der Rißspitze beschränkt. Diese Bedingung ist nur bei extrem spröden Werkstoffen oder tiefen Temperaturen erfüllt. Man bestimmt in dem Fall die *Bruchzähigkeit* K_{Ic}. Aus dem Kraft-Kerbaufweitungs-Diagramm wird die Belastung im Moment der instabilen Rißausbreitung und aus der Bruchfläche der Probe die kritische Rißlänge ermittelt. Die Bruchzähigkeit K_{Ic} ist ein Maß für die Spannungskonzentration an der Rißspitze im Moment der instabilen Rißausbreitung.

2. Bei den meisten Werkstoffen treten vor dem Bruch in größeren Werkstoffbereichen plastische Verformungen auf. In diesem Fall wird als Kennwert die *Rißöffnung* δ bei der instabilen Rißausbreitung über die Kerbaufweitung aus dem Kraft-Kerbaufweitungs-Diagramm bestimmt.

Anwendung der Bruchmechanik-Kenngrößen

Die Bruchmechanik geht davon aus, daß in technischen Bauteilen immer Spannungskonzentrationsstellen in Form von Kerben, Oberflächenfehlern bzw. feinen Anrissen (Mikrolunker, Gasblasen u. a.) vorhanden sind, die zu Rissen führen können. Da ein Zusammenhang zwischen den Festigkeitskennwerten und den Bruchzähigkeitskennwerten besteht, ergeben sich folgende Möglichkeiten der Anwendung für die Dimensionierung von Bauteilen:

— Sind die äußere Beanspruchung und die Bruchzähigkeit eines Werkstoffs bekannt, so kann eine zulässige Rißlänge festgelegt werden, bei der noch kein Sprödbruch eintritt.
— Treten bei einem Bauteil fertigungsbedingte Kerben, Oberflächenfehler oder Anrisse auf, so kann bei bekannter Bruchzähigkeit und der kritischen Rißlänge die zulässige Beanspruchung festgelegt werden.

Bei bereits im Betrieb befindlichen Bauteilen ermöglichen die Bruchzähigkeitskennwerte

— die überschlägige Bestimmung einer ertragbaren Überlastbarkeit,
— die Abschätzung der Restlebensdauer eines Bauteils mit einem Riß.

Aus dem Dargelegten wird deutlich, daß die sinnvolle Anwendung der Bruchmechanik in der Praxis eng an den Nachweis der in Bauteilen vorhandenen Fehler und deren Ausbildung gebunden ist. Das muß vor allem durch die zerstörungsfreie Werkstoffprüfung erfolgen. Trotz des derzeitig noch großen Versuchsaufwandes eröffnet die Bruchmechanik völlig neue Möglichkeiten bei der Dimensionierung und Betriebsüberwachung von Bauteilen und führt den Übergang von der bisher relativen zur absoluten Bauteilsicherheit herbei.

■ Ü. 3.27 und Ü. 3.28

Versuchsanleitung »Kerbschlagbiegeversuch«

Aufgabe

Für einen unlegierten Baustahl ist das Kerbschlagzähigkeits-Temperatur-Schaubild im Temperaturbereich von —60 °C bis +80 °C aufzunehmen. Daraus ist die Übergangstemperatur $T_ü$ zu ermitteln. Das Bruchaussehen der Proben ist zu beurteilen.

Versuchsdurchführung

1. An den Proben ist der Querschnitt am Kerbgrund auszumessen.
2. Die Proben sind in einer Kältemischung, bestehend aus Kohlensäureschnee und Alkohol, zu unterkühlen bzw. in einem Thermostat zu erwärmen. Die Unterkühlungstemperatur soll —70 °C und die Erwärmungstemperatur 100 °C betragen.
3. Vor dem Versuch sind jeweils eine erwärmte und eine unterkühlte Probe anzubohren und mit einem Thermoelement zu versehen. Die Probe ist aus dem Bad zu nehmen und auf die Auflager (Bild 3.48) zu legen. Durch Zeit- und Thermo-

spannungsmessung wird eine Eichkurve ermittelt, die angibt, in welcher Zeit nach Entnahme der Probe aus dem Kälte- bzw. Warmbad die Probe die gewünschte Prüftemperatur besitzt.
4. Das Pendel wird ausgehoben und eingeklinkt. Der Zeiger der Skale ist auf Null zu stellen.
5. Die Probe wird aus dem Bad genommen und auf die Auflager gelegt. Nach der Zeit, in der die Probe die Prüftemperatur angenommen hat, wird das Pendel ausgeklinkt und zerschlägt die Probe.
6. Das Pendel ist mittels Bremshebels abzubremsen. Die verbrauchte Schlagarbeit wird an der Skale abgelesen.
7. Der Versuch ist alle 10 K zu wiederholen. KC ist nach Gl. (3.41) zu berechnen.
8. Kerbschlagzähigkeits-Temperatur-Schaubild zeichnen, $T_ü$ ermitteln und das Bruchaussehen beurteilen.
9. Alle Prüfbedingungen und -ergebnisse sind im Prüfprotokoll festzuhalten.

3.3.3.2. Prüfverfahren mit schwingender Beanspruchung

In den meisten Fällen wird ein Konstruktionsteil nicht einer ruhenden (statischen) Beanspruchung unterworfen, sondern ist einer schneller oder langsamer wechselnden, d. h. schwingenden Beanspruchung, ausgesetzt. Man kann dabei feststellen, daß ein Werkstoff nach einer gewissen Zahl von Lastwechseln auch bei Belastung unterhalb der Streckgrenze zu Bruch gehen kann. Dynamisch beanspruchte Teile lassen sich deshalb nicht oder nur sehr ungenau mit den Kennwerten statischer Versuche dimensionieren.
Der nach schwingender Beanspruchung eintretende Bruch hat ein charakteristisches Aussehen und wird als *Dauerbruch* bezeichnet. Untersuchungen ergaben, daß 80% aller im Maschinenbau auftretenden Brüche Dauerbrüche sind. Einen Dauerbruch stellt Bild 3.52 schematisch dar. Man erkennt an ihm zwei Zonen:
1. Die Zone der allmählichen Werkstofftrennung, die eigentliche Dauerbruchzone; sie besitzt eine glatte Bruchfläche. Auf ihr sind Ringe zu sehen, die Jahresringen im Holz ähneln. Man bezeichnet sie als Rastlinien.
2. Die Zone der plötzlichen Werkstofftrennung (Rest- oder Gewaltbruch).

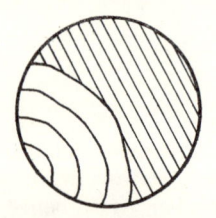

Bild 3.52. Schematisches Aussehen eines Dauerbruches — Daueranriß mit Rastlinien und Restbruchfläche (schraffiert)

Die Vorgänge im metallischen Werkstoff, die zum Dauerbruch führen, sind sehr kompliziert. In mikroskopischen Bereichen treten bei der schwingenden Beanspruchung im Metallgefüge Verformungen und Verfestigungen auf, die beim Überschreiten einer bestimmten Lastspielzahl zur Zerrüttung des Gefüges führen.
Ausgangspunkte für den Dauerbruch sind:

— Fehlstellen im Werkstoff, wie Randentkohlung, Schlackeneinschlüsse, Seigerungen u. a.,
— Oberflächenbeschädigungen, z. B. Drehriefen, Korrosionsangriff,
— konstruktiv bedingte Kerben, z. B. Keilnuten und Wellenansätze,
— Kraftumlenkstellen, z. B. Schraubenköpfe und Kröpfungen an Kurbelwellen.

1. Dauerbrüche durch Zug

1.1. Glattes Teil mit örtl. begr. Kerbwirkung
hohe Nennspannung   geringe Nennspannung

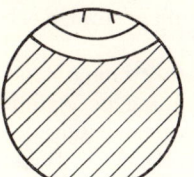

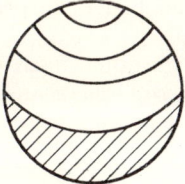

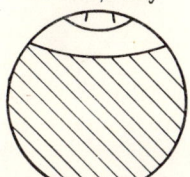

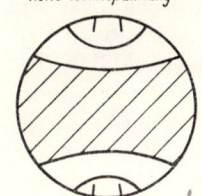

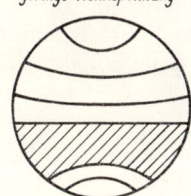

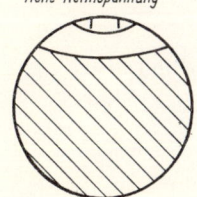

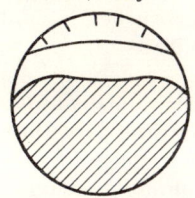

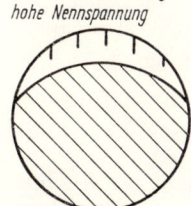

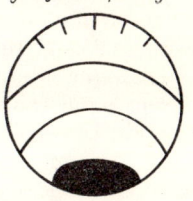

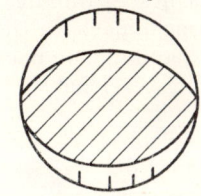

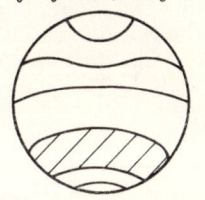

1.2. Hohe Kerbwirkung am gesamten Umfang
hohe Nennspannung   geringe Nennspannung

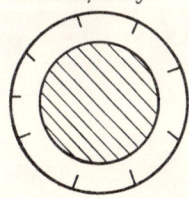

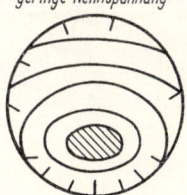

2. Dauerbrüche durch einseitige Biegung

2.1. Glattes Teil mit örtl. begr. Kerbwirkung
hohe Nennspannung   geringe Nennspannung

2.2. Hohe Kerbwirkung am gesamten Umfang
hohe Nennspannung   geringe Nennspannung

3. Dauerbrüche durch doppelseitige Biegung

3.1. Glattes Teil mit örtl. begr. Kerbwirkung
hohe Nennspannung   geringe Nennspannung

3.2. Hohe Kerbwirkung am gesamten Umfang
hohe Nennspannung   geringe Nennspannung

4. Dauerbrüche durch Umlaufbiegung

4.1. Glattes Teil mit örtl. begr. Kerbwirkung
hohe Nennspannung   geringe Nennspannung

4.2. Hohe Kerbwirkung am gesamten Umfang
hohe Nennspannung   geringe Nennspannung

5. Dauerbrüche durch Verdrehung

5.1. Glattes Teil ohne und mit Querbohrung

5.2. Hohe Kerbwirkung am gesamten Umfang

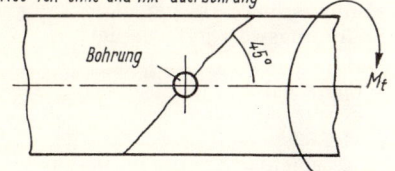

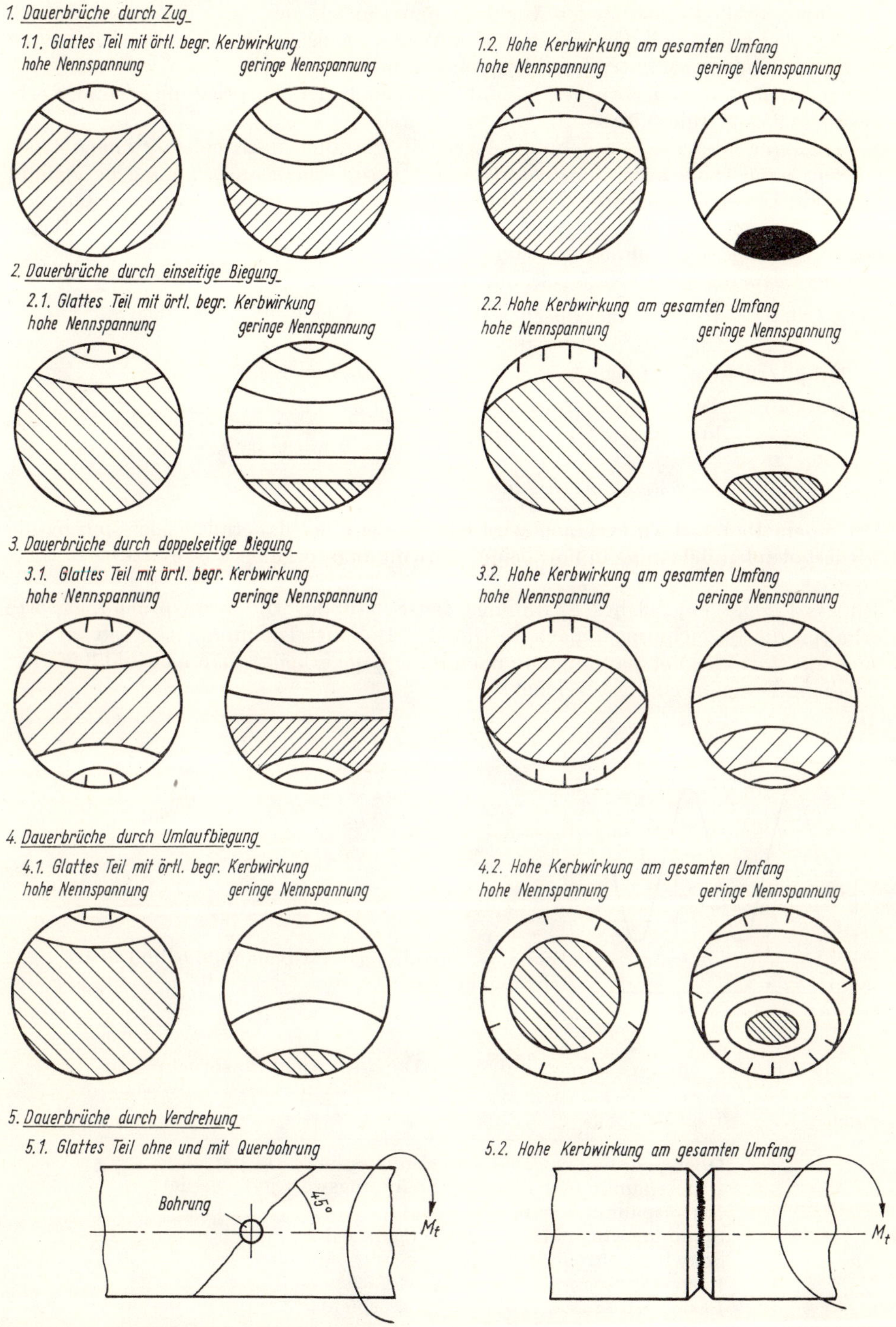

Bild 3.53. Verlauf von Dauerbrüchen

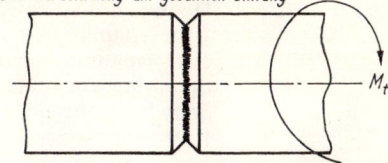

An diesen Stellen entsteht der Anriß für den Dauerbruch. Dadurch verstärkt sich die Kerbwirkung und beschleunigt das Weiterwachsen des Anrisses. Schließlich bleibt ein Restquerschnitt übrig, der plötzlich bricht.

Den Verlauf von Dauerbrüchen bei unterschiedlichen Beanspruchungen und Kerbwirkungen zeigt Bild 3.53.

Es gibt eine Grenzbeanspruchung, unterhalb der auch nach beliebig vielen Lastspielen keine Dauerbrüche mehr auftreten. Diese Grenzbeanspruchung bezeichnet man als Dauerschwingfestigkeit. Diese Dauerschwingfestigkeit läßt sich entsprechend der auftretenden Belastungsart durch schwingende Zug-, Druck-, Biege- oder Verdrehbeanspruchung ermitteln.

Für den *Dauerschwingversuch* gelten folgende Standards:

TGL 19330	Prüfung metallischer Werkstoffe; Schwingversuch, Begriffe, Durchführung, Auswertung
TGL 0-50113	Umlaufbiegeversuch
TGL 19340	Dauerschwingfestigkeit für stabförmige Bauteile aus Stahl; Ermittlung, Werte, Berechnung

Begriffe und Versuchsbeanspruchung

Bei einem Dauerschwingversuch wird eine Probe einer dauernden oder sich häufig wiederholenden Belastung in Form eines Schwingungsvorgangs ausgesetzt.

Bild 3.54 zeigt ein solches Spannungs-Zeit-Schaubild. Die Beanspruchungswerte erhalten die Bezeichnungen nach Tabelle 3.6. Die Mittelspannung σ_m wirkt im Versuch als statische Vorspannung. Je nach ihrer Lage erkennt man aus Bild 3.55 drei mögliche Beanspruchungsbereiche.

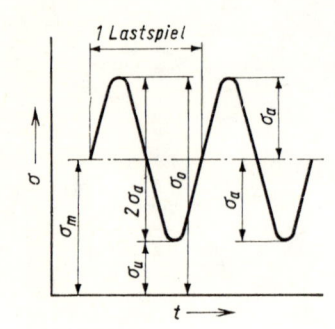

Bild 3.54. Spannungs-Zeit-Schaubild beim Dauerschwingversuch

Tabelle 3.6. Bezeichnungen und Symbole für Dauerschwingbeanspruchungen

Zeichen	Begriff
σ_o	Oberspannung = größter Spannungswert je Lastspiel
σ_u	Unterspannung = kleinster Spannungswert je Lastspiel
σ_m	Mittelspannung = $0{,}5\ (\sigma_o + \sigma_u)$
σ_a	Spannungsausschlag = $\pm\ 0{,}5\ (\sigma_o - \sigma_u)$
$2\,\sigma_a$	Schwingbreite der Spannung = $\sigma_o - \sigma_u$
L	Lastspiel
n	Lastspielfrequenz = Zahl der Lastspiele je Zeiteinheit in min^{-1}
N	Lastspielzahl der Probe bis zum Bruch, Angabe in $x\ 10^6$

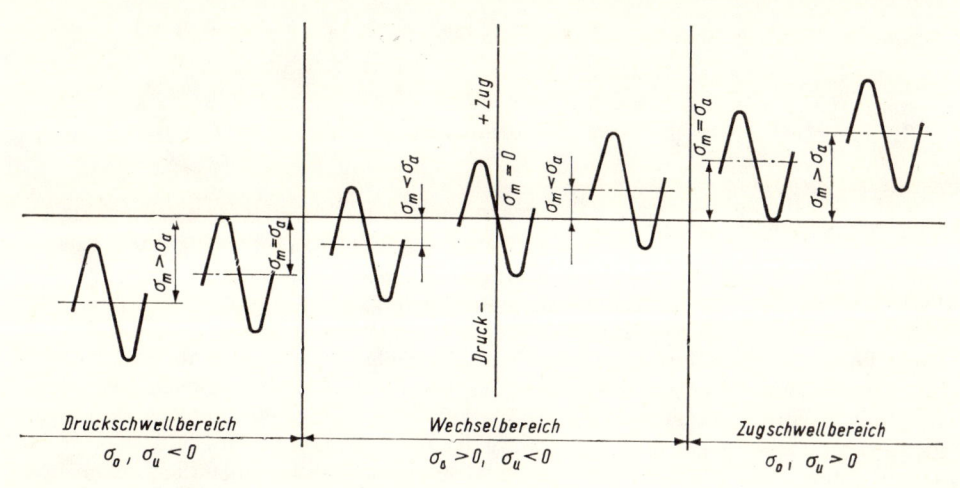

Bild 3.55. Bereiche der Dauerschwingbeanspruchung

Der Dauerschwingversuch kann in Abhängigkeit von den an den Werkstoff gestellten Anforderungen nach einer der Beanspruchungsmöglichkeiten durchgeführt werden. Man bestimmt dabei die Dauerschwingfestigkeit (kurz *Dauerfestigkeit*) σ_D.

σ_D ist der um eine gegebene Mittelspannung schwingende größte Spannungsausschlag, den die Probe unendlich oft ohne Bruch und ohne unzulässige Verformung ertragen kann.

$$\sigma_D = \sigma_m \pm \sigma_A \qquad (3.42)$$

Sie erkennen, daß σ_D und σ_A hier mit großen Indizes versehen sind. Das entspricht dem Standard. Kurzzeichen der Beanspruchungswerte erhalten kleine Indexbuchstaben (σ_o, σ_u, σ_m, σ_a), die Kurzzeichen für die aus dem Versuch ermittelten Festigkeitswerte hingegen große (σ_O, σ_U, σ_A). Als Sonderfälle der Dauerschwingfestigkeit bezeichnet man die Wechselfestigkeit σ_W, bei der die Mittelspannung gleich Null ist,

$$\sigma_W = \sigma_A = \sigma_U = \sigma_O, \qquad (3.43)$$

und die *Schwellfestigkeit* σ_{Sch}. Bei letzterer beträgt die Unterspannung $\sigma_U = 0$. Die Kennzeichnung der Art der Schwingbeanspruchung erfordert noch weitere Indexangaben:

σ_{zdW} Zug-Druck-Wechselfestigkeit
σ_{bW} Biegewechselfestigkeit
τ_W Torsionswechselfestigkeit
σ_{zSch} Zug-Schwellfestigkeit
σ_{dD} Dauerfestigkeit im Druckschwellbereich.

Lehrbeispiel:

Was besagen folgende Angaben:

a) $\sigma_{dD} = -120 \pm 80$ MPa   und   b) $\tau_W = 200$ MPa?

3. Werkstoffprüfung

Lösung:

a) Dauerfestigkeit im Druckschwellbereich, Mittelspannung $\sigma_m = -120$ MPa, max. Spannungsausschlag $\sigma_A = \pm\,80$ MPa
b) Torsionswechselfestigkeit, max. Spannungsausschlag $\tau_A = \pm\,200$ MPa

Ermittlung der Dauerschwingfestigkeit im Wöhlerversuch

Die Ermittlung der Dauerschwingfestigkeit erfolgt nach dem schon 1856 von *August Wöhler* angegebenen Verfahren. Man benötigt dazu 6 bis 10 glatte Prüfstäbe mit polierter Oberfläche, um den Einfluß von Oberflächenfehlern auszuschalten. Die Stäbe werden nacheinander einer verschieden hohen schwingenden Beanspruchung ausgesetzt. Der Spannungsausschlag für eine Probe bleibt während des Versuchs konstant. Alle Proben werden mit der gleichen Mittelspannung σ_m geprüft. Man ermittelt jeweils die Lastspielzahl N, bei der die Probe zu Bruch geht. Trägt man den Spannungsausschlag σ_A als Funktion der Lastspielzahlen bis zum Bruch grafisch auf, so entsteht eine sogenannte *Wöhlerkurve* (Bild 3.56). Es läßt sich daraus erkennen, daß ab einem bestimmten Grenzwert auch bei unendlich vielen Lastspielen kein Bruch der Probe mehr eintritt.

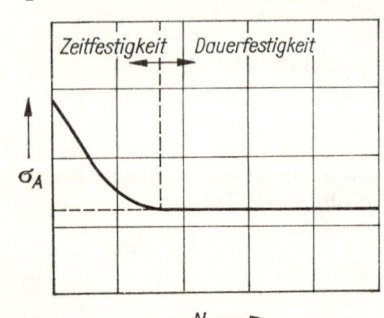

Bild 3.56. *Wöhler*kurve

Diese Spannung entspricht der Dauerschwingfestigkeit. Die Praxis hat bewiesen, daß die Ermittlung der Dauerschwingfestigkeit bereits bei einer endlichen Zahl von Lastspielen möglich ist, sogenannten Grenzlastspielzahlen. Sie betragen bei Stahl etwa $N = 10 \cdot 10^6$ und bei Leichtmetallen $N = 100 \cdot 10^6$. Sie geben die Lastspielzahl an, bei der die *Wöhlerkurve* in die Parallele zur Abszisse einschwenkt.

■ Ü. 3.29

Es gibt Werkstoffe, z. B. Plaste, bei denen die *Wöhler*kurve auch bei hohen Lastspielzahlen nicht die Grenzlastspielzahl erreicht, sondern eine geringe Neigung zur Abszisse beibehält. In diesem Fall und dann, wenn Maschinenteile nur eine begrenzte Lastspielzahl auszuhalten haben, ermittelt man die *Zeitfestigkeit* $\sigma_{D(N)}$.

Der Spannungswert $\sigma_{D(N)}$ für Bruchlastspielzahlen N, die geringer als die Grenzlastspielzahl sind, wird als Zeitfestigkeit bezeichnet.

■ Ü. 3.30

Schadenslinie

Schwingend beanspruchte Bauteile, die nur eine begrenzte Lebensdauer aufzuweisen brauchen, dimensioniert man mitunter nach der Zeitfestigkeit. Aus der *Wöhler*kurve wird deutlich, daß die Teile höher beansprucht werden können bzw. bei vorgegebener Beanspruchung ein kleinerer Querschnitt verwendet werden kann.

▶ Beachten Sie diesen Gesichtspunkt bei der Durchsetzung der Materialökonomie!

Der Bruch, der am Schnittpunkt der Beanspruchung mit der *Wöhler*kurve eintritt, erfolgt nicht als Folge des letzten Lastwechsels, sondern es tritt bereits vorher eine Werkstoffschädigung ein, deren Beginn durch den Verlauf der Schadenslinie angegeben wird. Die Schadenslinie im *Wöhler*diagramm nach Bild 3.57 stellt die Lastspielzahl in Abhängigkeit von der Beanspruchungshöhe σ_A dar, die im Werkstoff noch keine Schädigung hervorruft.

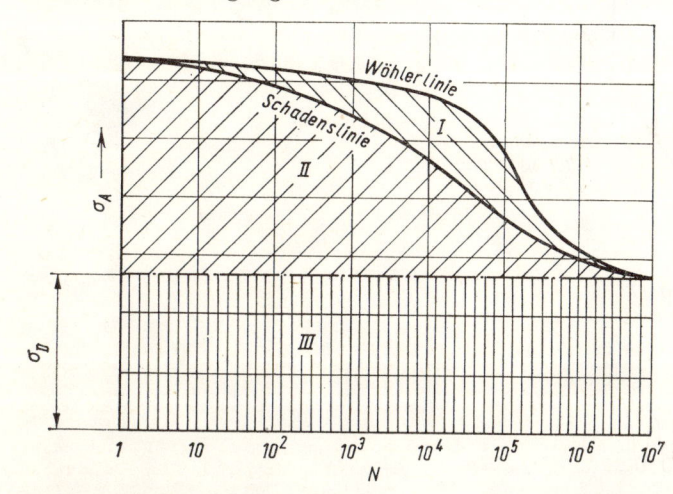

Bild 3.57. *Wöhler*kurve mit Schadenslinie

I Bereich der Überbeanspruchung mit Werkstoffschädigung
II Bereich der Überbeanspruchung ohne Werkstoffschädigung
III Bereich der Beanspruchung unter der Dauerfestigkeit

Dauerfestigkeits-Schaubilder

Eine *Wöhler*kurve charakterisiert das Verhalten des Werkstoffs nur in einem Bereich der Dauerschwingbeanspruchung, d. h. bei einer bestimmten Mittelspannung σ_m. Um das Verhalten im gesamten Bereich der Dauerschwingbeanspruchung zu erfassen, müssen mehrere *Wöhler*kurven mit unterschiedlichem σ_m ermittelt werden. Die erhaltenen Werte zeichnet man in ein Dauerfestigkeits-Schaubild um.

Aus dem Dauerfestigkeits-Schaubild läßt sich die Dauerfestigkeit in Abhängigkeit von jeder vorgegebenen Mittelspannung ablesen.

Deshalb dienen die Schaubilder dem Konstrukteur als Grundlage bei der Bemessung schwingend beanspruchter Teile. Bild 3.58 zeigt ein Dauerfestigkeits-Schaubild in der Darstellungsweise nach *Smith*. Auf der Abszisse ist σ_m und auf der Ordinate sind σ_O und σ_U im gleichen Maßstab aufgetragen. Durch die unter einem Winkel von 45° eingezeichnete Hilfslinie erscheinen die σ_m-Werte auch als Ordinatenwerte. Man kann sofort σ_O, σ_U, σ_A und σ_m aus dem Diagramm entnehmen. Zusammengehörige Werte von σ_O, σ_U, σ_m liegen senkrecht übereinander. Die Werte für die Wechselfestigkeit ($\sigma_m = 0$) lassen sich auf der Abszissenachse, die Schwellfestigkeit am Schnittpunkt der σ_U-Kurve mit der Abszisse, also bei $\sigma_U = 0$, ablesen. Theoretisch verläuft das Diagramm bis zur Zugfestigkeit R_m. Diesem gestrichelten Bereich kommt aber keine technische Bedeutung zu, da dort plastische Verformungen erfolgen. Deshalb begrenzt man das Diagramm durch die Waagerechte, die der im Zugversuch bestimmten Streckgrenze R_e bzw. $R_{p0,2}$ entspricht. Ersetzt man die Kurven für die Ober- und Unterspannung durch eine Gerade, so entsteht ein genügend genaues vereinfachtes Dauerfestigkeits-Schaubild.

■ Ü. 3.31

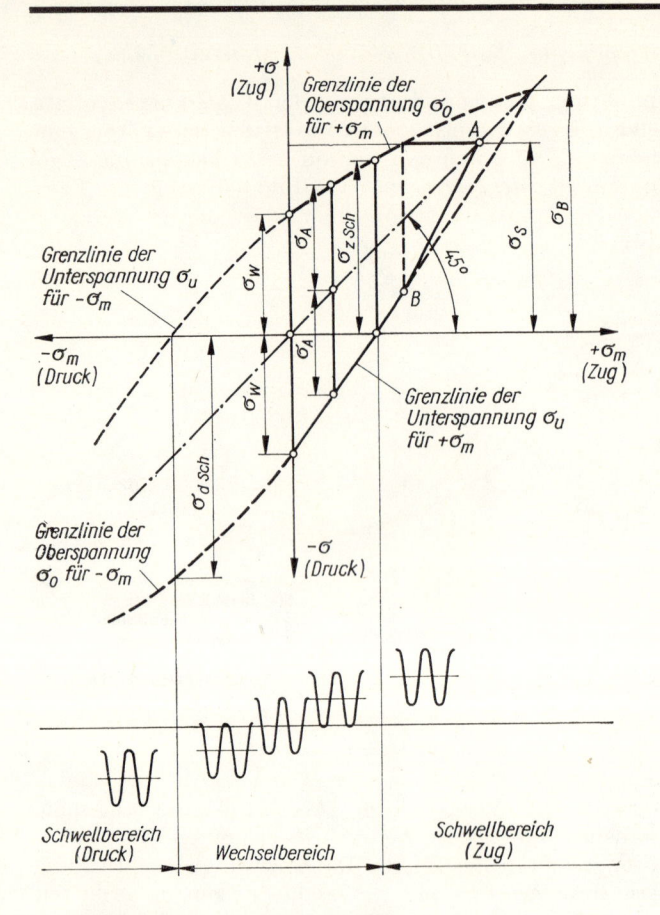

Bild 3.58. Dauerfestigkeitsschaubild nach *Smith* ($\sigma_S \triangleq R_e$, $\sigma_B \triangleq R_m$)

Einflüsse auf die Dauerfestigkeit

— Werkstoff bzw. Werkstoffzustand

Werkstoffe mit größerer statischer Festigkeit besitzen in der Regel auch eine größere Dauerfestigkeit, da sie höhere Beanspruchungen elastisch aufnehmen können. Zwischen der am häufigsten ermittelten Biegewechselfestigkeit und der Zugfestigkeit ergibt sich folgende empirische Beziehung, die jedoch nur Überschlagswerte liefert:

$$\sigma_{bW} \approx (0{,}4 \text{ bis } 0{,}6)\, R_m \tag{3.44}$$

Oberflächenhärten und Oberflächenverfestigungen durch Strahlen oder Kaltverformen erhöhen die Dauerfestigkeit. Nichtmetallische Einschlüsse sowie Seigerungen vermindern sie. Die Verwendung hochreiner Stähle bringt deshalb eine merkliche Erhöhung der Dauerfestigkeit.

— Oberflächenbeschaffenheit

Der Dauerbruch nimmt oft an Fehlstellen in der Oberfläche seinen Ausgang. Deshalb weisen polierte Oberflächen die höchste Dauerfestigkeit auf. Mit zunehmender Rauhigkeit der Oberfläche sinken die Werte ab, und zwar bei Stählen mit höherer Zugfestigkeit mehr als bei solchen mit niedriger. Sehr ungünstig wirken sich Kerben und andere Unregelmäßigkeiten der Oberfläche auf die

Dauerfestigkeit aus. An plötzlichen Querschnittsveränderungen ist der Spannungsverlauf ungleichmäßig. Es tritt eine Spannungsüberhöhung an der Kerbstelle auf, die in Abhängigkeit von Werkstoff, Größe und Gestalt des Bauteils die Dauerfestigkeit vermindert. Um diese Einflüsse richtig zu erfassen, werden häufig Prüfungen an Konstruktionsteilen durchgeführt, mit denen man die sogenannte *Gestaltfestigkeit* der Teile bestimmt.

— Korrosionsangriff

Gleichzeitiger Korrosionsangriff setzt die Dauerfestigkeit stark herab. Die *Wöhler*kurve verläuft auch bei hohen Lastspielzahlen nicht mehr waagerecht.

— Temperatur

Der Temperatureinfluß ist ähnlich wie bei der statischen Festigkeit, nur fällt die Dauerfestigkeit bei höheren Temperaturen nicht so schnell ab wie die Zugfestigkeit.

Mehrstufenversuch und Betriebsfestigkeitsversuch

Der *Wöhler*versuch geht von einem völlig regelmäßigen Beanspruchungsverlauf in Form einer Sinusschwingung aus, der aber bei den Bauteilen nicht auftritt.

▶ *Denken Sie dabei an den Beanspruchungsverlauf in einem Kraftfahrzeug, der sich mit der Beladung, der Fahrweise und dem Zustand der Fahrbahn ändert!*

Um eine bessere Aussage über die Lebensdauer von Konstruktionsteilen zu erhalten, können Schwingversuche unter betriebsnahen Bedingungen durchgeführt werden. Beim Mehrstufenversuch wird die Beanspruchung während der Versuchsdauer stufenweise in einer vorgegebenen Reihenfolge geändert. Die Anzahl der Lastspiele variiert man in den einzelnen Stufen, so daß der Bruch in einer vorgegebenen Beanspruchungsstufe erfolgt. Der Versuch dient vor allem zur Klärung der Schädigungsfunktion bei mehrstufiger Beanspruchung.

Der Betriebsfestigkeitsversuch ist ein Schwingversuch mit betriebsähnlichen Beanspruchungsfolgen. Er setzt die Erfassung der Beanspruchungscharakteristik des Konstruktionsteils voraus. Die Bestimmung der tatsächlichen Lebensdauer erfolgt dann unter Nachahmung der ermittelten Beanspruchungscharakteristik im Versuch.

■ Ü. 3.32

Prüfeinrichtungen für schwingende Beanspruchung

Schwingende Zug-Druck-Beanspruchungen können in der Universalprüfmaschine nach Bild 3.34 erzeugt werden, wenn die Maschine zusätzlich mit einem Pulsator ausgerüstet wird. Dabei lassen sich Schwingbreiten bis 0,5 MN und Schwingfrequenzen bis 1500 min^{-1} erreichen. In den letzten Jahren haben servohydraulische Prüfsysteme, mit denen sich Prüffrequenzen von 0 bis 200 Hz verwirklichen lassen, Anwendung gefunden. Zur Erzeugung von Biegewechselbeanspruchungen setzt man Umlaufbiegemaschinen ein, bei denen eine umlaufende Probe mit einem konstanten Biegemoment belastet wird.

3.3.4. Härtemessung

3.3.4.1. Einteilung der Härtemeßverfahren

Der Zweck der Härtemessung besteht in der Ermittlung vergleichender Kennzahlen für den Verformungswiderstand der Oberfläche eines Werkstoffs. Die Kennzahlen besitzen jedoch nicht die Bedeutung einer Werkstoffkenngröße.

In der Praxis findet die Härtemessung breite Anwendung. Sie läßt sich schnell durchführen und erfolgt in der Regel fast zerstörungsfrei. Dadurch ist die Härtemessung am fertigen Werkstück möglich. Außerdem besteht bei einigen Werkstoffen eine definierte Beziehung zwischen Zugfestigkeit und Härte, weshalb die Härtemessung Rückschlüsse auf die Festigkeit dieser Werkstoffe zuläßt. Es gibt eine Vielzahl von Härtemeßverfahren, die man in folgende Hauptgruppen einteilen kann:

— statische Verfahren,
— Ritzverfahren,
— dynamische Verfahren,
— Sonderverfahren.

Bei den ersten drei Hauptgruppen erfolgt eine mechanische Kraftwirkung auf den Prüfling. Unter Sonderverfahren versteht man magnetische und elektrische Härtemeßverfahren. Die nach verschiedenen Härtemeßverfahren ermittelten Härtewerte sind nicht unmittelbar miteinander vergleichbar, obwohl es für einige Verfahren Umrechnungswerte gibt.

3.3.4.2. Statische Härtemessung

Bei der statischen Härtemessung wird ein Eindringkörper genau definierter geometrischer Gestalt mit einer bestimmten Prüfkraft langsam und stetig in den zu untersuchenden Werkstoff eingedrückt. Der entstehende bleibende Eindruck oder die Eindringtiefe bilden das Maß für die Härte. Zur Anwendung kommen folgende Verfahren:

— *Brinell*-Härtemessung,
— *Vickers*-Härtemessung,
— *Rockwell*-Härtemessung.

Brinell-Härtemessung (TGL RGW 468)   *nur für ungehärtete WS*

Eine Kugel aus gehärtetem Stahl oder Hartmetall mit dem Durchmesser D wird mit einer Prüfkraft F eine gewisse Zeit lang in das Prüfstück eingedrückt (Bild 3.59).

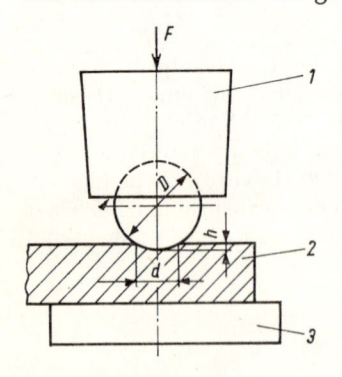

Bild 3.59. Härtemessung nach *Brinell* (schematisch)
1 Druckstempel   3 Prüftisch
2 Probe

Die *Brinell*härte *HB* stellt den Quotient aus der Prüfkraft *F* in N und der Eindruckoberfläche *A* in mm² dar.

$$HB = \frac{0{,}102\, F}{A} \tag{3.45}$$

F Prüfkraft (in N)
A Eindruckoberfläche (in mm²).

Der Faktor 0,102 in Gleichung (3.45) resultiert daraus, daß nach der alten TGL 8648 die Prüfkraft in kp angegeben wurde und die Härtewerte nach TGL RGW 468 denen der alten TGL entsprechen sollen.
Die Eindruckoberfläche besitzt die Form einer Kugelkalotte und läßt sich aus dem Eindruckdurchmesser *d* bzw. aus der Eindrucktiefe berechnen.

$$A_h = \pi D \, h = \frac{\pi}{2} D \left(D - \sqrt{D^2 - d^2} \right) \tag{3.46}$$

Daraus ergibt sich die *Brinell*härte:

$$HB = \frac{0{,}102 \cdot 2\, F}{\pi D \left(D - \sqrt{D^2 - d^2} \right)} \tag{3.47}$$

HB *Brinell*härte
F Prüfkraft (in N)
D Kugeldurchmesser (in mm)
d Eindruckdurchmesser (in mm).

Der Eindruck verursacht eine Verfestigung des Werkstoffes an der Eindruckstelle, weshalb die *Brinell*-Härtemessung lastabhängig ist, d. h., bei beliebigem Kugeldurchmesser *D* oder beliebiger Prüfkraft *F* erhält man keine vergleichbaren Härtewerte. Die Beziehung zwischen Prüfkraft und Kugeldurchmesser wird durch den Faktor *K* ausgedrückt:

$$K = \frac{0{,}102\, F}{D^2} \tag{3.48}$$

K Belastungsgrad.

Kugeldurchmesser und Prüfkraft sind so zu wählen, daß der Durchmesser des Eindruckes in den Grenzen von 0,25 D bis 0,6 D liegt. Dazu wird die in Tabelle 3.7 enthaltene Empfehlung für die Auswahl des Belastungsgrades in Abhängigkeit vom Werkstoff gegeben.

Tabelle 3.7. Auswahl des Belastungsgrades *K* beim *Brinell*-Verfahren

Metalle und Legierungen	*K*	*HB*
Eisen, Stahl, Gußeisen, hochfeste Legierungen	30	96…450
Kupfer, Nickel und ihre Legierungen	10	32…200
Aluminium, Magnesium, Zink und ihre Legierungen	5	16…100
Lager-Legierungen	2,5	8…50
Zinn, Blei	1	3,2…20

3. Werkstoffprüfung

Tabelle 3.8. Prüfkräfte bei der *Brinell*-Härtemessung

D in mm	F in N für den Belastungsgrad $K =$				
	30	10	5	2,5	1
10	29 430	9 800	4 900	2 450	980
5	7 355	2 450	1 225	613	245
2,5	1 840	613	306,5	153,2	61,5
2	1 176	392	196	98	39,2
1	294	98	49	24,5	9,8

Bei der Härtemessung werden Kugeln mit Nenndurchmessern von 10, 5, 2,5 und 1 mm verwendet. Damit ergeben sich in Abhängigkeit von Kugeldurchmesser und Belastungsgrad die in Tabelle 3.8 aufgeführten Prüfkräfte.

Für die Härtemessung nach *Brinell* gilt es außerdem, folgende Bedingungen einzuhalten:

1. Die Oberfläche der Probe muß eben, glatt und frei von Oxidschichten sein.
2. Der Abstand zwischen dem Zentrum des Eindruckes und dem Rand der Probe muß mindestens 2,5 d und der Abstand zwischen den Zentren zweier benachbarter Eindrücke mindestens 4 d betragen.
3. Der Eindruckdurchmesser ist in zwei zueinander senkrechten Richtungen auf $1/100$ mm genau auszumessen. Daraus ist der Mittelwert zu bilden.
4. Die Mindestprobendicke muß das 10fache der Eindrucktiefe h sein. Die Mindestprobendicke läßt sich auch nach der Gleichung (3.49) berechnen:

$$s = 10 \frac{0{,}102\,F}{\pi\,D\,HB}.\qquad(3.49)$$

Ist die Dicke der Probe kleiner als die errechnete Mindestdicke, so ist der Durchmesser der verwendeten Kugel zu vermindern.

5. Die Prüfkraft soll stoßfrei aufgebracht werden. Die Krafthaltedauer muß bei Schwarzmetallen 10 bis 15 s betragen. Bei Nichteisenmetallen und -legierungen sind in Abhängigkeit von der Härte des Werkstoffes 10 bis 180 s zu wählen.

Zur Härteangabe gehören wegen der Lastabhängigkeit der *Brinell*härte die Prüfbedingungen.

Bei den Standardprüfbedingungen $D = 10$ mm, $F = 29430$ N und einer Krafthaltedauer von 10 bis 15 s wird der Härtewert nur mit dem Kurzzeichen HB bezeichnet. Für andere Prüfbedingungen sind nach dem Kurzzeichen HB die Angaben in der Reihenfolge Kugeldurchmesser, Kraft und Krafthaltedauer anzugeben.

Lehrbeispiel:

Eine Härteangabe lautet 110 HB 2,5/62,5/40. Unter welchen Bedingungen wurde der Werkstoff geprüft?

Lösung:

Kugeldurchmesser $D = 2,5$ mm, Belastung $F = 613$ N, Belastungszeit $t = 40$ s. Da sich die Prüfkugel beim Versuch auch verformt, darf bei der Prüfung mit Stahlkugeln die Härte höchstens $400\ HB$ betragen.
Für verschiedene Werkstoffe besteht eine Proportionalität zwischen Zugfestigkeit und *Brinell*härte, die durch die Gleichung

$$R_\mathrm{m} = c\ HB \qquad (3.50)$$

R_m Zugfestigkeit
c werkstoffabhängiger Faktor
HB *Brinell*härte

ausgedrückt wird. Diese gestattet eine überschlägige Bestimmung der Zugfestigkeit aus der *Brinell*härte, die sich z. B. für Stahl aus

$$R_\mathrm{m} = 3,5\ HB \quad \text{(in MPa)} \qquad (3.50\mathrm{a})$$

ergibt.

■ Ü. 3.33 und 3.34

Die Härtemessung an Plastwerkstoffen erfolgt nach TGL 20924 ähnlich der *Brinell*-Härtemessung mit einem Kugeldruckversuch.
Der Unterschied zu diesem Verfahren besteht darin, daß die Eindringtiefe der Kugel bei Plasten unter Last gemessen wird. Es handelt sich also um die Bestimmung der Gesamtverformung, während bei Metallen nur die bleibende Verformung gemessen wird.
Verwendung findet eine gehärtete Stahlkugel mit $D = 0,5$ mm Durchmesser, die eine Druckkraft von $F = 50$ N in die Probe eindrückt. Die Eindringtiefe h mißt man nach 10 und 60 s. Daraus läßt sich die Härte H in MPa berechnen.

$$H = \frac{F}{\pi\ h\ D}\ . \qquad (3.51)$$

Vickers-Härtemessung (TGL RGW 470)

Als Eindringkörper findet bei der *Vickers*-Härtemessung eine regelmäßige vierseitige Diamantpyramide mit einem Flächenöffnungswinkel von 136° Verwendung (Bild 3.60). Diesen Winkel von 136° wählte man aus folgender Überlegung: Läßt man bei der *Brinell*-Härtemessung Eindruckdurchmesser $d = (0,25$ bis $0,5)\ D$ als

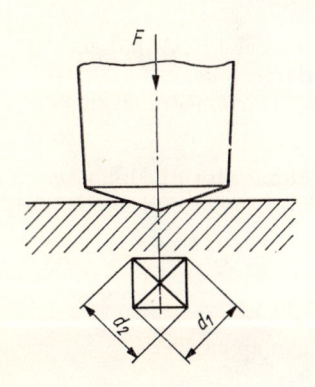

Bild 3.60. *Vickers*-Härtemessung (schematisch)

Grenzwerte zu, so wird der Mittelwert des Eindruckdurchmessers $d = 0{,}375\, D$ von den Stirnflächen einer Pyramide berührt, deren Flächenöffnungswinkel 136° beträgt. Deshalb stimmen auch die *Vickers*-Härtewerte bis zu $350\, HV$ mit den *Brinell*-Härtewerten überein. Bei höheren Härten ist die *Vickers*härte größer.

Die *Vickers*härte entspricht dem Quotient aus der aufgewendeten Prüfkraft F und der Oberfläche A des bleibenden pyramidenförmigen Eindrucks, der in der Aufsicht quadratisch erscheint.

$$HV = \frac{0{,}102\, F}{A} \tag{3.52}$$

F Prüfkraft (in N)
A Eindruckoberfläche (in mm²)

Wie bei der *Brinell*-Härtemessung resultiert der Faktor 0,102 in Gleichung (3.52) daraus, daß die Prüfkraft nach der alten TGL 9556 in kp angegeben wurde.
Die Eindruckoberfläche berechnet sich in Abhängigkeit von der Eindruckdiagonalen d aus

$$A = \frac{d^2}{2 \cos 22°} = \frac{d^2}{1{,}854}. \tag{3.53}$$

Daraus läßt sich die *Vickers*härte berechnen:

$$HV = 0{,}102 \cdot 1{,}854 \frac{F}{d^2} = 0{,}189 \frac{F}{d^2} \tag{3.54}$$

d Diagonale des Eindruckes (in mm).

Die nach dem *Vickers*-Verfahren gefundenen Härtewerte sind von der Prüfkraft nahezu unabhängig, da sich die Eindrücke bei verschiedenen Prüfkräften geometrisch ähneln. Trotz dieser Tatsache werden folgende Kräfte angewendet: 9,8, 24,5, 29,4, 49, 98, 196, 294, 490 und 980 N. Die Standardkraft zur Härtemessung beträgt 294 N. Dabei sollen bei Schwarzmetallen in der Regel Kräfte von 49 bis 980 N, für Kupfer und seine Legierungen von 24,5 bis 490 N und für Aluminium und seine Legierungen von 9,8 bis 980 N angewandt werden.
Bei der *Vickers*-Härtemessung gilt es folgende Prüfbedingungen einzuhalten:

1. Die Probenoberfläche muß feingeschliffen sein, um die Eindrücke genau ausmessen zu können.
2. Der Abstand der Eindrücke vom Probenrand bzw. zweier benachbarter Eindrücke soll mindestens $2{,}5\, d$ betragen.
3. Die Probendicke muß mindestens $1{,}5\, d$ sein. Die Probendicke in Abhängigkeit von der Prüfkraft und der *Vickers*härte ist im Bild 3.61 dargestellt.
4. Beim Aufbringen der Prüfkraft ist wie bei der *Brinell*-Härtemessung zu verfahren.

Die Härteangabe erfolgt durch die Zeichen HV für Standardprüfbedingungen ($F = 294$ N, $t = 10$ bis 15 s). Bei davon abweichenden Bedingungen sind die Größe der Kraft und die Krafthaltedauer anzugeben.

Lehrbeispiel:

Für die Härteangabe $200\, HV\, 10/30$ sind die Prüfbedingungen anzugeben!

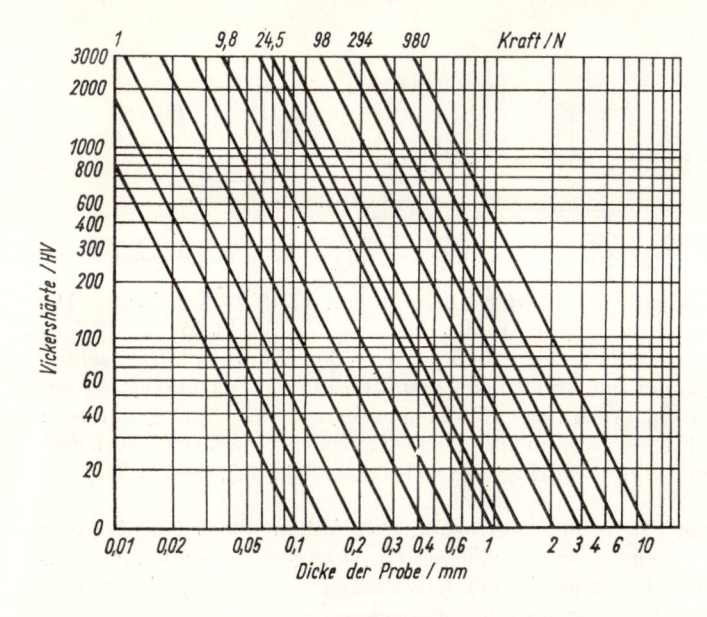

Bild 3.61. Probendicke in Abhängigkeit von *Vickers*härte und Prüfkraft

Lösung:

Prüfkraft $F = 98$ N, Prüfzeit $t = 30$ s.

Die *Vickers*-Härtemessung ist für Werkstoffe aller Härtegrade anwendbar. Wegen der geringen Abmessungen der Eindrücke eignet sie sich für die Härtemessung sehr dünner Teile bzw. von dünnen Härteschichten und Überzügen. Weiterhin kann man Härteunterschiede auf kleinstem Raum feststellen.

■ Ü. 3.35

▶ *Beachten Sie, daß die unter Punkt 3.2.1. genannte Mikrohärtemessung auf dem gleichen Prinzip beruht!*

Rockwell-Härtemessung (TGL RGW 469)

Bei der Rockwell-Härtemessung bildet die bei einer vorgegebenen Prüflast auftretende bleibende Eindrucktiefe eines Eindringkörpers das Maß für die Härte.

▶ *Merken Sie sich diesen wesentlichen Unterschied zu den beiden anderen Verfahren!*

Man arbeitet hier mit einer Vorkraft. Dadurch scheiden Fehlermöglichkeiten, die sich aus dem elastischen Verhalten von Werkstoff und Prüfgerät ergeben, aus. Auch Oberflächenfehler können z. T. ausgeschaltet werden. Am bekanntesten ist das *Rockwell*-C-Verfahren (Cone = Kegel), bei dem als Eindringkörper ein Diamantkegel mit einem Öffnungswinkel von 120° Verwendung findet. Es eignet sich für harte Werkstoffe $> 400\ HB$. Beim *Rockwell*-A-Verfahren arbeitet man mit dem gleichen Eindringkörper wie beim *Rockwell*-Verfahren, nur mit geringeren Kräften. Es ist für sehr harte Werkstoffe (z. B. Hartmetall) geeignet. Das *Rockwell*-B-Verfahren (Ball = Kugel) benutzt als Eindringkörper eine gehärtete Stahlkugel von $1/16''$ Durchmesser und ist für weichere Werkstoffe verwendbar.

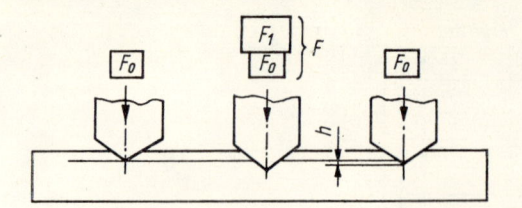

Bild 3.62. Prinzip der *Rockwell*-Härtemessung (HRC, HRA)
F_0 Vorkraft
F_1 Zusatzkraft
e   *Rockwell*-Einheit (e = 0,002 mm)
h   bleibende Eindrucktiefe (in mm)

Die *Rockwell*-Härtemessung führt man nach Bild 3.62 folgendermaßen durch:

Zunächst wird der Eindringkörper mit der Vorkraft von $F_0 = 98$ N belastet. Die durch die Vorkraft erzielte Eindringtiefe bildet den Ausgangspunkt für die Tiefenmessung, d. h., die am Gerät angebrachte Meßuhr zeigt den Wert »0« an. Anschließend wird die Belastung innerhalb von 2 bis 8 s stoßfrei um die Zusatzkraft F_1 auf die Gesamtkraft F gesteigert. Wenn die Eindringbewegung zur Ruhe gekommen ist, erfolgt nach 2 s die Entlastung auf die Vorkraft. Dabei federt der Werkstoff etwas zurück, und es bleibt eine Eindringtiefe e (1 e $\triangleq$ 0,002 mm), die als Maß für die *Rockwell*härte gilt.

Bei Werkstoffen, die zur plastischen Verformung in Abhängigkeit von der Zeit neigen, was daran zu erkennen ist, daß der Zeiger der Anzeigeskale nicht zum Stillstand kommt, wird der Härtewert nach einer Krafthaltedauer von 10, 30 oder 60 s nach der plötzlichen Verlangsamung des Zeigers abgelesen.

Eine absolute, bleibende Eindringtiefe von 0,002 mm wurde als 1 Skalenwert der Tiefenmeßuhr festgelegt. Die Skale der Meßuhr weist eine Teilung von 0 bis 100 zum unmittelbaren Ablesen der *Rockwell*-C-Härte (HRC) und der *Rockwell*-A-Härte (HRA) und eine Teilung von 30 bis 130 zum Ablesen der *Rockwell*-B-Härte (HRB) auf. Damit einer größeren Härte auch eine höhere Zahl entspricht, zieht man die Eindringtiefenzahl e von 100 bzw. 130 ab:

$$HRC = 100 - e \qquad HRA = 100 - e \qquad HRB = 130 - e.$$

Die am Prüfgerät abgelesenen Härtewerte stellen dimensionslose Vergleichszahlen dar.

Die bei der *Rockwell*-Härtemessung verwendeten Kräfte sind in Tabelle 3.9 enthalten.

■ Ü. 3.36

Tabelle 3.9. Kräfte bei der *Rockwell*-Härtemessung

Kraft	Skale C in N	Skale A in N	Skale B in N
Vorkraft F_0	98	98	98
Zugkraft F_1	1 373	490	883
Gesamtkraft F	1 471	588	980

Für die *Rockwell*-Härtemessung gelten folgende Bedingungen:
1. Die Prüffläche der Probe muß geschlichtet bzw. geschliffen sein.
2. Das HRC-Verfahren ist nur im Härtebereich von $HRC = 20$ bis 70, das HRA-Verfahren von $HRA = 60$ bis 88 und das HRB-Verfahren von $HRB = 35$ bis 100 anzuwenden. Werden diese Bedingungen nicht eingehalten, so erhält man z. T. sinnwidrige negative Härtewerte.

3. Die Probendicke muß mindestens das 8fache der Eindringtiefe betragen.
4. Der Abstand der Eindrücke untereinander und vom Rand soll mindestens 3 mm betragen.

Gegenüber den bereits behandelten Verfahren ist die *Rockwell*-Härtemessung ungenauer. Bei elastischen Verformungen des Härtemeßgerätes bzw. bei elastischen und plastischen Verformungen des Prüfstückes ergeben sich trotz der Vorlast aufgrund der Tiefenmessung fehlerhafte Werte, weshalb einer einwandfreien glatten Auflage der Probe besondere Bedeutung zukommt. Der Vorteil der *Rockwell*-Härtemessung besteht in der Schnelligkeit des Prüfvorgangs und in der einfachen Handhabung des Geräts. Dieses Verfahren ermöglicht eine Automatisierung der Härtemessung. Die Bilder 3.63 und 3.64 zeigen Härtemeßgeräte, mit denen die statischen Härtemessungen durchgeführt werden.

■ Ü. 3.37

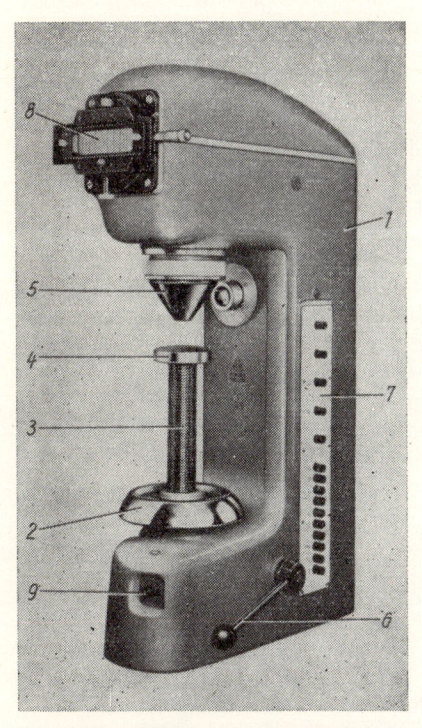

Bild 3.63. Härtemeßgerät HPO 250 zur Bestimmung von *Brinell*- und *Vickers*härte

1 Gestell
2 Handrad
3 Spindel
4 Auflagetisch
5 Spannhülse
6 Handhebel
7 Kraftstufentafel
8 Meßeinrichtung
9 Bedienungstaster

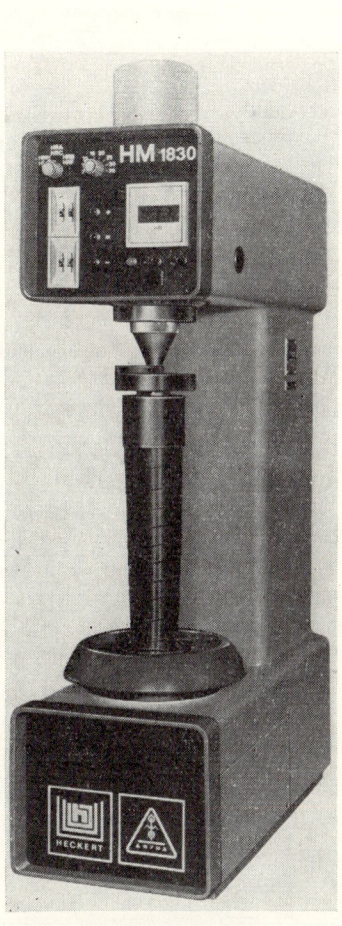

Bild 3.64. Härtemeßgerät HM 1830 zur Bestimmung von *Rockwell*- und *Brinell*härte (VEB Werkstoffprüfmaschinen Leipzig)

Das Härtemeßgerät HM 1830 ermöglicht einen automatischen Meßablauf. Durch den vorhandenen Anschluß zur Ansteuerung einer Sortiereinrichtung sowie die eingebauten Anschlüsse für Meßwertdrucker und Rechner, besteht die Ausbaumöglichkeit zur vollautomatischen Härtemessung.

3.3.4.3. Dynamische Härtemessung

Während bei der statischen Härtemessung der Eindringkörper eine Zeitlang unter der Einwirkung der Prüfkraft steht, trifft der Prüfkörper bei der *dynamischen Härtemessung* mit einer kinetischen Energie auf das Werkstück auf. Obwohl die Zuverlässigkeit der dynamischen Härtemessung nicht an die der statischen heranreicht, weist sie einige Vorzüge auf, z. B. niedrige Kosten der Prüfgeräte, Handlichkeit und Ortsbeweglichkeit, die ihnen ein weites Anwendungsgebiet sichert. Entsprechend der Auswertung erfolgt die Unterteilung der dynamischen Härtemeßverfahren in zwei Gruppen:

— Dynamisch-plastische Verfahren
 Die Größe eines durch einen Eindringkörper erzeugten Eindrucks bildet das Maß für die Härte (Fall- und Schlaghärtemessung).
— Dynamisch-elastische Verfahren
 Das Härtemaß ist die Rücksprunghöhe eines Fallgewichts (Rücksprunghärtemessung).

Dynamisch-plastische Härtemeßverfahren

Bei den dynamisch-plastischen Verfahren wird ein Eindringkörper, in der Regel eine Kugel, durch eine stoßartige Kraftwirkung in die Probe eingetrieben, so daß ein bleibender Eindruck entsteht, dessen Größe als Maß für die Härte dient.

Man unterscheidet hierbei die *Fall-* und die *Schlaghärtemessung,* wobei letztere besondere Bedeutung besitzt. Bei der Schlaghärtemessung treibt eine sich plötzlich entspannende Feder oder ein Hammerschlag die Prüfkugel in das Werkstück ein. Ein besonders bekanntes Verfahren ist das Schlaghärteprüfersystem »Poldi« nach TGL 34746. Es lehnt sich stark an die *Brinell*-Härtemessung an. Wie aus Bild 3.65 zu ersehen ist, befindet sich eine Prüfkugel von 10 mm Durchmesser (gehärtete Stahlkugel) zwischen dem Prüfstück und einem Vergleichsstab (Normalstab) bekannter Härte. Ein kurzer Schlag mit einem Hammer von 300 bis 500 g Masse erzeugt in beiden gleichzeitig einen Kugeleindruck. Anschließend sind beide

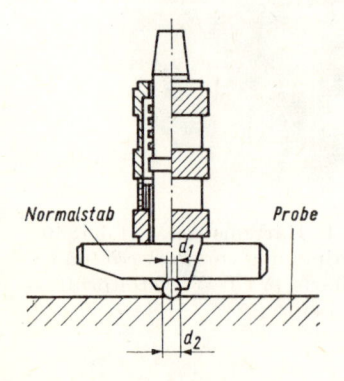

Bild 3.65. Schlaghärteprüfer (schematisch)

Eindruckdurchmesser auszumessen. Danach läßt sich aus der bekannten Härte des Vergleichsstabs auf die gesuchte Härte der Probe schließen. Zu dem Gerät sind entsprechende Tabellen mitgeliefert, die die Auswertung erleichtern.

■ Ü. 3.38

Dynamisch-elastische Härtemeßverfahren

Bei den dynamisch-elastischen Verfahren wird die Rücksprunghöhe eines Fallhämmerchens gemessen, das durch sein Eigengewicht aus einer bestimmten Höhe auf die Probe fällt. Diese Rücksprunghöhe verwendet man als Härtemaß (Bild 3.66).

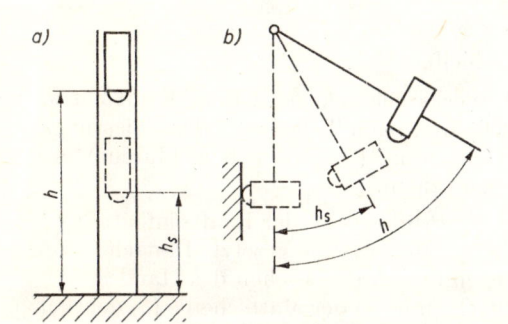

Bild 3.66. Dynamisch-elastische Härtemessung

Man spricht deshalb von *Rücksprunghärtemessung* (TGL 10650). Der Werkstoff verformt sich auf Grund der geringen Fallarbeit hauptsächlich elastisch. Das Verfahren eignet sich besonders für harte und spröde Werkstoffe, da bei ihnen der Anteil der plastischen Verformung vernachlässigbar klein ist.
Härtewerte verschiedener Werkstoffe lassen sich nur dann vergleichen, wenn sie den gleichen Elastizitätsmodul besitzen. Es ist vorteilhaft, daß man sehr viele Messungen in kurzer Zeit ausführen kann, wobei keine Prüfspuren hinterlassen werden. Das Verfahren eignet sich deshalb besonders für vergleichende Härtemessungen.
Eines der wichtigsten Geräte dieser Gruppe ist das Skleroskop von *Shore*. Ein mit einer Diamantspitze versehener Körper fällt aus einer Höhe von 254 mm auf die zu prüfende Metalloberfläche. Die Härtezahl in Shore-D-Einheiten ($H_{Sh\,D}$) ermittelt man aus der Rücksprunghöhe, die an der Skale abgelesen werden kann. *Shore* entwickelte die Härteskala von 130 Einheiten so, daß das Hämmerchen bei einem eutektoiden, gehärteten Stahl 100 *Shore*-D-Einheiten zurückspringt. Da aber die Rücksprunghöhe vom Meßgerät abhängt, führt die direkte Ablesung der Rücksprunghärte zu ungenauen Werten. Deshalb wird zu jedem Gerät eine Eichkurve mitgeliefert, mit deren Hilfe sich aus der Rücksprunghöhe in Skalenteilen die *V*ickershärte HV_R ermitteln läßt.

Bei der Rücksprunghärtemessung gilt es folgendes zu beachten:

1. Die Oberfläche der Probe muß feingeschliffen und fettfrei sein.
2. Die Masse des Prüflings soll mindestens 2 kg bei 50 mm Dicke betragen, um die Beeinflussung des Meßergebnisses durch Schwingungen zu vermeiden.
3. Der Härtewert ist als Mittelwert aus mindestens 5 Messungen zu bestimmen.
4. Das Prüfgerät ist senkrecht und fest auf die Probe aufzusetzen.
5. Es können nur Härtewerte über 225 HV gemessen werden.

Versuchsanleitung »Statische Härtemessung«

Aufgabe

a) An einer Probe von 8 mm Dicke aus weichem Stahl sind die *Brinell*härte und die ungefähre Zugfestigkeit zu bestimmen.

b) Von einer einsatzgehärteten Probe ist die *Vickers*härte zu bestimmen.

c) Von einem Hobelstahl (Schnellarbeitsstahl) ist die *Rockwell*-C-Härte zu bestimmen.

Versuchsdurchführung:

a) 1. Die Proben sind auf einer Fläche zu schleifen.

    2. Entsprechend dem Werkstoff, der Werkstückdicke und dem Kraftmeßbereich des Härtemeßgerätes (HPO 250) sind nach Tabelle 3.7 der Belastungsgrad, unter Berücksichtigung von Gleichung (3.49) der Kugeldurchmesser und mit Tabelle 3.8 die Prüfkraft auszuwählen.

    3. Am Härtemeßgerät (Bild 3.63) wird die Prüfkraft an der Kraftstufentafel (7) vorgewählt. Die *Brinell*kugel wird in das Meßgerät eingesetzt. Danach ist die Probe auf den Auflagetisch (4) zu legen und durch Drehen des Handrads (2) in die Prüfstellung zu bringen (Meßfläche muß in der Mattscheibe (8) deutlich sichtbar sein).

    4. Nach dem Festklemmen der Probe mittels Spannhülse (5) wird der Meßvorgang ausgelöst (9).

    5. Der Belastungsvorgang ist nach 10 bis 15 s durch Drücken des Handhebels (6) zu beenden.

    6. Der Kalotteneindruck wird mit der optischen Meßeinrichtung (8) in zwei zueinander senkrecht stehenden Richtungen ausgemessen.

    7. Aus dem Mittelwert von d wird die *Brinell*härte nach Gleichung (3.47) bestimmt. Die ungefähre Zugfestigkeit erhält man aus Gleichung (3.50a).

b) 1. Am Druckstempel des Härtemeßgeräts ist die *Vickers*pyramide einzusetzen.

    2. Die erforderliche Prüfkraft wird vorgewählt (7).

    3. Der Meßvorgang wird in der gleichen Weise wie bei der *Brinell*-Härtemessung durchgeführt (Eindruckdiagonalen d ausmessen). Die *Vickers*härte ist nach Gleichung (3.54) zu berechnen.

c) 1. Der *Rockwell*-Diamantkegel wird in das Härtemeßgerät (Bild 3.64) eingesetzt.

    2. Die Gesamtkraft $F = 1471$ N ist an der Kraftstufentafel vorzuwählen.

    3. Die Probe wird auf den Auflagetisch gelegt. Durch Drehen des Handrads wird die Probe gegen den Diamantkegel gedrückt und die Vorlast aufgebracht.

    4. Danach ist die Zusatzkraft innerhalb von 2 bis 8 s aufzubringen, bis die Tiefenmeßuhr zur Ruhe gekommen ist.

    5. Nach Entlastung auf Vorlast wird an der *HRC*-Skala der Meßuhr der Härtewert abgelesen. Danach kann die Probe vollständig entlastet werden.

3.3.5. Technologische Prüfverfahren

Die *technologischen Prüfverfahren* sind die ältesten Werkstoffuntersuchungen. Sie werden auch heute noch in großem Umfang angewendet. Die Prüfung erfolgt annähernd unter Bedingungen, denen der Prüfling im späteren Betrieb oder bei seiner Verarbeitung ausgesetzt ist. Ihr wesentlicher Vorteil besteht darin, daß sich viele Versuche in kürzester Zeit und ohne großen apparativen Aufwand durchführen lassen. Von der großen Zahl der technologischen Prüfverfahren sind die wichtigsten, die in der Praxis laufend vorkommen, standardisiert. Dieser Abschnitt behandelt nur einige wesentliche Prüfverfahren.

▶ *Ergänzen Sie das an dieser Stelle Vermittelte durch diejenigen technologischen Prüfungen, die in Ihrem Fachgebiet eine Rolle spielen!*

3.3.5.1. Technologische Kaltversuche

Zu ihnen zählen vor allem Biege- und Faltversuche, Prüfungen an Feinblechen, Rohren, Ketten, Federn, Nieten, Muttern und Schrauben.

Faltversuch (nach TGL RGW 474, TGL 4395)

Der Versuch dient zur Ermittlung der Biegbarkeit des Werkstoffs bei Raumtemperatur. Er hat sehr große Verbreitung gefunden und läßt sich nahezu universell anwenden. Als Proben dienen Flachstäbe bis 50 mm Breite, aber auch Rundstäbe oder anders geformte Halbzeuge. Wesentlich ist, daß der Werkstoff in dem Zustand geprüft wird, in welchem er Verwendung findet. Der Faltversuch wird auf Prüfmaschinen oder Pressen mit Stützrollen (Bild 3.67) oder Matrizen mit U- oder V-förmiger Vertiefung durchgeführt.

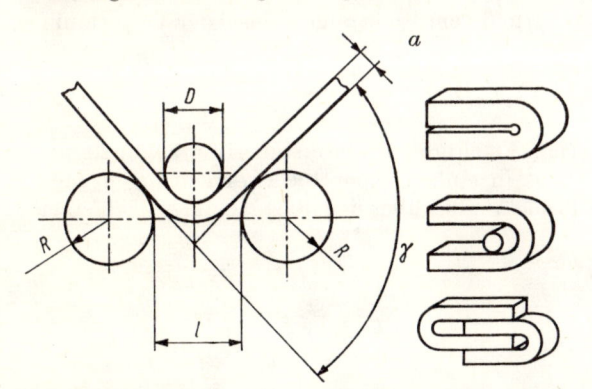

Bild 3.67. Faltversuch

Der Abstand zwischen den Auflagern muß $D + 3a$ betragen. Der Faltversuch kann nach folgenden Varianten erfolgen:

a) bis zu einem vorgegebenen Biegewinkel,
b) bis zu dem Biegewinkel, bei dem die ersten Anrisse in der Zugzone der Probe sichtbar sind,
c) bis zur Parallelität der Seiten durch Druck auf die Schenkelenden zwischen den parallelen Druckplatten unter Verwendung einer Einlage, die dem Durchmesser des Dornes entsprechen muß,
d) bis zur Berührung der Seiten.

Die Belastung muß dabei stetig steigend sein. Es gilt zu beachten, daß sich die Versuche nur dann vergleichen lassen, wenn das Verhältnis der Stabbreite b zur Stabdicke a gleich ist.

Der Faltversuch wird nach TGL 14912, Bl. 4 auch an stumpfgeschweißten Proben mit einer Mindestdicke von 5 mm durchgeführt. Die Probestücke entnimmt man quer zur Schweißnaht (Bild 3.68) und prüft sie in der dargestellten Weise. Die Wurzelseite einer Schweißnaht soll dabei immer auf der Druckseite liegen. Beim ersten Anriß wird der Versuch abgebrochen und der erreichte Biegewinkel ermittelt. Der Prüfbericht muß alle Versuchsbedingungen enthalten.

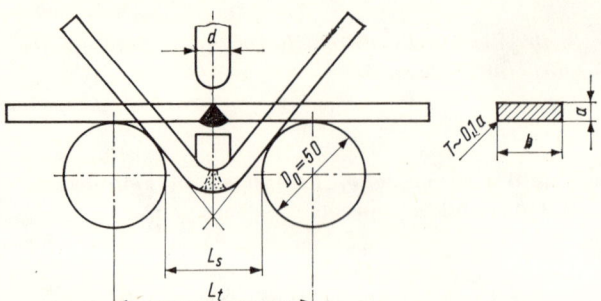

Bild 3.68. Faltversuch an stumpfgeschweißten Proben

Hin- und Herbiegeversuch (nach TGL RGW 479, TGL 15485)

Für Feinbleche mit einer Dicke bis 2 mm und für Drähte mit einem Durchmesser bis 7 mm aus weichen Werkstoffen ist der Faltversuch nicht charakteristisch, weil dabei das Formänderungsvermögen des Werkstoffs nicht erschöpft wird. In diesen Fällen findet der Hin- und Herbiegeversuch Verwendung, wobei das Formänderungsvermögen des Werkstoffs bei mehrmaligem Richtungswechsel der Verformung festgestellt wird.

▶ *Denken Sie an die Blechstreifen in Schnellheftern!*

Die Proben sollen etwa 80 mm lang sein. Flachproben weisen eine Breite von 20 mm auf. Die Versuchsdurchführung erfolgt in einheitlichen Biegevorrichtungen nach Bild 3.69. Zunächst biegt man die Probe um 90° über den Biegezylinder nach einer

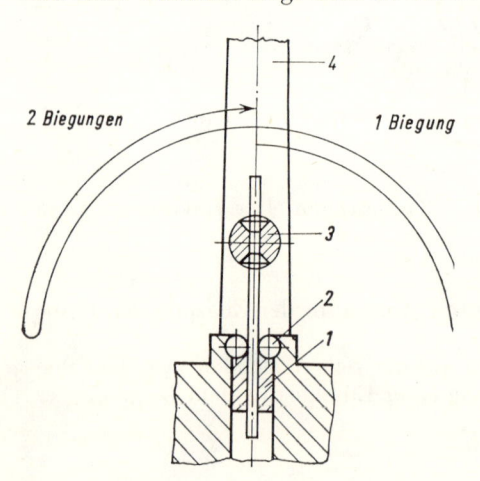

Bild 3.69. Hin- und Herbiegeversuch

1 Klemmbacken   3 Führung
2 Stützzylinder   4 Biegehebel

Seite und darauf zurück in die Ausgangslage. Dieser Vorgang wird dann nach der anderen Seite wiederholt und das Hin- und Herbiegen so lange fortgesetzt, bis sich an der am stärksten beanspruchten Stelle Risse zeigen oder der Bruch eintritt. Als Biegezahl bezeichnet man die Zahl der Biegungen um 90° und zurück bis zum Bruch. Diese Zahl dient als Gütemaß und wird mit vorhandenen Richtwerten oder Liefervereinbarungen verglichen. Bricht die Probe bei geringerer Biegezahl, als vorgeschrieben, so eignet sich der Werkstoff nicht für wechselnde Biegeumformung.

Prüfung von Feinblechen auf Tiefziehfähigkeit

Neben dem bereits behandelten Falt- sowie Hin- und Herbiegeversuch kommt bei Feinblechen und Band den Tiefziehversuchen große Bedeutung zu. Durch Tiefziehen lassen sich im kalten Zustand Gegenstände für die verschiedensten Verwendungszwecke wie Dosen, Töpfe, Kappen, Karosserien u. a. herstellen. Die Beurteilung der *Tiefziehfähigkeit* erfordert deshalb Prüfmethoden, die das Tiefziehen weitestgehend nachbilden. Es gibt eine Vielzahl von Prüfverfahren zur Ermittlung der Tiefziehfähigkeit. Dabei sind diejenigen Verfahren, die den Tiefziehvorgang genau widerspiegeln, wie das Näpfchenziehverfahren und das Tiefziehweitungsverfahren, umständlich sowie zeit- und materialaufwendig. Die anderen Verfahren, z. B. das Einbeulverfahren nach *Erichsen*, lassen sich einfach und rasch durchführen, liefern aber Ergebnisse, die nicht die Tiefziehfähigkeit, sondern einen ähnlichen Vergleichswert angeben.

Der Tiefungsversuch nach *Erichsen* (TGL RGW 478-77) hat auf Grund der genannten Einfachheit die größte Verbreitung gefunden. Dabei drückt ein kugliger Stempel auf eine zwischen Faltenhalter und Ziehring eingespannte Ronde und beult sie ein, bis ein Riß in ihr entsteht. Der Stempelweg bzw. die Tiefe der Kalotte bis zum Anriß ist ein Maß für die Tiefziehfähigkeit und wird mit IE bezeichnet. Die Prüfvorrichtung ist schematisch im Bild 3.70 dargestellt.

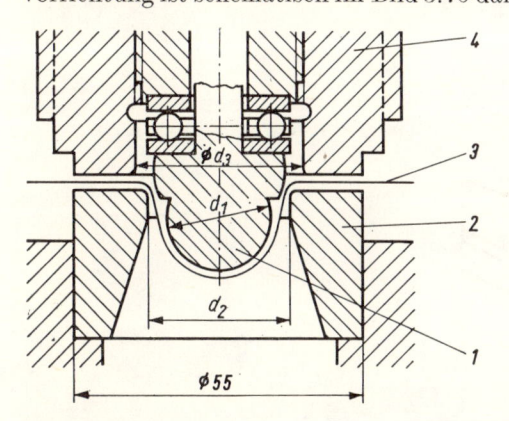

Bild 3.70. Tiefungsgerät nach *Erichsen*
1 Stempel   3 Probe
2 Matrize   4 Faltenhalter

Die Bleche dürfen eine maximale Dicke von 2 mm aufweisen.
Die Probenabmessungen und die dazugehörigen Maße von Matrize, Stempel und Faltenhalter sind aus Tabelle 3.10 ersichtlich.
Vor dem Versuch sind die Probe und die Kugel einzufetten. Zwischen Probe und Faltenhalter ist ein Spiel von 0,05 mm einzustellen, um ein geringes Nachfließen des Werkstoffes zu ermöglichen. Das Eindrücken der Kugel muß langsam (5 bis 30 mm min^{-1}) und gleichmäßig erfolgen. Der Abstand zwischen den Mittelpunkten benachbarter Kalotten muß mindestens 55 mm bei Blechbreiten $<$ 90 mm und mindestens 90 mm bei Blechbreiten $\geqq$ 90 mm betragen.

Tabelle 3.10. Abmessungen beim *Erichsen*-Verfahren

Abmessungen der Probe		d_1	d_2	d_0
Breite der Seite des Quadrates, Durchmesser der Scheibe in mm	Dicke in mm	in mm	in mm	in mm
≥ 90	0,2···2	20	27	33
< 90···55	0,2···2	15	21	18
< 55···30	0,2···1	8	11	10
< 30···13	0,1···0,75	3	5	3,5

Zur Auswertung wird die Tiefe der Kalotte bis zum Anriß mit einer Genauigkeit von 0,1 mm gemessen. Die Kennzeichnung der Kalottentiefe erfolgt durch die Kennbuchstaben »*IE*«. Als Index ist daran der Matrizendurchmesser anzugeben (IE_{11}, IE_{21}), wenn dieser von 27 mm abweicht.

Die erreichten Tiefungswerte IE können mit den Richtkurven für die entsprechenden Blechsorten nach Bild 3.71 verglichen werden.

Liegen die erreichten Tiefungswerte über den Richtkurven, dann eignet sich das Blech für den Tiefungsvorgang. Rißverlauf und Oberflächenbeschaffenheit der Ronde dienen der weiteren Beurteilung der Blechgüte. Eine glatte Oberfläche der Ronde und eine rundumlaufende Bruchlinie deuten auf ein feinkörniges Gefüge mit guten Verformungseigenschaften hin, während eine starke Aufrauhung in der Nähe des Einrisses grobkörniges Gefüge mit schlechten Verformungseigenschaften anzeigt.

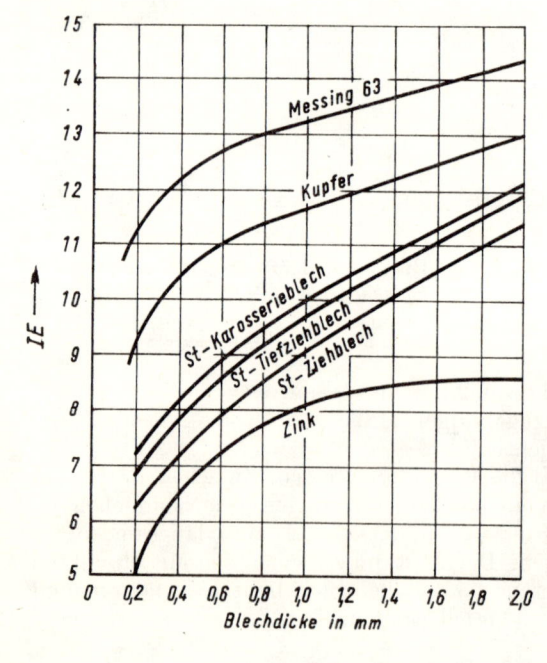

Bild 3.71. Tiefungsnormen für einige Blecharten nach *Erichsen*

Die neuen Bezeichnungen lauten:
MS 63 = CuZn37
Kupfer = ECuF20
St-Karosserieblech = Mk 4
St-Tiefziehblech = Mu5, Mb5
St-Ziehblech = Mu7
Zink = Zn99,5

Ein weiteres Tiefziehprüfungsverfahren, der Tiefziehversuch nach *Engelhardt* und *Groß* (TGL 8715), zeichnet sich sowohl durch weitestgehende Anpassung an das Tiefziehen als auch durch große Einfachheit aus. Mit Hilfe von Tiefziehwerkzeugen wird aus einem Blechstreifen von 55 bis 58 mm Breite ein Napf bestimmter Form gezogen. Nach Erreichen der maximalen Zugkraft F_z wird ein weiteres Einfließen des Werkstoffs in den Ziehring durch Festklemmen des Blechs zwischen Matrize und Faltenhalter verhindert. Bei fortschreitender Stempelbewegung reißt schließlich der Boden des Napfes ab. Die maximale Zugkraft F_z und die Abreißkraft F_{ab} werden am Gerät abgelesen. Daraus errechnet sich die Tiefziehsicherheit

$$T = \frac{F_{ab} - F_z}{F_{ab}} 100 \tag{3.55}$$

T Tiefziehsicherheit in %
F_{ab} Abreißkraft
F_z maximale Zugkraft.

Die Tiefziehsicherheit T gibt die im Werkstoff enthaltene prozentuale Kraftreserve an, die bei den Prüfbedingungen zwischen maximaler Ziehkraft und Bodenabreißkraft noch vorhanden ist. Die erhaltenen T-Werte vergleicht man wieder mit Richtkurven verschiedener Blechsorten. Die Oberflächenbeschaffenheit an der Rißzone und die Neigung zur Zipfelbildung dienen der weiteren Beurteilung des Blechs.

■ Ü. 3.39

In jüngster Zeit werden zur Prüfung von Tiefziehblechen zwei weitere Verfahren angewandt. Dies sind die Bestimmung des Verfestigungsexponenten (n-Wert) nach TGL 27439 und die Bestimmung der normalen plastischen Anisotropie (r-Wert) nach TGL 27438. Während der Verfestigungsexponent ein Maß für die Streckziehfähigkeit eines Bleches darstellt, ist die normale plastische Anisotropie ein Maß für die Eignung eines Bleches zum Tiefziehen. Beide Werte lassen sich im Zugversuch ermitteln.

▶ *Informieren Sie sich über die Versuche in den angegebenen Standards!*

3.3.5.2. Technologische Warmversuche

Durch technologische Warmversuche prüft man das Formänderungsvermögen des Werkstoffs bei höheren Temperaturen, d. h. seine Anfälligkeit gegen Rotbruch und die Neigung zur Warmversprödung.

Hierzu zählen der Ausbreitversuch, der Stauchversuch, die Loch- und Aufdornprobe, der Warmbiegeversuch und der Bördelversuch.

Stauchversuch (TGL 20023)

Der Versuch findet besonders bei Werkstoffen für Niete und Schrauben Anwendung. Die Prüfung erfolgt wie beim Druckversuch an einer zylindrischen Probe, deren Höhe dem doppelten Durchmesser entspricht. Die Probe wird entweder bis zu einem vorgeschriebenen Stauchgrad oder bis zum ersten Anriß gestaucht. Der errechnete Stauchgrad

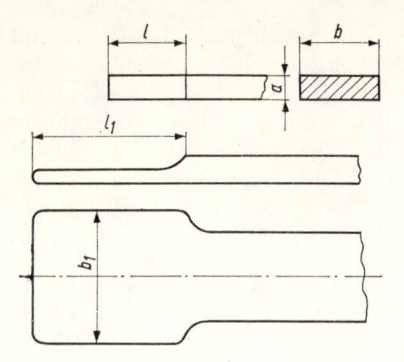

Bild 3.72
Ausbreitversuch

$$\varkappa = \frac{h - h_1}{h} 100 \tag{3.56}$$

$\varkappa$ Stauchgrad (in %)
h Probenhöhe vor dem Versuch
h_1 Probenhöhe nach dem Versuch

gilt als Gütemaß. Läßt sich die Probe auf $1/3$ ihrer Anfangshöhe ohne Anrisse stauchen, so gewährleistet sie gute Warmverformbarkeit.

Ausbreitversuch

Dieser Versuch wird an Flachproben mit etwa 400 mm Länge durchgeführt. Das Verhältnis Höhe zu Breite soll 1 : 3 sein. Im rotwarmen Zustand ist die Probe mit der abgerundeten Finne des Handhammers auszuschmieden (Bild 3.72). Als Gütemaß dient die erreichte Streckung oder Ausbreitung (in %):

$$\text{Streckung} = \frac{l_1 - l}{l} 100 \tag{3.57}$$

$$\text{Ausbreitung} = \frac{b_1 - b}{b} 100 \tag{3.58}$$

l, l_1 Probenlänge vor und nach dem Versuch
b, b_1 Probenbreite vor und nach dem Versuch.

Der Versuch gilt als erfüllt, wenn sich eine Ausbreitung von 1,5facher Anfangsbreite ohne Rißbildung erreichen läßt.

Loch- und Aufdornversuch

Eine Blechprobe mit einem Verhältnis von Dicke zu Breite gleich 1 : 5 wird im rotwarmen Zustand mit einem konischen Dorn (Kegel 1 : 10, Enddurchmesser $1/2$ bis $3/4$ Probendicke) längs der Probenkante mehrmals bei abnehmendem Abstand zur Probenkante gelocht. Als Gütemaß gilt der kleinste Abstand des Lochs vom Rand, bei dem kein An- oder Aufreißen auftritt.

Der Aufdornversuch ist eine Erweiterung des Lochversuchs. Eine Probe mit den gleichen Abmessungen locht man im rotwarmen Zustand zuerst mittig auf einen Durchmesser, der dem doppelten der Probendicke s entspricht. Danach wird das Loch mit einem konischen Dorn (Kegel 1 : 10) bis auf das Doppelte des Vorlochdurchmessers oder bis zum Auftreten von Rissen geweitet. Als Gütemaß gilt dabei der im Versuch erreichte Lochdurchmesser d_2, bezogen auf den ursprünglichen Lochdurchmesser d_1 (in %).

$$\text{Weitung} = \frac{d_2 - d_1}{d_1} 100 \tag{3.59}$$

d_1 Vorlochdurchmesser
d_2 Lochdurchmesser bis zum Anriß

Warmfaltversuch

Dieser Versuch dient zum Nachweis der Rotbrüchigkeit des Stahles bei Temperaturen der Warmverformung von 700 bis 1100 °C. Eine zweite Form dieses Versuchs besteht im Nachweis der Blaubrüchigkeit, d. h. der durch Alterung kohlenstoffarmer Stähle bei Temperaturen von etwa 300 °C auftretenden Versprödung.
Die Durchführung des Warmfaltversuchs geschieht in der gleichen Weise wie der in Abschnitt 3.3.5.1. ausführlicher beschriebene Kaltversuch. Der Nachweis der Warmverformbarkeit ist erbracht, wenn sich während und nach dem Versuch keine Anrisse zeigen. Vor der Sichtprüfung muß die Probe vom Zunder befreit werden.

■ Ü. 3.40

3.4. Zerstörungsfreie Werkstoffprüfung

Zielstellung

Dieser Abschnitt vermittelt Ihnen Grundkenntnisse über die verschiedenen Verfahren der zerstörungsfreien Werkstoffprüfung. Sie sollen befähigt werden, die Anwendungsmöglichkeiten der wichtigsten zerstörungsfreien Prüfverfahren und deren wirtschaftlichen Einsatz einzuschätzen. Erkennen Sie die wachsende Bedeutung der zerstörungsfreien Werkstoffprüfung!
Da fehlerhafte oder verwechselte Werkstoffe die Ausschußquote im Betrieb erhöhen, besteht bei Anwendung der zerstörungsfreien Werkstoffprüfung die Möglichkeit einer umfassenden Qualitätsüberwachung und -sicherung.

3.4.1. Einteilung der zerstörungsfreien Werkstoffprüfungen

Die *zerstörungsfreie Werkstoffprüfung* hat in den letzten 20 Jahren in fast allen Industriezweigen eine breite Anwendung gefunden. Im Gegensatz zu den mechanisch-technologischen Prüfverfahren tritt hier keine Zerstörung bzw. Beschädigung des Werkstücks oder eines Probekörpers auf. Die Untersuchung erfolgt deshalb am fertigen Werkstück oder Halbzeug. Bei der mechanisch-technologischen Prüfung können aus einer Fertigungsserie nur einige Probstücke herausgezogen und geprüft werden. Auf Grund der Wahrscheinlichkeit werden dann Rückschlüsse von den Einzelproben auf die Gesamtserie gezogen. In diesem Fall kann man nicht mit Sicherheit die Fehlerfreiheit der Gesamtserie garantieren. Die zerstörungsfreien Prüfverfahren ermöglichen die Untersuchung jedes Teils der Serie. Damit erhöht sich die Sicherheit bei der Ermittlung von Fehlern im Werkstoff wesentlich.

Diese Prüfverfahren gewinnen auch dort an Bedeutung, wo die Prüfstücke keiner Zerstörung ausgesetzt werden können, weil ihre Formgebung eine einmalige und endgültige ist. Das trifft beispielsweise für Kurbelwellen zu.

Die zerstörungsfreie Werkstoffprüfung umfaßt die Bereiche der zerstörungsfreien Fehlerprüfung und der zerstörungsfreien Qualitätsprüfung.

Die zerstörungsfreie Fehlerprüfung oder Defektoskopie ermöglicht die Feststellung von Rissen, Gasblasen, Seigerungen, Schlackeneinschlüssen u. a. Fehlern im Werkstoff. Mit der zerstörungsfreien Qualitätsprüfung werden Spannungen an Konstruktionsteilen, Gefügezustände, Dicken und Schichtdicken sowie mechanische Eigenschaften der Werkstoffe bestimmt.

Dabei zeichnen sich gegenwärtig folgende Entwicklungstendenzen ab:
- die Weiterentwicklung der Defektoskopie zur Defektometrie und der zerstörungsfreien Qualitätsprüfung zur Qualimetrie, d. h. der Übergang von der qualitativen zur quantitativen Fehler- und Qualitätsbewertung;
- die Einbeziehung der zerstörungsfreien Werkstoffprüfung in den Fertigungsablauf, wobei die Prüfungen weitestgehend automatisiert werden;
- die Produktion wird durch eine rechnergestützte Auswertung der Prüfergebnisse gesteuert. Bei der Prüfung erfolgt nicht mehr nur eine Sortierung in »gut« oder »schlecht«, sondern es wird in den Fertigungsprozeß eingegriffen.

Die Verfahren der zerstörungsfreien Werkstoffprüfung kann man wie folgt einteilen:
- Röntgen- und Gammadefektoskopie,
- Ultraschall-Materialprüfung,
- magnetische und magnetinduktive Prüfverfahren,
- Eindring- und Diffusionsverfahren.

Darüber hinaus gibt es eine Reihe von Sonderverfahren, wie die elektrische Rißtiefenmessung, die Schallemissionsanalyse, die Infrarot- und Mikrowellenprüfung und die thermoelektrischen Verfahren, auf die in diesem Rahmen nicht eingegangen werden kann.

■ Ü. 3.41

3.4.2. Röntgen- und Gammadefektoskopie – Radiologische Prüfung

Die radiologische Prüfung findet dann Anwendung, wenn es gilt, makroskopische Fehler im Inneren der Werkstücke, wie Lunker, Gasblasen, Bindefehler an Schweißnähten u. a., festzustellen. Das Verfahren ermöglicht es, die genaue Lage und Ausdehnung des Fehlers zu bestimmen und fotografisch festzustellen.

3.4.2.1. Wesen und Eigenschaften der Röntgen- und Gammastrahlen

Röntgen- und γ-Strahlen sind elektromagnetische Wellen. Sie unterscheiden sich von den Lichtstrahlen durch ihre wesentlich kürzere Wellenlänge. Die Frequenz der Strahlung kennzeichnet die Beziehung

$$\nu = \frac{c}{\lambda} \tag{3.60}$$

c Lichtgeschwindigkeit
λ Wellenlänge (sichtbares Licht (7,5 bis 4) 10^{-6} m, Röntgenstrahlen $10^{-7,5}$ bis 10^{-11} m, γ-Strahlen 10^{-11} bis 10^{-13} m).

Röntgen- und γ-Strahlen sind wie alle elektromagnetischen Wellen dualistischer Natur. Einerseits besitzen sie Wellennatur, das geht aus ihrer Beugung, Brechung, Reflexion und Interferenz hervor, andererseits haben sie den Charakter kleiner mit Lichtgeschwindigkeit fliegender Energieteilchen, den Quanten. Hiernach erhält eine Strahlung der Frequenz ν Quanten der Größe

$$E = h\,\nu \qquad (h = 6{,}626 \cdot 10^{-34}\ \text{J s} \quad \textit{Planck}\text{sches Wirkungsquantum.}) \tag{3.61}$$

Infolge der kürzeren Wellenlänge und damit der höheren Quantenenergie, durch die sich die Röntgen- und γ-Strahlen vom sichtbaren Licht unterscheiden, besitzen sie auch eine Reihe anderer Eigenschaften, die für die Werkstoffprüfung genutzt werden. Diese sind:

— *Durchdringungsfähigkeit und Schwächung*

Röntgen- und Gammastrahlen durchdringen feste Stoffe. Dabei werden sie geschwächt.

Bei der Durchstrahlung muß also ein Teil der auf das Werkstück auftreffenden Strahlung auf dessen Rückseite wieder austreten. Die Größe dieses Teils hängt von der Dicke des Werkstücks, der Wellenlänge der Strahlung und von der Art des Werkstoffs selbst ab. Metallische Werkstoffe mit hoher Ordnungszahl, wie z. B. Pb und W, sind nur gering durchdringungsfähig. Sie werden deshalb als Werkstoffe für den Strahlenschutz verwendet. Kurzwellige, d. h. harte Strahlen, sind stärker durchdringungsfähig als langwellige weiche Strahlen. Da die γ-Strahlen kurzwelliger sind als Röntgenstrahlen, lassen sich mit ihnen auch dickere Werkstücke durchstrahlen. Bei Eisenwerkstoffen sind mit ihnen maximal 200 mm dicke Werkstücke durchstrahlbar gegenüber 100 mm mit Röntgenstrahlen. Die Schwächung der Strahlen wird ausgedrückt durch

$$J = J_0\, e^{-\mu D} \tag{3.62}$$

J_0 Strahlenintensität oder Dosisleistung der in das Werkstück eintretenden Strahlung
J Strahlenintensität oder Dosisleistung der aus dem Werkstück austretenden Strahlung
D Werkstückdicke
μ Schwächungskoeffizient.

Der Schwächungskoeffizient setzt sich aus mehreren Komponenten zusammen.

▶ *Informieren Sie sich darüber im Lehrgebiet »Physik«!*

Das Maß für das Durchdringungsvermögen der Röntgen- und γ-Strahlen ist die *Halbwertsschichtdicke b*. Darunter versteht man diejenige Schichtdicke eines Werkstoffs, die die Intensität einer auftreffenden Strahlung auf die Hälfte herabsetzt.

— *Fluoreszenz*

Treffen Röntgen- und γ-Strahlen auf bestimmte Stoffe, wie ZnS, CdS oder CaWO$_4$, so werden diese Stoffe zur Aussendung von sichtbarem Licht angeregt.

Diese Erscheinung bezeichnet man als Fluoreszenz. Mit Hilfe eines fluoreszierenden Stoffes lassen sich Röntgen- und γ-Strahlen sichtbar machen. Solche Leuchtschirme finden bei der Röntgendurchleuchtung in der Medizin und der Werkstoffprüfung Verwendung.

— *Ionisation*

Röntgen- und γ-Strahlen setzen aus allen Stoffen, die sie treffen, Elektronen frei. Zurück bleibt ein Ion. Deshalb bezeichnet man diese Erscheinung als Ionisation. Gase werden dadurch bei Bestrahlung elektrisch leitend. Daraus ergibt sich die Möglichkeit, die Intensität der Röntgen- und γ-Strahlen mit Ionisationskammern oder Zählrohren nachzuweisen.
Die Ionisation wird auch zur Definition der Intensität von Röntgen- und γ-Strahlen herangezogen. Man verwendet die sogenannte Ionendosis, die in $C\ kg^{-1}$ gemessen wird. Die auf die Zeiteinheit bezogene Strahlungsmenge wird als Ionendosisleistung bezeichnet und in $A\ kg^{-1}$ angegeben.

— *Chemische Wirkung*

Durch Bestrahlung mit Röntgen- und γ-Strahlen verändern sich zahlreiche Stoffe chemisch. Dazu gehört auch die Veränderung des Aufbaus und der Eigenschaften von Plasten. Besondere Bedeutung für die Werkstoffprüfung gewinnt die Tatsache, daß eine chemische Änderung der fotografischen Emulsion von Filmen eintritt. Bestrahlte Fotoschichten schwärzen sich im Entwickler. Diese Schwärzung bildet die Grundlage für die Aufnahme von Röntgenbildern.

— *Biologische Wirkung*

Röntgen- und γ-Strahlen verändern Bau und Tätigkeit von lebenden Gewebezellen und rufen dadurch Schädigungen hervor. Das trifft auch auf die Keimzellen zu, was zu Veränderungen der Erbanlagen führt. Es ist deshalb erforderlich, zur Vermeidung dieser Wirkungen auf den Menschen umfangreiche Strahlenschutzmaßnahmen festzulegen.

3.4.2.2. Röntgeneinrichtungen und Gammadefektoskopen — Kennwerte

Röntgen- und γ-Strahlen unterscheiden sich in der Art ihrer Entstehung. Röntgenstrahlung entsteht, wenn schnellfliegende Elektronen auf Hindernisse stoßen. Durch die plötzliche Bremsung verlieren die Elektronen ihre kinetische Energie, die sich teilweise in Gammastrahlung umwandelt. Die Erzeugung von Röntgenstrahlung erfolgt in einer evakuierten Glasröhre, der Röntgenröhre, in der sich Anode und Katode befinden. Beim Erhitzen der Katode durch einen Heizstrom (8 bis 20 mA) werden von ihr Elektronen emittiert. Durch die zwischen Anode und Katode angelegte Hochspannung von 50 bis 400 kV werden die Elektronen zur Anode hin beschleunigt. Beim Aufprall entsteht Röntgenstrahlung (1% der Elektronenenergie), deren Wellenlänge der angelegten Hochspannung umgekehrt proportional ist.
Röntgeneinrichtungen bestehen deshalb aus drei Hauptteilen: Röntgenröhre, Hochspannungserzeuger und den Schalt- und Regelgeräten.
Das Bestreben, dicke Werkstücke zu durchstrahlen, führte zur Entwicklung der Betatron-Geräte (Elektronenbeschleuniger). Bei ihnen erfolgt eine Umwandlung von 40% der Elektronenenergie in kurzwellige Röntgenstrahlung. Dadurch lassen sich Stahlstücke bis zu einer Dicke von 300 mm durchstrahlen.
Eine Gammastrahlung entsteht (neben α- und β-Strahlung) beim radioaktiven Zerfall von Atomkernen. γ-Strahler sind sowohl natürliche als auch künstliche radio-

aktive Isotope. Zu den ersteren gehören Radium (Ra 226), Radon (Rn 222) und Mesothorium (MsTh 228). Ihres hohen Preises wegen werden sie heute in der Werkstoffprüfung kaum noch eingesetzt. Zur Anwendung gelangen fast ausschließlich künstliche radioaktive Isotope. Ob ein γ-Strahler für die Zwecke der Werkstoffprüfung brauchbar ist, hängt in starkem Maße von seiner Aktivität und Halbwertszeit ab.

Die Aktivität eines radioaktiven Präparats entspricht der Anzahl der in 1 s stattfindenden Zerfallsakte in den Atomkernen. Eine Aktivität von 1 Bequerel (Bq) entspricht 1 Zerfallsakt je Sekunde. Als spezifische Aktivität bezeichnet man die auf die Masseeinheit von 1 g bezogene Aktivität eines Strahlers. Je größer diese ist, um so kleiner kann der Strahler sein und um so randschärfer werden die Aufnahmen. Da die Zahl der zerfallenen Kerne ständig steigt, nimmt die Aktivität des Strahlers ab. Die Halbwertszeit bildet das Maß für die Zerfallsgeschwindigkeit. Sie entspricht der Zeit, in der die Aktivität des Strahlers auf die Hälfte abgesunken ist. In Tabelle 3.11 sind die Kennwerte für die technisch wichtigen Gammastrahler enthalten.

Tabelle 3.11. Kennwerte technisch wichtiger Gammastrahler

Isotop	Halbwertszeit	Halbwertsdicke in mm Pb	Ionendosisleistung von Bq in 1 m Abstand in A kg^{-1}	Durchstrahlbare Dicke in mm Fe
Co-60 (Cobalt)	5,2 Jahre	13	$2,6148 \cdot 10^{-18}$	50$\cdots$150 (200)
Cs-137 (Cäsium)	26 Jahre	8,4	$0,6764 \cdot 10^{-18}$	30$\cdots$100
Ir-192 (Iridium)	74 Tage	2,8	$0,9692 \cdot 10^{-18}$	6$\cdots$70 (90)
Tm-170 (Thulium)	129 Tage	2	$0,0087 \cdot 10^{-18}$	bis 8

Die radioaktiven Isotope werden in speziellen Arbeitsbehältern, den *Isotopengeräten*, untergebracht. Dabei befindet sich das radioaktive Präparat in einem kugelförmigen Strahlenschutzteil aus Blei, so daß im geschlossenen Zustand keine Gefährdung des Menschen eintreten kann.

■ Ü. 3.42 und Ü. 3.43

3.4.2.3. Aufnahmeprinzip und Prüftechnik bei der Röntgen- und Gammadefektoskopie

Aufnahmeprinzip

Durchstrahlt man ein fehlerhaftes Werkstück nach Bild 3.73, z. B. einen Stahlblock mit Lunker, so werden die Strahlen entsprechend dem Schwächungsgesetz (Gl. (3.62)) unterschiedlich stark absorbiert. Für die aus dem Werkstück austretende Strahlung gilt:

für den fehlerfreien Bereich

$$J_1 = J_0\, e^{-\mu_1 D} \tag{3.63}$$

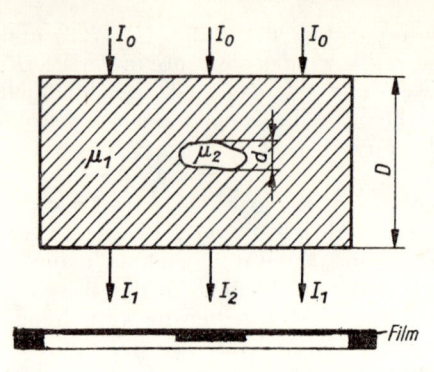

Bild 3.73. Prinzip der Röntgendefektoskopie

und für den fehlerbehafteten Bereich

$$J_2 = J_0\, e^{-[\mu_1(D-d)+\mu_2 d]} \tag{3.64}$$

J_0 Intensität der auftreffenden Strahlen
J_1 Intensität der austretenden Strahlen nach Durchdringen des fehlerfreien Bereichs des Werkstücks
J_2 Intensität der austretenden Strahlen nach Durchdringen des fehlerbehafteten Bereichs des Werkstücks
μ_1 Schwächungskoeffizient des Werkstoffs
μ_2 Schwächungskoeffizient der Fehlstelle (Luft)
D Werkstückdicke
d Ausdehnung des Fehlers in Durchstrahlungsrichtung.

Da in dem gezeigten Fall $\mu_1 > \mu_2$ ist, folgt $J_2 > J_1$. Aus diesem Grund wird der Röntgenfilm im Bereich des Lunkers stärker geschwärzt.

Neben der Verwendung eines Röntgenfilms besteht vor allem für die Massenprüfung die Möglichkeit, die aus dem Werkstück austretende Strahlung mittels Leuchtschirms sichtbar zu machen. Auf Grund der geringen Empfindlichkeit ist dieses Verfahren jedoch nur für Stahldicken kleiner als 10 mm und für Leichtmetallgußteile anwendbar. Außerdem kann die Intensitätsverteilung auf der Strahlenaustrittsseite durch Abtasten mit einem Zählrohr bestimmt werden.

Fehlererkennbarkeit

Die Fehlererkennbarkeit bei der Röntgen- und γ-Defektoskopie ist von einigen Faktoren abhängig, die im folgenden behandelt werden.

– *Kontrast*

Die Fehlererkennbarkeit ist um so höher, je größer der Schwärzungsunterschied auf dem Röntgenfilm ist. Dieser Schwärzungsunterschied wird als *Kontrast K* bezeichnet. Die Schwärzungen verhalten sich wie die Intensitäten der auf den Film auftreffenden Strahlen.

$$\frac{J_2}{J_1} = \frac{S_2}{S_1} \tag{3.65}$$

Daraus folgt mit den Gleichungen (3.63) und (3.64)

$$\frac{S_2}{S_1} = e^{(\mu_1-\mu_2)d}. \tag{3.66}$$

Der Kontrast wird
$$K = S_2 - S_1 = S_1 (e^{(\mu_1 - \mu_2)} - 1). \tag{3.67}$$

— *Bildverstärkung und Verstärkerfolien*

Beim Durchstrahlen dicker Werkstücke sind die Röntgen- bzw. γ-Strahlen stark geschwächt, die Filmschwärzung ist gering. Um auswertbare Bilder zu erhalten, sind lange Belichtungszeiten erforderlich oder es müssen sehr kurzwellige Strahlen verwendet werden. Dadurch vermindert sich aber der Kontrast. Zur Erhöhung der Filmschwärzung werden deshalb *Verstärkerfolien* verwendet, die aus fluoreszierenden Salzschichten, z. B. Calciumwolframat, bestehen. Bei harten Röntgenstrahlen und γ-Strahlen benutzt man Bleiverstärkerfolien mit einer Dicke von 0,02 bis 0,1 mm. Treffen die Strahlen auf die Bleifolie auf, so lösen sich aus ihr Elektronen, die den Röntgenfilm zusätzlich schwärzen.

Die Verstärkerfolien werden auf die Vorder- und Rückseite des Films gelegt und zusammen mit ihm in einer Kassette aus Papier oder Gummi untergebracht. Die Verstärkerfolien müssen zusammen mit dem geeigneten Röntgenfilm verwendet werden. Es gilt:

Orwo-Röntgenfilm TF2 mit Salzverstärkerfolien für Röntgenaufnahmen von Schweißnähten und dickwandigen Werkstücken,

Orwo-Röntgenfilm TF10 mit Metallverstärkerfolien für Röntgen- und Gammaaufnahmen,

Orwo-Röntgenfilm TF13 ohne Verstärkerfolien für Röntgenaufnahmen bis 12 mm Stahldicke,

Orwo-Röntgenfilm TF14 mit Metallverstärkerfolien für Gammaaufnahmen.

— *Zeichenschärfe*

Beim Durchstrahlen eines Werkstücks ergibt sich infolge der Fehlerbegrenzung auf dem Röntgenfilm kein Sprung in der Schwärzung, sondern es existiert ein

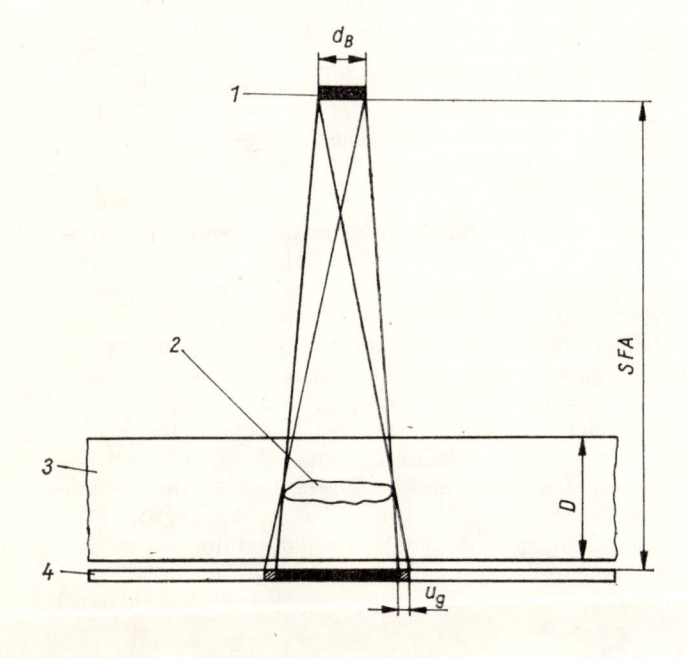

Bild 3.74. Bestimmung des Strahler-Film-Abstandes

1 Strahlenquelle mit Brennfleckdurchmesser d_B
2 Fehler
3 Werkstück
4 Röntgenfilm
u_g geometrische Unschärfe
SFA Strahler-Film-Abstand

Übergangsgebiet bestimmter Breite u, das als *Unschärfe* bezeichnet wird. Die Unschärfe kann durch die geometrische bzw. Randunschärfe u_g oder die innere Unschärfe u_i bestimmt sein.

Die geometrische Unschärfe u_g ist nach Bild 3.74 darauf zurückzuführen, daß die Strahlenquelle nicht punktförmig ist, sondern einen endlichen Durchmesser d_B besitzt und daß sich der Film in einem bestimmten Abstand vom Fehler auf der Rückseite des Werkstücks befindet. Eine Verminderung der geometrischen Unschärfe läßt sich demzufolge durch eine Verringerung des Durchmessers der Strahlenquelle bzw. durch einen großen Strahler-Film-Abstand erreichen. Dieser darf aber nicht zu groß werden, weil die Luftschicht die Strahlen ebenfalls schwächt, wodurch ihre Durchdringungsfähigkeit vermindert wird.

Treffen Strahlen auf den Film, so werden aus der Emulsionsschicht Elektronen ausgelöst, sie sich nach allen Richtungen bewegen und den Film auch außerhalb des Primärstrahls belichten. Das wird als innere Unschärfe u_i bezeichnet. Die innere Unschärfe ist stark vom Filmmaterial und der Wellenlänge der Strahlung abhängig und liegt in den Grenzen von 0,2 bis 0,6 mm. Verstärkerfolien erhöhen die innere Unschärfe. Der optimale *Strahler-Film-Abstand* ($SFA_{opt.}$) ergibt sich dann, wenn die innere Unschärfe der geometrischen entspricht.

$$SFA_{opt.} = \frac{D}{u_i}(d_B + u_i) \tag{3.68}$$

D Probendicke
d_B Brennfleckdurchmesser
u_i innere Unschärfe

Der durchschnittliche Strahler-Film-Abstand beträgt 700 mm.

— *Vermeidung von Streustrahlung*

Streustrahlung muß vermieden werden, da sie eine Verschleierung des Bildes zur Folge hat. Bei Röntgenaufnahmen findet eine Bleiblende Verwendung, die nur einen begrenzten Strahlenkegel austreten läßt, so daß keine Strahlen am Prüfling vorbei in den Raum gelangen. Bei γ-Aufnahmen engt die konische Öffnung des Isotopengeräts bereits das Strahlenbündel ein. Ferner wird auf die Rückseite des Films eine Bleiplatte von 1 bis 2 mm Dicke gelegt.

— *Kontrolle der Bildgüte* (TGL 10646, Bl. 4)

Befindet sich auf der fotografischen Aufnahme kein Schwärzungsunterschied, so könnte das bedeuten, daß das Werkstück fehlerfrei ist. Andererseits könnte aber auch die Aufnahme schlecht sein, so daß sich keine Fehler erkennen lassen. Deshalb muß eine Kontrolle der Bildgüte erfolgen. Die Bildgüte ist in erster Linie von Kontrast und Zeichenschärfe abhängig. Man benutzt dazu Drahtstege. Diese Drähte bestehen aus einem dem zu prüfenden Werkstück entsprechenden Material.

Je Drahtsteg (Bild 3.75) sind sieben Drähte untergebracht, deren Dicke nach einer geometrischen Reihe abnimmt. Jedem Drahtdurchmesser ist eine bestimmte *Bildgütezahl BZ* zugeordnet, wobei der dickste Draht mit 3,2 mm Durchmesser die Zahl 1 erhält. Der Drahtsteg wird auf das Werkstück gelegt und mit durchstrahlt. Als Maß für die Bildgüte gilt die Bildgütezahl des dünnsten auf dem Film noch erkennbaren Drahtes. Je nach den Anforderungen an die Güte der Aufnahme lassen sich zwei Bildgüteklassen unterscheiden. Die Bildgüteklasse 1

Bild 3.75. Drahtsteg
TGL Fe 10—16 (schematisch)

Tabelle 3.12. Für die Bildgüteklassen 1 und 2 zu erreichende Bildgütezahlen

Durchstrahlbare Werkstückdicke in mm	bis 6	6 bis 8	8 bis 10	10 bis 16	16 bis 25	25 bis 32	32 bis 40	46 bis 60
Geforderte BZ								
Bildgüteklasse 1	16	15	14	13	12	11	10	9
Bildgüteklasse 2	14	13	12	11	10	9	8	7

bringt hohe und die Bildgüteklasse 2 normale Detailerkennbarkeit. In den beiden Bildgüteklassen ist in Abhängigkeit von der Werkstückdicke eine bestimmte Bildgütezahl zu erreichen (Tabelle 3.12).

▶ *Beachten Sie, daß die Drahtstege lediglich zur Kontrolle der Bildgüte dienen! Sie sind kein Maß für die Fehlererkennbarkeit.*

— *Einstrahlungsrichtung und Dickenausgleich*

Aus dem Schwächungsgesetz läßt sich ableiten:

Eine hohe Fehlererkennbarkeit ist nur gewährleistet, wenn die Einstrahlungsrichtung parallel zur größten Fehlerausdehnung erfolgt.

Lehrbeispiel:

Wie müssen die Einstrahlungsrichtungen sein, um Fehler an Schweißnähten zu erkennen?

Lösung:
Bild 3.76 zeigt die Einstrahlungsrichtungen für verschiedene Schweißverbindungen.
Werden Teile durchstrahlt, die eine unterschiedliche Dicke aufweisen, so muß, um eine Überbelichtung dünner Teile zu vermeiden, ein Dickenausgleich erfolgen. Bild 3.77 zeigt den Dickenausgleich an einer Schweißverbindung mittels Stahlpaßstücks und an einem Rundstab mittels Metallpulvers.

■ Ü. 3.44

— *Belichtungsdaten*

Nach der Einrichtung der Anlage und des Werkstücks erfolgt die Festlegung der Belichtungsdaten. Dazu verwendet man Belichtungsdiagramme. Diese gelten

Bild 3.76. Einstrahlungsrichtungen bei verschiedenen Schweißverbindungen
R Strahlenrichtung   *F* Film

Bild 3.77. Dickenausgleich
a) mit Stahlpaßstück
b) mit Metallpulver

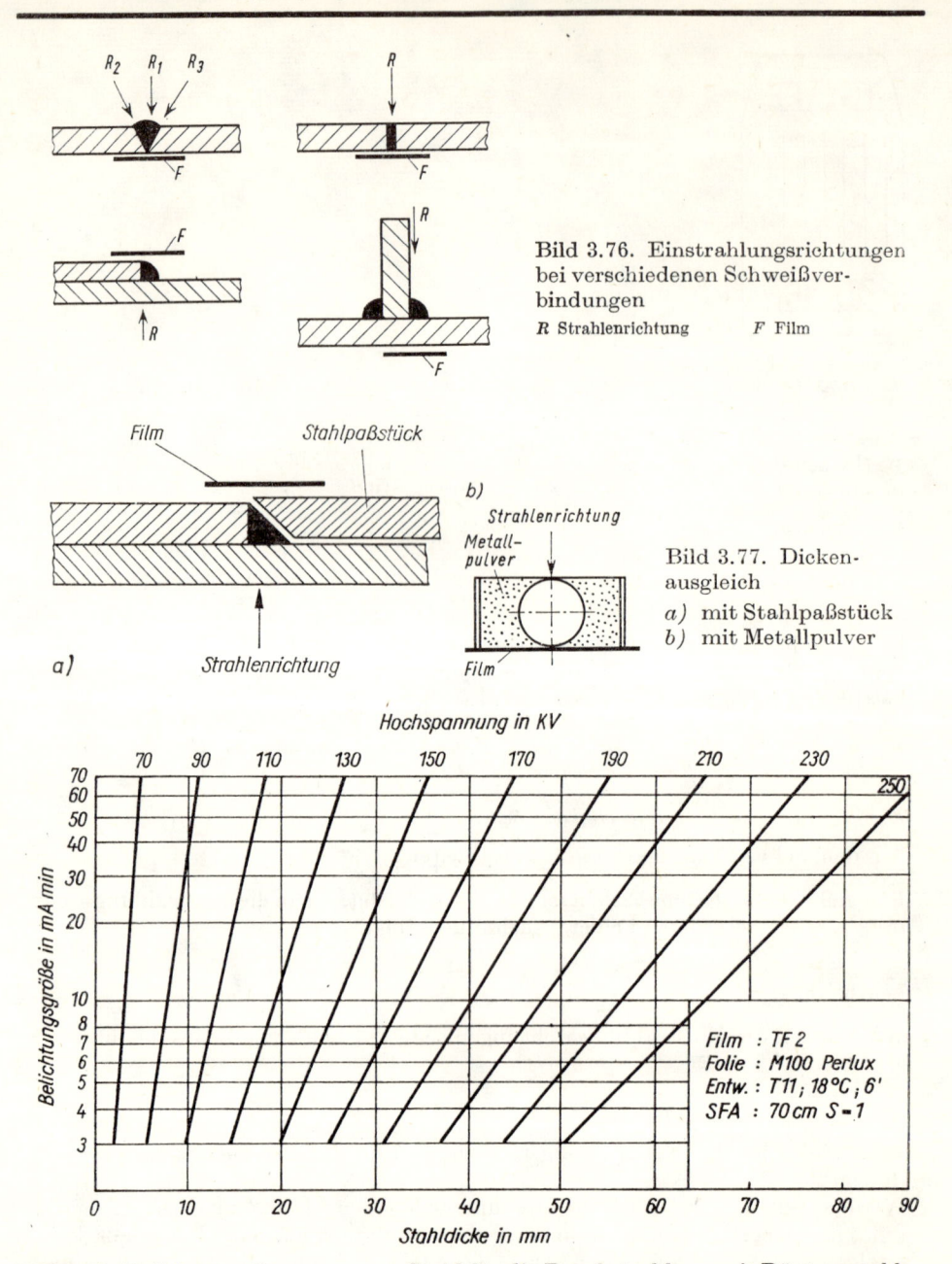

Bild 3.78. Belichtungsdiagramm von Stahl für die Durchstrahlung mit Röntgenstahlen

nur für eine bestimmte Filmsorte und einen *SFA* (Bild 3.78). Die Belichtungsdiagramme für die Röntgenprüfung enthalten auf der Abszisse die zu durchstrahlende Dicke in mm Stahl. Auf der Ordinate ist das Produkt aus Heizstrom und Belichtungszeit als Belichtungsgröße aufgetragen. In Abhängigkeit von der Werkstückdicke geht man senkrecht nach oben bis zum Schnittpunkt mit

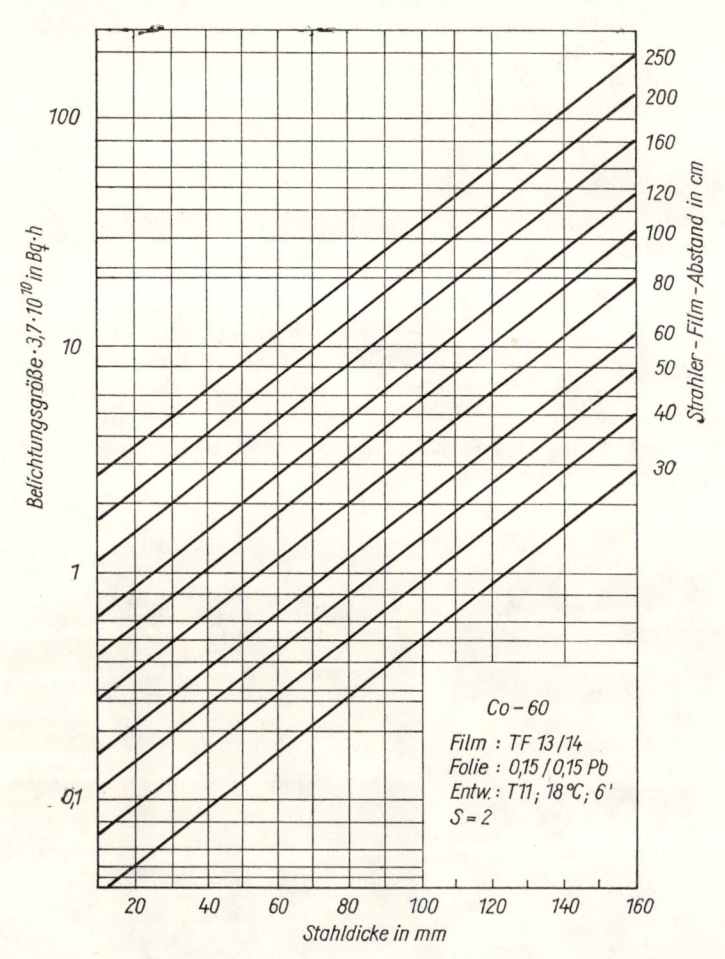

Bild 3.79. Belichtungsdiagramm von Stahl für die Durchstrahlung mit Co-60

der Röhrenspannung. Der erhaltene Ordinatenwert, durch den am Gerät eingestellten Heizstrom geteilt, ergibt die Belichtungszeit in Minuten. Um kontrastreiche Aufnahmen zu erhalten, sollte immer mit der kleinstmöglichen Röhrenspannung gearbeitet werden.

■ Ü. 3.45

Für die γ-Prüfung finden Belichtungsdiagramme nach Bild 3.79 Verwendung. Auf der Ordinate ist hier die Aktivität des Strahlers mit der Belichtungszeit multipliziert aufgetragen. Als Parameter enthält das Diagramm verschiedene Strahler-Film-Abstände.

Lehrbeispiel:

Ein Co-60-Strahler mit einer Aktivität von $3,7 \cdot 10^{10}$ Bq soll im Inneren eines Rohres mit 240 mm Innendurchmesser und 40 mm Wanddicke eine rundumlaufende Schweißnaht durchstrahlen. Wie ist die Belichtungszeit zu wählen?

Lösung:

Die Belichtungszeit beträgt nach Bild 3.79 bei 160 mm Strahler-Film-Abstand und einer Belichtungsgröße von $2{,}7 \cdot 3{,}7 \cdot 10^{10}$ Bq h

$$t = \frac{2{,}7 \cdot 3{,}7 \cdot 10^{10} \text{ Bq h}}{3{,}7 \cdot 10^{10} \text{ Bq}} = 2{,}7 \text{ h}.$$

Es läßt sich erkennen, daß wesentlich längere Belichtungszeiten als bei der Röntgenprüfung benötigt werden.

— *Auswertung von Radiogrammen*

Nachdem man über die Bildgütezahl geprüft hat, ob die erforderliche Bildgüteklasse erreicht wurde, erfolgt das Absuchen der Aufnahme nach vorhandenen Fehlern. Zur Beurteilung von Schweißnahtfehlern besteht nach TGL 10646, Bl. 1, ein Beurteilungssystem mit fünf Noten. Die Fehlerart wird durch Buchstaben gekennzeichnet. Bild 3.80 zeigt die Röntgenbilder einiger Schweißnahtfehler.

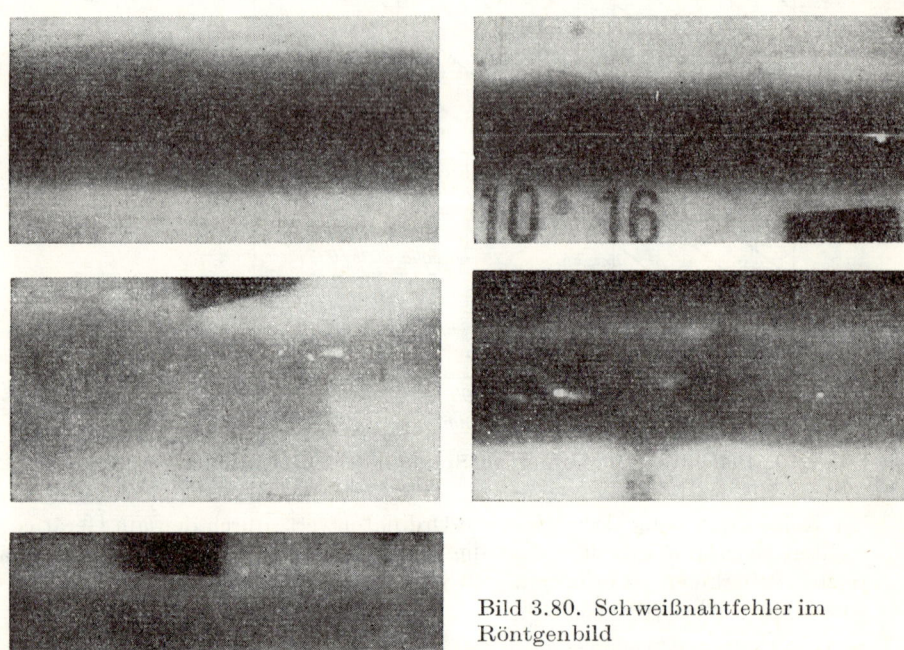

Bild 3.80. Schweißnahtfehler im Röntgenbild
oben links: fehlerfreie Schweißnaht
oben rechts: Spannungsriß
Mitte links: Gasporen
Mitte rechts: Schlackeneinschlüsse
unten: Wurzelfehler

Bei Gußstücken erfolgt die Auswertung nach Art und Größe sowie Häufigkeit der Fehler (TGL 13897, Bl. 2). Die wichtigsten in Gußteilen auftretenden Fehler sind in Bild 3.81 schematisch dargestellt. Die Klassifikation der Gußfehler ist in Tabelle 3.13 enthalten.

Diese Beurteilungen sind mit subjektiven Faktoren belastet, so daß sie keine absoluten Aussagen ermöglichen.

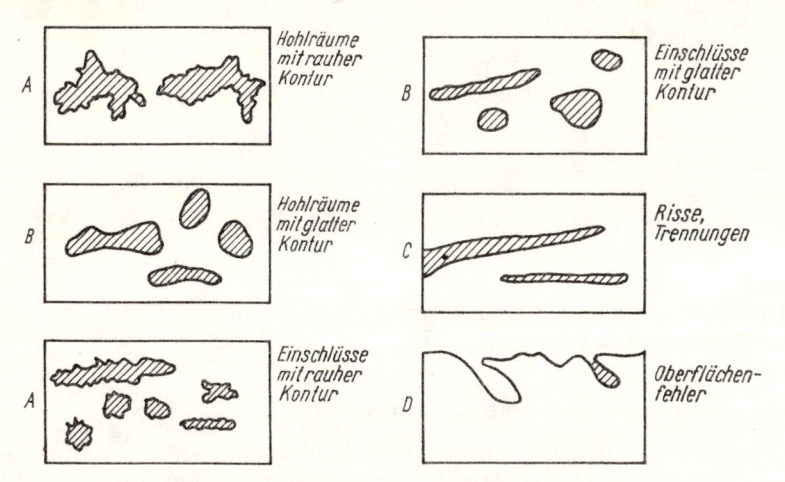

Bild 3.81. Fehler in Gußstücken nach TGL 13897, Bl. 2

Tabelle 3.13. Klassifikation von Gußteilfehlern

Klasse	1. Ziffer Fehlerart	2. Ziffer Größe[1]) in %	3. Ziffer Häufigkeit[2]) in %
1	Lunker mit glatter Kontur	5	5
2	Lunker mit rauher Kontur	5···10	5···10
3	Einschlüsse	10···20	10···20
4	Risse, Trennungen	20···40	20···40
5	Oberflächenfehler	40	40

[1]) bezogen auf mittlere Werkstückdicke
[2]) bezogen auf prozentualen Querschnittsanteil

3.4.2.4. Arbeitsschutz beim Umgang mit Röntgen- und Gammastrahlen

Die biologische Wirkung der Röntgen- und γ-Strahlen erfordert, das Bedienungspersonal vor einer Gesundheitsschädigung zu bewahren. Für den Strahlenschutz gelten die Strahlenschutzverordnung vom 26. 11. 1969, die Anordnung über die ärztliche Überwachung beruflich strahlenexponierter Personen und Personengruppen vom 29. 9. 1970, die TGL 30665/02, die ASAO 981 und 982 sowie weitere Anordnungen.

Die zulässige Ionendosis D, die das Bedienungspersonal ohne Gesundheitsschädigung aufnehmen darf, beträgt (in C kg^{-1})

$$D = 5 (N - 18) \, 2{,}58 \cdot 10^{-4} \tag{3.69}$$

N Lebensjahre.

Das entspricht einer maximalen Ionendosisleistung von $2{,}58 \cdot 10^{-3}$ C kg^{-1}/Woche. Um dies zu gewährleisten, beinhalten die gesetzlichen Bestimmungen Maßnahmen

- zur Einhaltung bestimmter Schutzabstände beim Arbeiten im Freien,
- zum Abschirmen durch Schutzschichten aus Blei und
- zum Bau von Strahlenschutzräumen und zur Aufbewahrung radioaktiver Präparate.

Das Bedienungspersonal trägt Meßgeräte für radioaktive Strahlung, wie Filmdosimeter, Kondensatorkammern oder Füllhalterdosimeter, die der ständigen Überprüfung der aufgenommenen Strahlendosis dienen.

■ Ü. 3.46

3.4.3. Ultraschall-Materialprüfung

Die *Ultraschall-Materialprüfung* ermöglicht die Feststellung makroskopischer Werkstoffehler. Bezüglich des Prüfprinzips, der Fehlererkennbarkeit und der Dokumentation der Prüfergebnisse bestehen jedoch grundsätzliche Unterschiede.

3.4.3.1. Eigenschaften und Erzeugung von Ultraschall

Unter Ultraschall versteht man elastomechanische Schwingungen mit Frequenzen über der Hörbarkeitsgrenze ($\geq$ 20 kHz). In der Werkstoffprüfung werden Schallfrequenzen zwischen 0,5 und 15 MHz verwendet. Die Schallwellen breiten sich im Medium mit der Schallgeschwindigkeit v aus.

$$v = \lambda f \tag{3.70}$$

f Frequenz
λ Wellenlänge

In Abhängigkeit von der Frequenz und den Anregungsbedingungen können in einem Körper zwei Hauptwellenarten entstehen, die Longitudinalwelle und die Transversalwelle. Bei der Longitudinalwelle schwingen die Medienteilchen in Ausbreitungsrichtung, bei der Transversalwelle senkrecht zu ihr.
Ultraschallwellen durchdringen auf Grund ihrer Kurzwelligkeit die Stoffe mehr oder weniger gut. Sie werden an Grenzflächen reflektiert, gebrochen, gebeugt und gestreut.

Treffen Ultraschallwellen auf Grenzflächen, dann werden sie reflektiert. Beim Übergang vom festen Körper zu Luft ist der Reflexionsgrad nahezu 100%.

Zur Reflexion genügen bereits Luftspalte von 10^{-5} mm Dicke. Materialinhomogenitäten (Lunker, Dopplungen, Risse, Schlackeneinschlüsse usw.) in Werkstücken stellen solche Grenzflächen dar, an denen die Schallwellen reflektiert werden.
An Kanten von Hindernissen und Spalten werden Schallwellen gebeugt, d. h. von ihrem geradlinigen Verlauf abgelenkt. Die Größe der Beugung ist abhängig von der Wellenlänge λ und dem Durchmesser des Fehlers senkrecht zum Schallverlauf. Im Werkstück vorhandene Fehler können nur nachgewiesen werden, wenn ihr Durchmesser größer ist als die Wellenlänge der Ultraschallwellen.
Beim Durchdringen von Medien wird die Energie der Ultraschallwellen geschwächt. Diese Schwächung ist abhängig von Struktur und Dichte sowie Schallgeschwindigkeit des Mediums, vom Schallweg und der Frequenz der Schallwellen. Die Intensitätsabnahme erfolgt nach dem Schwächungsgesetz

$$p = p_0 \, e^{-\alpha D} \tag{3.71}$$

p Schalldruck beim Durchlaufen der Strecke D
p_0 Schalldruck für $D = 0$
α Schwächungskoeffizient.

▶ *Vergleichen Sie das Schwächungsgesetz mit dem nach Gleichung (3.62)!*

Der Schwächungskoeffizient setzt sich aus einem Anteil für die Absorption α_A und einem Anteil für die Streuung α_S zusammen. In polykristallinen Werkstoffen stellen die Korngrenzen Grenzflächen dar, an denen die Schallwellen teilweise reflektiert, gebrochen und gebeugt werden. Die Größe dieser Streuung hängt vom Verhältnis des Korndurchmessers zur Wellenlänge ab. Deshalb ist die Prüfung nur dann gut möglich, wenn der Korndurchmesser wesentlich kleiner ist als die Wellenlänge der Ultraschallwellen. Andererseits werden nur solche Fehler nachgewiesen, die größer sind als der Korndurchmesser. Die Schallschwächung ist bei den verformten metallischen Werkstoffen Stahl, Al, Mg, Ni und den nichtmetallischen Werkstoffen Glas und Porzellan gering. Deshalb lassen sich Materialdicken bis 10 m prüfen. Gegossene metallische Werkstoffe (außer Al und Mg) sowie Kunststoffe und Gummi besitzen einen großen Schwächungskoeffizient, wodurch sich die prüfbare Materialdicke z. T. auf 0,1 m verringert.

■ Ü. 3.47

Erzeugung von Ultraschall

Legt man an Ionenkristalle, die in bestimmter Orientierung aus einem Kristallstück herausgearbeitet wurden, eine hochfrequente Wechselspannung an, so führt der Kristall Dickenschwingungen aus. Bei genügend hoher Frequenz der angelegten Spannung erhält man Schwingungen im Ultraschallbereich. Materialien, die den hier beschriebenen »umgekehrten piezoelektrischen Effekt« zeigen, sind vor allem Quarz, Lithiumsulfat und Bariumtitanat. Sie werden in Schallsendern verwendet. Die Umkehrung, d. h. der »direkte piezoelektrische Effekt«, wird zum Nachweis von Ultraschallschwingungen in Empfängern benutzt.
Ein ferromagnetischer Stab wird in einer Spule, die von hochfrequentem Wechselstrom durchflossen wird, zu mechanischen Schwingungen angeregt. Dadurch besteht die Möglichkeit, Ultraschallschwingungen direkt in ferromagnetischen Prüflingen zu erzeugen (magnetostriktiver Effekt).

3.4.3.2. Prüfverfahren mit Ultraschall

Durchschallungsverfahren (Intensitätsverfahren)

Beim Durchschallungsverfahren wird die Schwächung der Ultraschallwellen beim Durchlaufen eines Werkstücks gemessen. Hierzu stehen sich Sende- und Empfangskopf axial gegenüber (Bild 3.82). Man setzt die an einer fehlerfreien Stelle vom Empfängerkopf gemessene Intensität gleich 100%. Befindet sich beim Abtasten des Werkstücks ein Fehler im Schallweg, so wird der Schall in Abhängigkeit von der Fehlergröße ganz oder teilweise reflektiert. Dadurch verringert sich die am Empfängerkopf gemessene Intensität.
Das Durchschallungsverfahren besitzt eine Reihe von Nachteilen, die bei seiner Anwendung berücksichtigt werden müssen.

— Es können nur solche Fehler nachgewiesen werden, deren größte Ausdehnung senkrecht zur Schallausbreitungsrichtung größer als der halbe Prüfkopfdurchmesser ist.
— Die Tiefenlage der Fehler ist nicht feststellbar.
— Die Ankopplung von Sende- und Empfängerkopf an das Werkstück muß gleichmäßig gut sein.
— Die Prüfköpfe müssen genau gegenüberliegend angeordnet sein.

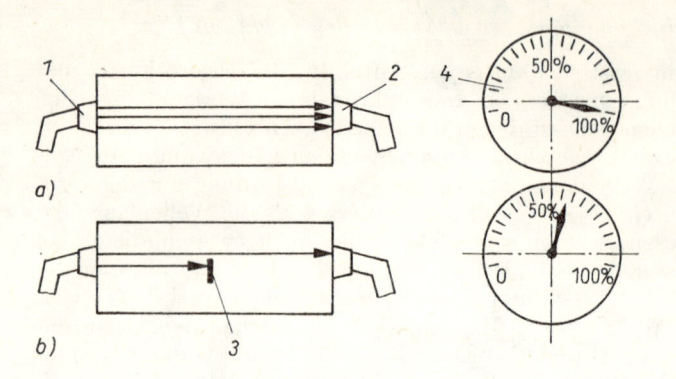

Bild 3.82. Durchschallungsverfahren
a) am fehlerfreien Werkstück
b) am fehlerbehafteten Werkstück
1 Sender   3 Fehler
2 Empfänger   4 Anzeigegerät

Das Durchschallungsverfahren besitzt bei den bereits in großem Umfang eingesetzten automatisierten Prüfanlagen Bedeutung. Auf diese Weise werden z. B. Grob- und Feinbleche, Knüppel und Schmiedestücke geprüft.

Das *Ultraschallsichtverfahren* arbeitet ebenfalls nach dem Durchschallungsprinzip. An Stelle des Empfängerkopfes findet ein akustisch-optischer Bildwandler Verwendung, der einen optischen Eindruck von der Intensitätsverteilung im Schallquerschnitt vermittelt. Fehlerstellen ergeben dunkle Schatten auf hellem Grund.

Impuls-Echo-Verfahren (Intensitäts-Laufzeit-Verfahren)

Der Schallsender schickt in gewissen Abständen Ultraschallimpulse in das Werkstück. Fehlerquellen und das Werkstückende reflektieren die Ultraschallwellen. In den Impulspausen wird der Schallsender zum -empfänger, der die Echos aufnimmt. Auf einer Oszillographenröhre wird die Zeit für den Hin- und Rückweg der Schallwellen linear aufgezeichnet. Vertikal dazu ist eine proportionale Spannung für die reflektierte Energie sichtbar. Aus Bild 3.83 ist erkennbar, daß beim fehlerfreien Werkstück auf der Oszillographenröhre nur der Sendeimpuls und das Rückwandecho als Zacken auftreten. Bei einem fehlerhaften Werkstück ist zusätzlich ein

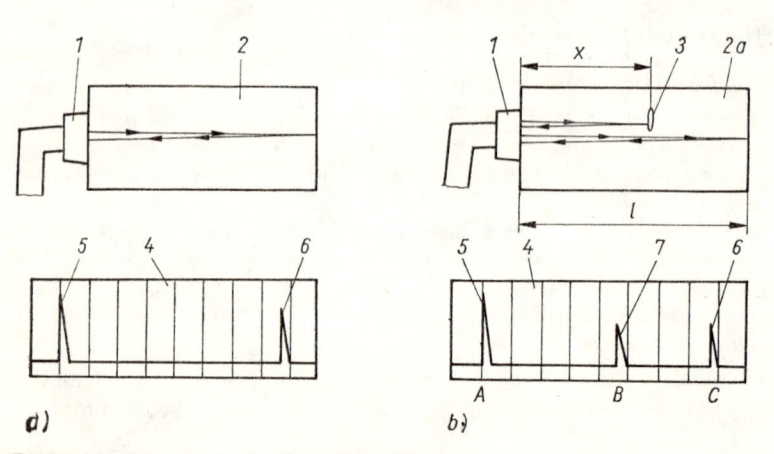

Bild 3.83. Prinzip des Impuls-Echo-Verfahrens
1 Sender und Empfänger   4 Oszillographenbild
2 Werkstück   5 Sendeimpuls
2a fehlerhaftes Werkstück   6 Rückwandecho
3 Fehler   7 Fehlerecho

Fehlerecho erkennbar. Da die Werkstückdicke bekannt ist, kann man das Oszillographenbild mit dem Abstand Sendeimpuls—Rückwandecho eichen. Daraus läßt sich die genaue Fehlertiefe des Werkstücks ermitteln.

$$\frac{\overline{AC}}{\overline{AB}} = \frac{l}{x}$$

$$x = \frac{\overline{AB}}{\overline{AC}} \cdot l \tag{3.72}$$

Fehler, die dicht unter der Oberfläche liegen, werden kaum erkannt, da sich in diesem Fall Sendeimpuls und Fehlerecho überdecken.

Das Impuls-Echo-Verfahren wird am häufigsten angewendet. Als Vorteile sind zu nennen:

— Das zu prüfende Material braucht nur von einer Seite zugänglich zu sein.
— Der Nachweis sehr kleiner Fehler ist möglich.

Magnetostriktives Ultraschallprüfverfahren

Eine Spule erzeugt in einem in der Spule befindlichen ferromagnetischen Werkstoff Ultraschallimpulse, die durch den Stab wandern und vom Stangenende reflektiert werden. Die reflektierten Schallwellen werden von der Spule wieder empfangen. Fehler geben Zwischenechos und schwächen das normale Endecho des Stabes. Der Vorteil dieses Verfahrens liegt darin, daß es berührungslos arbeitet, und es ist somit für eine automatisierte Prüfung von Stangenmaterial besonders geeignet. Außerdem ist mit diesem Verfahren eine Prüfung bei höheren Temperaturen möglich.

▶ *Bis zu welcher Temperatur kann mit diesem Verfahren geprüft werden?*

3.4.3.3. Prüftechnik

Ankopplung

Die Oberfläche des Prüflings muß so beschaffen sein, daß ein guter Schalldurchgang gewährleistet ist. Schmutz, Sand und Zunderschichten sind zu entfernen. In Abhängigkeit von der Rauheit der Oberfläche werden Ankoppelmedien verwendet. Dazu zählen Maschinenöl, Kugellagerfett oder Koppelpasten. In automatischen Prüfanlagen koppelt man über Fließwasser an, das den Spalt zwischen Prüfkopf und Werkstück ausfüllt. Das Werkstück kann sich auch in einem Wasserbad befinden, in das die Prüfköpfe tauchen (Tauch- oder Immersionsprüfung).

Wahl der Prüfbedingungen

Der am Prüfgerät einzustellende Meßbereich richtet sich nach der Werkstückdicke. Er ist so zu wählen, daß der Bildschirm der Oszillographenröhre voll ausgenutzt wird. Geräteeinstellung und -eichung werden mit Hilfe eines Kontrollkörpers durchgeführt. Mit Hilfe der Kontrollkörper nach TGL 15003, Bl. 2 und 3, erfolgt eine Justierung der Entfernungsanzeige auf der der Oszillographenröhre vorgesetzten Skale. Durch die Justierung kann die Fehlertiefe unmittelbar abgelesen werden. Da die Kontrollkörper aus St 52-3 bestehen, gilt die Entfernungsanzeige nur für die Prüfung von unlegierten und niedriglegierten Stählen, da andere Werkstoffe auch andere Schallgeschwindigkeiten bedingen.

Die gewählte Prüffrequenz richtet sich nach der Größe des kleinsten nachweisbaren Fehlers. Höhere Frequenz bringt bessere Fehlernachweisbarkeit. Mit steigender Frequenz nimmt aber die Eindringtiefe der Schallwellen auf Grund der größeren Schwächung ab. Bei Werkstoffen mit großem Schwächungskoeffizient darf die Prüffrequenz deshalb nicht zu hoch sein.

Bestimmung der Fehlerform und -größe

Große Fehler können in ihrer Ausdehnung durch Umfahren mit dem Prüfkopf ermittelt werden (Dopplungen). Kleinere Fehler lassen sich in ihrer Größe und Form schwierig bestimmen. Als Maßstab kann die Höhe und Form des Zwischenechos gelten, das mit der Höhe des Rückwandechos verglichen wird. Eine bessere Methode ist der Vergleich mit künstlichen Reflektoren (Fehlern).
Grundsätzlich ist eine gute Fehlererkennbarkeit nur bei einer prüfgerechten Gestaltung der Werkstücke möglich.

Beispiele für die Durchführung der Ultraschall-Materialprüfung

— *Prüfung von Blechen*

Bleche werden fast ausschließlich zur Feststellung von Dopplungen geprüft. Mit dem Impuls-Echo-Verfahren lassen sich Bleche mit einer Dicke über 5 mm prüfen. Zu beachten ist, daß dabei eine Mehrfachechofolge auftritt. Die Schirmbildanzeige richtet sich nach dem Verhältnis von Fehlergröße zu Prüfkopfdurchmesser. Bei Fehlern, die kleiner sind als der Prüfkopfdurchmesser, entstehen eine Fehler- und Rückwandechofolge (Bild 3.84a). Ist die Dopplung größer als der Prüfkopfdurchmesser, wird nur eine Fehlerechofolge sichtbar (Bild 3.84b). Die Mehrfachechofolge wird auch zur Wanddickenmessung an Blechen genutzt.

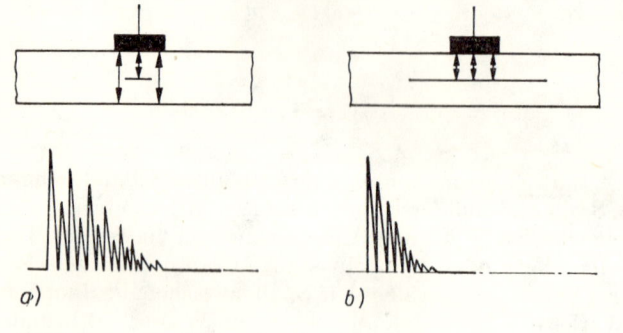

Bild 3.84. Prüfen von Blechen auf Dopplungen — Schirmbildanzeige
a) bei Dopplung < Schwingerdurchmesser
b) bei Dopplung > Schwingerdurchmesser

— *Prüfungen von Schweißverbindungen*

Zur Feststellung von Bindefehlern an Schweißnähten wird die Ultraschall-Materialprüfung häufig eingesetzt. Da die rauhe Oberfläche der Schweißnähte eine Ankopplung nicht möglich macht und die Einschallungsrichtung zwecks guter Fehlererkennbarkeit senkrecht zur größten Fehlerausdehnung erfolgen soll, verwendet man ausschließlich Winkelprüfköpfe, bei denen im Gegensatz zu den Normalprüfköpfen die Einschallung nicht senkrecht, sondern unter einem bestimmten Winkel zur Werkstückoberfläche erfolgt. Die Schallwellen treffen nach Reflexion an der Werkstückunterseite auf die Schweißnaht (Bild 3.85). Falls dort ein Fehler den Schallverlauf stört, werden die Schallwellen auf demselben Weg zum Prüfkopf zurückgelangen. Auf dem Schirmbild entsteht ein Fehlerecho. Zu beachten ist, daß kein Rückwandecho sichtbar ist. Die

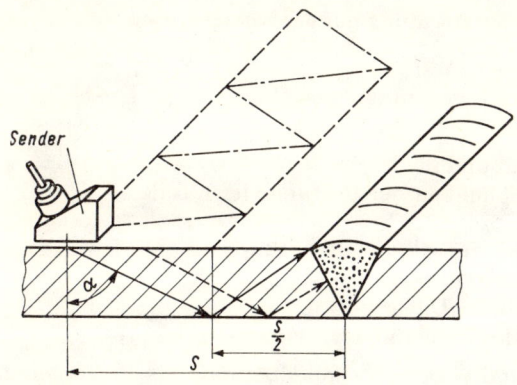

Bild 3.85. Bewegung des Winkelprüfkopfes an einer Schweißnaht
s Sprungabstand

Projektion des Schallwegs nach genau einer Reflexion an der Schweißnahtrückwand wird als Sprungabstand *s* bezeichnet.

$$s = 2 D \tan \alpha \qquad (3.73)$$

D Werkstoffdicke (in mm)

Um die gesamte Schweißnaht zu prüfen, muß der Prüfkopf im Abstand $s/2$ bis s zickzackförmig über die Werkstückoberfläche geführt werden.

Lehrbeispiel:
In welchem Abstand von der Schweißnaht muß der Winkelprüfkopf, der einen Einschallwinkel von $\alpha = 60°$ besitzt, auf einem 48 mm dicken Blech hin- und hergeführt werden, um alle Zonen der Schweißnaht zu beschallen?

Lösung

Der Sprungabstand *s* wird nach Gleichung (3.73)

$s = 2 D \tan \alpha$

$s = 2 \cdot 48 \tan 60° \qquad s = 166{,}4 \text{ mm}$ berechnet.

Der Schallkopf muß von 83,2 mm bis 166,4 mm von der Schweißnaht entfernt geführt werden.

— *Weitere Prüf- und Meßmöglichkeiten*

Es sei in diesem Rahmen nur darauf hingewiesen, daß die Prüfung von Stangen, Rohren, Maschinenteilen, Guß- und Schmiedestücken aus Stahl und Nichteisenmetallen sowie die Prüfung nichtmetallischer Werkstoffe möglich ist. Die Prüffrequenzen sind dem jeweiligen Werkstoff anzupassen. Die Einschallungsrichtung soll immer senkrecht zur größten Fehlerausdehnung liegen. Dabei ist darauf zu achten, daß Rückwand- und Fehlerechos vom Sender empfangen werden können.
Der Ultraschall bietet darüber hinaus die Möglichkeit, über Vergleichsmessungen aus dem Echobild oder mit Hilfe von Schallgeschwindigkeitsmessungen Wanddickenbestimmungen durchzuführen. Die Schallgeschwindigkeitsmessung läßt außerdem die Bestimmung der elastischen Konstanten der Werkstoffe zu.

■ Ü. 3.48

3.4.3.4. Vergleich der Ultraschall-Materialprüfung mit der Röntgen- und Gammadefektoskopie

Die Ultraschall-Materialprüfung besitzt gegenüber der Röntgen- und γ-Defektoskopie einige Vorteile. Dazu zählen:

— geringer gerätetechnischer Aufwand und niedrigere Betriebskosten,
— kurze Prüfzeiten und damit die Möglichkeit der Prüfung vieler Teile,
— automatisierbare Prüfvorgänge,
— Durchschallung dicker Werkstücke, für die die Röntgen- und γ-Defektoskopie nicht mehr geeignet sind,
— Nachweis von Fehlern mit sehr geringer Dicke,
— keine gesundheitliche Schädigung des Bedienungspersonals.

Nachteilig gegenüber der Röntgen- und γ-Defektoskopie ist, daß das Prüfergebnis nur als Fehlerechofoto dokumentarisch festgehalten werden kann. Außerdem ist keine exakte Aussage über die Fehlerart möglich. Die Prüfberichte müssen deshalb alle Angaben enthalten, die eine Wiederholung der Prüfung unter gleichen Bedingungen gestatten.

■ Ü. 3.49 und Ü. 3.50

3.4.3.5. Versuchsanleitung »Ultraschall-Materialprüfung«

Aufgabe

Ein einfaches Werkstück aus Stahl ist auf innere Fehler zu untersuchen. Vor dem Versuch ist das Ultraschallgerät mittels Kontrollkörpers zu eichen!

Versuchsdurchführung

1. Die Prüfung erfolgt nach dem Impuls-Echo-Verfahren. Einzusetzen ist ein Normalprüfkopf mit einer Prüffrequenz von 2 MHz.
2. Das Prüfgerät ist mittels Kontrollkörpers zu eichen. Dabei sind der Meßbereich (abhängig von der Werkstückdicke), die Verstärkung (Aussteuerung des Rückwandechos) und die Nullpunktlage des Sendeimpulses auf der Schirmbildskale festzulegen.
3. Das Werkstück ist vor der Prüfung zu säubern und mit einem Koppelmedium zu bestreichen.
4. Das Werkstück wird mit dem Prüfkopf abgetastet. Die auf dem Schirmbild sichtbaren Fehlerechos sowie die daraus ermittelten Fehlertiefen sind festzuhalten. Zur Bestimmung der Fehlerausdehnung werden die Fehler mit dem Prüfkopf umfahren. Zur genauen Lagebestimmung der Fehler ist eine zweite Schallrichtung festzulegen.
5. Es ist ein Prüfprotokoll anzufertigen, in dem die Prüfbedingungen und die festgestellten Fehler enthalten sind. Dazu wird vom Werkstück eine Skizze angefertigt, aus der die Fehler ersichtlich sind.

3.4.4. Magnetische Rißprüfung

Die *magnetische Rißprüfung* dient zum Nachweis von makroskopischen Fehlern, insbesondere von Rissen, an oder dicht unterhalb der Oberfläche magnetisierbarer Werkstücke.

Die magnetische Rißprüfung beruht auf der physikalischen Tatsache, daß die magnetischen Kraftlinien beim Durchgang durch ein ferromagnetisches Prüfstück an Stellen veränderter magnetischer Permeabilität (Durchlässigkeit) von ihrer normalen Richtung abgelenkt werden.

Bild 3.86 zeigt die prinzipielle Wirkung des Verfahrens. Bei einem fehlerfreien Werkstück laufen die Kraftlinien parallel. Befinden sich im Werkstück Haarrisse, Lunker, nichtmetallische Einschlüsse oder Poren an der Oberfläche oder dicht darunter, so kommt es zu einer Verdrängung der Kraftlinien an der magnetisch schlecht leitenden Fehlerstelle. Als Folge der Kraftlinienverdrängung entsteht an der Oberfläche über der Fehlerstelle ein Streufluß, der mit geeigneten Methoden nachgewiesen wird. Je tiefer der Fehler im Werkstoff liegt, um so geringer ist der entstehende Streufluß und damit die Fehlererkennbarkeit. Nach den Bildern 3.86b und c können

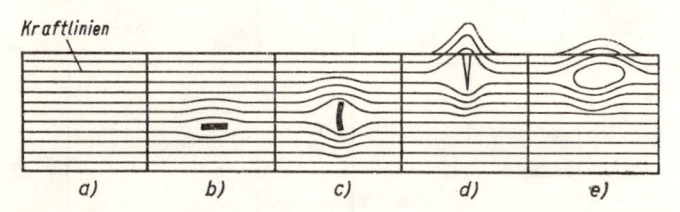

Bild 3.86. Kraftlinienverlauf im Werkstück bei Längsmagnetisierung
a) fehlerfreies Werkstück — alle Kraftlinien parallel
b) Längsriß im Inneren — kein Streufluß an der Oberfläche
c) Querriß im Inneren — kein Streufluß an der Oberfläche
d) Querriß, ausgehend von der Oberfläche — Streufluß an der Oberfläche
e) Lunker unter der Oberfläche — Streufluß an der Oberfläche

die Kraftlinien im Werkstoff ausweichen und treten nicht an die Oberfläche. Die beste Fehlererkennbarkeit ist gewährleistet, wenn die Magnetisierungsrichtung senkrecht zur Rißrichtung liegt und der Riß an der Oberfläche endet. Der Fehler des Bildes 3.86b ließe sich deshalb auch dann nicht erkennen, wenn er dicht unter der Oberfläche läge.

▶ *Überlegen Sie, warum das Verfahren nur bei ferromagnetischen Werkstoffen Anwendung finden kann!*

Magnetisierung

Zum Nachweis von Querrissen erfolgt im Werkstück eine Längsmagnetisierung (Bild 3.87), wobei die Feldlinien parallel zur Werkstückachse verlaufen. Dies kann durch Dauermagnet, Elektromagnet (Joch) oder Spule erfolgen. Um Längsrisse nachzuweisen, durchflutet man das Werkstück mit einem elektrischen Strom. Dadurch entsteht im Werkstück ein magnetisches Ringfeld, in dem die Kraftlinien geschlossene Bahnen bilden (Kreismagnetisierung).
Bei den beschriebenen Verfahren lassen sich Risse jeweils nur in einer Richtung nachweisen. In der Praxis erweist es sich als wesentlich günstiger, wenn der Nachweis aller Fehler in einem Arbeitsgang erfolgen kann. Deshalb kombiniert man die *Jochmagnetisierung* mit der *Selbstdurchflutung* (Bild 3.87). Dadurch wirken beide Magnetfelder gleichzeitig auf das Prüfstück, so daß Längs- und Querrisse, aber auch schräg verlaufende Risse sichtbar gemacht werden können.

■ Ü. 3.51

3. Werkstoffprüfung

Magnetisierungsmethode		Prinzip	Stromart	Nachweisbare Risse
Längsmagnetisierung	Magnetisierung mit Dauermagnet	1 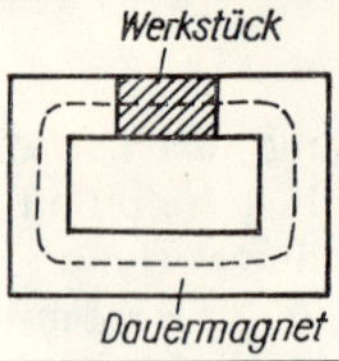	ohne	Querrisse
	Joch-magnetisierung	2 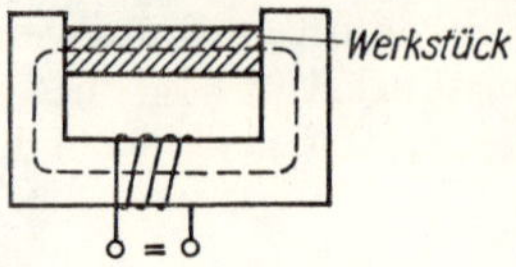	=	Querrisse
	Spulen-magnetisierung	3 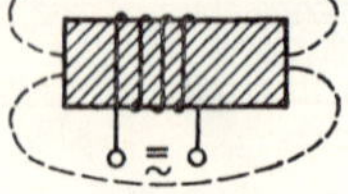	≅	Querrisse
Kreismagnetisierung	Selbst-durchflutung	4 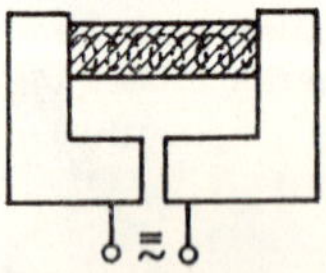	≅	Längsrisse
	Hilfs-durchflutung	5 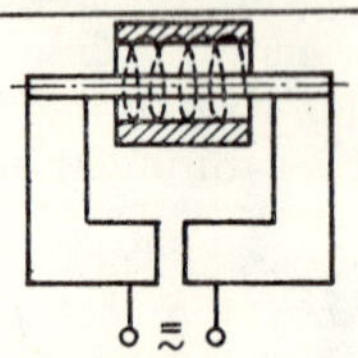	≅	Längsrisse
	Induktions-durchflutung	6 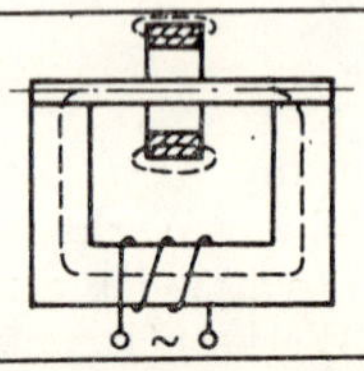	~	Querrisse
Kombinierte Methode	Joch-magnetisierung und Selbst-durchflutung	7 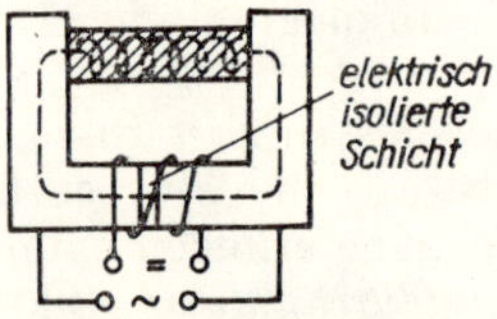	≅	Quer- und Längsrisse

Bild 3.87. Schematische Darstellung der wichtigsten Magnetisierungsmethoden

▶ Beachten Sie, daß das Werkstück nach der Prüfung wieder entmagnetisiert werden muß!

Der Nachweis des Streuflusses an Fehlerstellen kann nach verschiedenen Verfahren erfolgen. Am meisten verwendet man die *Magnetpulverprüfung*.
Beim Magnetpulververfahren gießt man über das magnetisierte Werkstück eine geringe Menge in Öl oder Petroleum aufgeschwemmtes Eisenoxidpulver, Prüföl genannt. Im Bereich des Streufeldes haften die Pulverteilchen entsprechend dem Kraftlinienverlauf aneinander und versuchen, die Fehlerstelle zu umgehen. Da das Streufeld im Vergleich zur Rißbreite eine große Ausdehnung aufweist, bildet das Magnetpulver eine dicke, deutlich sichtbare Raupe. Zur Verbesserung der Fehlererkennbarkeit werden dem Prüföl häufig fluoreszierende Substanzen zugesetzt. Die kleinste nachweisbare Rißbreite beträgt etwa 10^{-3} mm. Innenrisse können bis etwa 5 mm unter der Oberfläche nachgewiesen werden. Nachteilig sind neben der geringen Tiefenwirkung des Verfahrens die niedrige Prüfgeschwindigkeit und vor allem die nur qualitative Anzeige. Zwischen gefährlichen Anrissen und ungefährlichen Oberflächenbeschädigungen kann man deshalb kaum unterscheiden.

Sondenverfahren

Beim Sondenverfahren wird das magnetisierte Werkstück mit einer Meßsonde (*Hall*-Generator, *Förster*-Sonde) spiralförmig abgetastet. Die Streufelder zeigt eine Katodenstrahlröhre an. Das Verfahren wird seltener angewendet.

Magnetographisches Verfahren

Auf das magnetisierte Werkstück legt man eine Magnetfolie (ähnlich dem Magnettonband). Durch das Streufeld an den Rissen werden die Eisenoxidpulverteilchen des Bandes an diesen Stellen magnetisiert und somit der Streufluß dem Band eingeprägt. Das Band wird mittels Sonden abgetastet und das Ergebnis auf einer Katodenstrahlröhre sichtbar gemacht. Rißtiefe und Rißausdehnung lassen sich

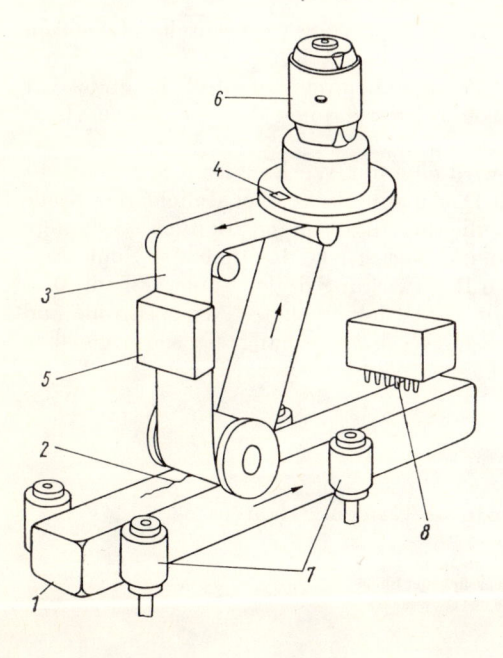

Bild 3.88. Prinzip der magnetographischen Knüppelprüfung

1 Knüppel *6* Motor
2 Riß *7* Kontaktrollenpaare
3 endloses Magnetband *8* Spritzpistolen
4 Abtastsonde (Fehlersignierung)
5 Löschsonde

ermitteln. Danach kann das Band gelöscht und für weitere Prüfungen verwendet werden. Das Verfahren ist automatisierbar. Es dient zur kontinuierlichen Rohr-, Stangen- und Knüppelprüfung (Bild 3.88). Häufig erfolgt noch eine Markierung der Fehler durch Farbspritzen.

▪ Ü. 3.52

3.4.5. Induktive Prüfverfahren

3.4.5.1. Wirkungsprinzip und Einteilung der induktiven Prüfverfahren

Die induktiven Prüfverfahren beruhen auf dem Nachweis von Abweichungen in der elektrischen und magnetischen Leitfähigkeit der Prüflinge, die durch Risse, Einschlüsse, Lunker, Unterschiede in der Legierungszusammensetzung, Härteunterschiede usw. gegenüber einem Normal hervorgerufen werden.

Der Prüfling kommt in den Wirkungsbereich einer Spule, die ein magnetisches Wechselfeld aufbaut. Dabei werden im Werkstück Wirbelströme erzeugt. Die Rückwirkung des magnetischen Feldes dieser Wirbelströme auf die Prüfspule oder auf eine Sekundärspule benutzt man zur Anzeige und vergleicht sie mit der Anzeige eines normalen Stückes.

Die *induktiven Prüfverfahren* werden eingeteilt in

— Tastspulverfahren,
— Gabelspulverfahren,
— Durchlaufspulverfahren.

3.4.5.2. Tastspulverfahren

Das *Tastspulverfahren* eignet sich besonders zur Sortierung verwechselter Legierungen, zur Ermittlung von Härteunterschieden, zur Feststellung von Verunreinigungen, Seigerungen, Lunkern und anderen Fehlerstellen im Werkstoff. Es findet vor allem bei nichtferromagnetischen Werkstoffen Verwendung, die eine glatte ebene Oberfläche aufweisen.

Beim Tastspulverfahren nach Bild 3.89 wird eine mit Wechselstrom durchflossene Tastspule über das Werkstück geführt. Das magnetische Wechselfeld der Spule induziert im Werkstück Wirbelströme, die in ringförmigen Bahnen verlaufen. Dadurch entsteht ein magnetisches Feld im Werkstück, das dem der Spule entgegengesetzt gerichtet ist. Das ergibt eine Rückwirkung in der Spule, die zur Messung herangezogen wird. Die Größe der im Prüfstück erzeugten Wirbelströme und damit die Stärke des magnetischen Feldes des Werkstücks hängt bei sonst gleichen

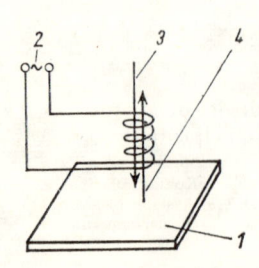

Bild 3.89. Prinzip des Tastspulverfahrens
1 Prüfstück
2 Erregung und Meßspannung
3 magnetisches Wechselfeld der Spule
4 magnetisches Feld des Prüfstückes

Bedingungen von der elektrischen Leitfähigkeit des Prüflings ab. Man ermittelt deshalb mit dem Verfahren die Eigenschaften im Werkstoff, die durch die elektrische Leitfähigkeit beeinflußt werden. Daneben hängt die Rückwirkung auf die Spule auch von der Dicke des Prüflings, dem Abstand zwischen Tastspule und Werkstück und von der Frequenz des angelegten Wechselstroms ab. Die Werkstückdicke beeinflußt die Ergebnisse nur bis zu einem gewissen Grad. Deshalb gibt es für die Anwendung des Verfahrens in Abhängigkeit vom Werkstoff einen bestimmten Mindestwert, oberhalb dessen die elektrische Leitfähigkeit nicht von der Dicke abhängt. Die günstigste Meßfrequenz des Wechselstroms liegt bei 60 kHz.

3.4.5.3. Gabelspulverfahren

Das Prinzip des *Gabelspulverfahrens* zeigt Bild 3.90. Der Prüfkörper befindet sich zwischen Primär- und Sekundärspule. Die Primärspule erzeugt ein magnetisches Wechselfeld, das ohne Prüfling in der Sekundärspule eine Spannung bestimmter Größe induziert. Den Eigenschaften des Prüflings entsprechend, wird das erzeugte Wechselfeld mehr oder weniger geschwächt, so daß sich aus der Größe der Sekundärspannung Rückschlüsse auf die Werkstückeigenschaften ziehen lassen. Die Schwächung des Wechselfeldes hängt vorwiegend von der Prüfstückdicke ab. Deshalb findet das Verfahren in erster Linie für die Dickenmessung Verwendung.

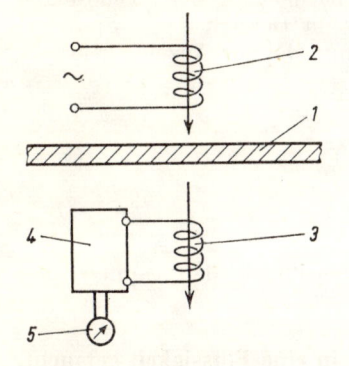

Bild 3.90. Prinzip des Gabelspulverfahrens
1 Prüfstück
2 magnetisches Wechselfeld der Primärspule
3 magnetisches Feld der Sekundärspule
4 Verstärker
5 Anzeigegerät

3.4.5.4. Durchlaufspulverfahren

Dieses Verfahren gestattet es, Rundmaterial, Rohre, Stabstahl und Draht berührungslos im Durchlauf zu untersuchen. Mit ihm lassen sich ebenfalls Gefüge- und Härteunterschiede, Randentkohlung und Risse ermitteln, wobei die Prüfung sowohl an NE-Metallen als auch an ferromagnetischen Werkstoffen erfolgen kann.
Beim *Durchlaufspulverfahren* sind mehrere Anordnungen der Prüfspulen möglich, die wichtigsten stellt Bild 3.91 dar. Der Aufbau nach Bild 3.91a wird als Differenzspulenvergleichsanordnung bezeichnet. Sie wird vor allem zur Qualitätssortierung angewendet. Es handelt sich um zwei Spulen mit jeweils einer Primär- und Sekundärwicklung. Befindet sich in der Vergleichsspule eine Normalprobe, so wird in der Sekundärwicklung eine bestimmte Spannung induziert. Bringt man in die Prüfspule einen Prüfling, der dem Normal gleicht, so wird in der Sekundärspule ebenfalls eine Spannung induziert, die der in der Vergleichsspule entspricht. Wegen der Gegenschaltung der Wicklungen heben sich die Spannungen auf, und es erfolgt keine Anzeige. Durchläuft fehlerhaftes Material die Prüfspule, so entsteht in den Sekundärwicklungen eine Spannungsdifferenz, die das Anzeigegerät, in der Regel eine Oszillographenröhre, bildlich sichtbar macht.

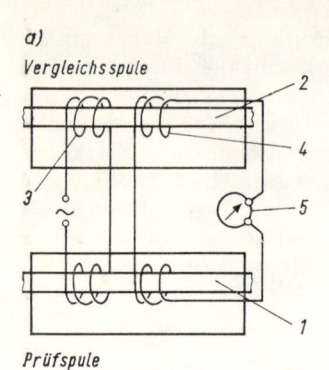

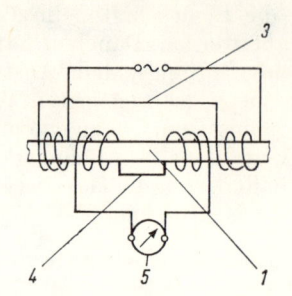

Bild 3.91. Prinzip des Durchlaufspulverfahrens

a) Differenzspulenvergleichsanordnung
b) Selbstvergleichsanordnung

1 Prüfling
2 Normalprobe
3 Primärwicklungen
4 Sekundärwicklungen
5 Anzeigegerät

Die Selbstvergleichsspulenanordnung nach Bild 3.91b wird zur Rißprüfung langer Teile im Durchlauf verwendet. Hier vergleicht man zwei benachbarte Bereiche einer Probe miteinander. Es handelt sich wieder um zwei Spulenkombinationen, die der Prüfling nacheinander durchläuft. Ein fehlerfreier Prüfling im Bereich 1 der Spule induziert in der Sekundärwicklung eine bestimmte Spannung. Ist der Prüfling im Bereich der 2. Spule ebenfalls fehlerfrei, so wird in dessen Sekundärwicklung eine ebensogroße Spannung induziert. Wegen der Gegenschaltung der Wicklungen ergibt sich wieder keine Anzeige. Befindet sich aber im Bereich der 2. Spule im Prüfling ein Fehler, so entsteht eine Differenzspannung, die zur Anzeige gebracht wird.

■ Ü. 3.53 und Ü. 3.54

3.4.6. Oberflächenprüfung durch Diffusionsverfahren

Dieses Verfahren zur Prüfung auf Oberflächenfehler beruht auf der Kapillar- und Saugwirkung.

Das zu prüfende Werkstück wird eine bestimmte Zeit in eine Flüssigkeit getaucht, die in die Fehlerstellen eindringt. Trocknet man den Prüfling ab, so bleibt die Flüssigkeit in den Fehlern und markiert sie.

Chemische oder andere Reagenzien können die Wirkung erhöhen. Dieses Verfahren läßt sich zum Nachweis von Oberflächenrissen und Poren anwenden und hat für nichtferromagnetische Werkstoffe besondere Bedeutung, bei denen sich diese Fehler sonst nicht feststellen lassen. Das Verfahren ist billig und erfordert keinen gerätetechnischen Aufwand.

▶ *Beachten Sie, daß das Verfahren besonders für Gußstücke mit komplizierter Form geeignet ist!*

Entsprechend den unterschiedlichen Mitteln zur Sichtbarmachung der Fehler unterscheidet man verschiedene Verfahren.

— *Ölkochprobe*

Das zu untersuchende Werkstück wird 10 min lang in heißes Öl getaucht. In dieser Zeit dringt das Öl in die Oberflächenfehler ein. Nach dem Herausnehmen aus dem Bad wischt man die Stücke sauber ab. Jetzt werden sie mit Kreide, Kalk oder anderen Massen, die in Spiritus aufgeschlämmt sind, bestrichen und getrocknet. Beim Erkalten der Werkstücke ziehen sich die Risse und Poren zusammen und quetschen das Öl heraus. An den Fehlerstellen zeigt sich eine Braunfärbung, die sich von der weißen Oberflächenschicht abhebt.

— *Farbdiffusionsverfahren*
Statt in Öl werden die Prüflinge bei diesem Verfahren in eine Farblösung getaucht oder mit ihr bestrichen. Das gesäuberte Werkstück bestreicht man mit Oberflächenprüfrot, wobei die rote Flüssigkeit in die Fehler eindringt. Nach 10 min wird die Flüssigkeit vom Werkstück abgewaschen. Jetzt wird der Prüfling getrocknet und mit Kontrastweiß bestrichen. Nach kurzer Zeit lassen sich auf der dünnen weißen Schicht örtliche Rotfärbungen erkennen, die Lage und Ausdehnung der Fehler gut wiedergeben. Bringt man in die Prüfflüssigkeit fluoreszierende Sustanzen und bestrahlt die Oberfläche nach der Säuberung und Trocknung mit ultraviolettem Licht, so leuchten die Fehlerstellen deutlich auf. In diesem Fall spricht man auch vom *Fluoreszenzverfahren*.

3.5. Emissionsanalytische Schnellprüfverfahren

Zielstellung

Dieser Abschnitt soll Sie mit zwei Schnellprüfverfahren zur Ermittlung der ungefähren chemischen Zusammenarbeit von Legierungen, insbesondere von Stahl, bekannt machen. Auf eine ausführliche Beschreibung der bei den Prüfungen ablaufenden Reaktionen wird verzichtet, da sie für deren Durchführung und für das Prüfergebnis unwesentlich sind. Für Sie kommt es darauf an, zu erkennen, wann und in welchem Umfang diese Prüfungen angewandt werden können.

Bei emissionsanalytischen Prüfverfahren werden die Werkstoffe durch eine geeignete Anregung zur Emission von Funken-, Licht- oder Röntgenstrahlen veranlaßt, die zur Charakterisierung der Werkstoffzusammensetzung dienen.

Zu diesen Verfahren gehören

— Schleiffunkenanalyse,
— Spektralanalyse und
— Röntgenfluoreszenzspektroskopie.

Bei dem letztgenannten Verfahren wird die zu untersuchende Werkstoffprobe durch einen Elektronenstrahl zur Emission von Röntgenstrahlung mit einem charakteristischen Spektrum angeregt. Das Spektrum ist abhängig von der Zusammensetzung des Werkstoffs. Aus der Intensität der einzelnen Spektrallinien kann auf die Konzentration einzelner Elemente geschlossen werden. Da es durch einen stark gebündelten Elektronenstrahl gelingt, Oberflächenbereiche von nur 1 μm Durchmesser zu erfassen, wird dieses Verfahren zur Bestimmung der chemischen Zusammensetzung einzelner Gefügebestandteile mit Hilfe der *Elektronenstrahl-Mikrosonde* genutzt.
Große Bedeutung kommt den beiden anderen genannten Schnellprüfverfahren zu, mit deren Hilfe vor allem die Sortierung verwechselter Legierungen im Betrieb vorgenommen werden kann.

Tabelle 3.14. Schleiffunkenbilder verschiedener Stähle

Stahlart	Zusammensetzung	Funkenbild	Farbe
C-Stahl	bis 0,15% C	Funkenbündel kurz und dunkel, keulenförmig und heller werdend im Verbrennungsteil, sternförmige Verästelungen wenig (sog. C-Funken)	dunkel- bis strohgelb
	0,15···1% C	Funkenbündel mit zunehmendem C-Gehalt dichter und heller, Stern- und Zweigstrahlenbildung mit zunehmendem C-Gehalt immer zahlreicher	strohgelb bis hellgelb
	über 1% C	Funkenbündel sehr dicht und mit zahlreichen Sternen, bei weiterer Steigerung des C-Gehalts Abnahme der Helligkeit und Verkürzung der Funkenbündel	hellgelb
	mit höherem Mn-Gehalt	Funkenbündel breit, dicht und hellstrahlend gelb; Außenzone der Funkenlinie besonders hell, Zweigstrahlen mit zahlreichen Verästelungen	
Mn-Stahl	bis 12% Mn	überwiegend doldenförmige sog. Manganfunken, C-Funken werden unterdrückt	hellgelb
Si-Stahl	mit niedrigem Si-Gehalt	hellgelbe zungenförmige Funken vor den Kohlenstoffsternen, C-Funken und Mn-Funken sichtbar	hellgelb
	mit höherem Si-Gehalt	hellgelbe zungenförmige Funken hinter den Kohlenstoffsternen, die sog. C- und Mn-Funken sind kaum sichtbar	
Cr-Stahl	mit niedrigem Cr- und C-Gehalt	Funkenlinien sind feiner, mit zarten Zweigstrahlen und dunkler als bei C-Stahl, mit zunehmendem C-Gehalt ist der Einfluß von Cr schwerer zu erkennen	dunkelrot
	mit höherem Cr-Gehalt	Funkenbündel wird dunkler und kürzer und die Zweigstrahlenbildung geringer	
	mit sehr hohem Cr-Gehalt	Funkenbündel kurz, dunkelrot, ohne Sterne und wenig verzweigt, Funken haften am Umfang der Scheibe	

Tabelle 3.14. Fortsetzung

Stahlart	Zusammen- setzung	Funkenbild	Farbe
Ni-Stahl	bis 5% Ni	Funkenlinie hell und zungen- förmig, am Ende gespalten, Aufhellung im Verbrennungsteil, die jedoch mit zunehmendem C-Gehalt überdeckt wird	rotgelb
	hochlegiert bis 35% Ni	Funkenbündel deutlich rotgelb, im Verbrennungsteil deutlich gelb	
	über 35% Ni bis 50% Ni	Funkenbild nimmt stark an Helligkeit ab	
Schnellarbeits- stahl	hoher W-Gehalt	lange gleichmäßige und gestri- chelte Strahlen mit kurzen oder langen schmalen Spitzen (oft keulenförmig) oder Tropfen, die längsten und hellsten Strahlen gabeln sich (nicht alle), bei zunehmendem C-Gehalt — Sternchenbildung	braunrot, Funken dunkelrot
	niedriger W-Gehalt	ähnlich wie oben: Stachel- büschel mit kugeligen Enden (mit steigendem W-Gehalt ins Dunkelrote übergehend)	ziegelrot

3.5.1. Schleiffunkenanalyse

Die *Schleiffunkenanalyse* ist ein oft angewandtes und leicht durchführbares Werkstattverfahren zur angenäherten Bestimmung der Zusammensetzung von Stählen und Gußeisensorten.

Dabei drückt man ein Probestück von Hand gegen eine scharfe körnige mittelharte Schleifscheibe, die mit einer Geschwindigkeit von etwa 30 m s^{-1} läuft. Durch die örtliche starke Erhitzung werden Metallteilchen von der Probe abgerissen und fortgeschleudert. Infolge der hohen Temperatur verbrennen die Schleifteilchen, was ein Aufleuchten und explosionsartiges Zerplatzen zur Folge hat. Es entsteht dabei ein von der Zusammensetzung des Metalls abhängiges Funkenbild. Funkenstrahlen, die unmittelbar an der Schleifscheibe beginnen, bezeichnet man als Primärstrahlen. Die Sekundärstrahlen entstehen erst später. Sie werden durch Auseinanderplatzen der Teilchen hervorgerufen. Je nach der Zusammensetzung können dabei Strahlen in Lanzen-, Sichel-, Büschel-, Keulen-, Tropfen- oder Sternchenform entstehen. Neben der Ausbildungsform des Funkenbildes dient auch seine Farbe zur Beurteilung des Stahls. Die Durchführung der Schleiffunkenanalyse setzt einige Erfahrungen voraus. Es empfiehlt sich deshalb vor allem für den weniger Geübten, mit Vergleichsproben zu arbeiten. Einige typische Schleiffunkenbilder verschiedener Stähle zeigt Tabelle 3.14.

3.5.2. Spektralanalyse

Im Atom besitzen die um den Atomkern kreisenden Elektronen verschiedene Energieniveaus. Diese Energieniveaus entsprechen den Elektronenbahnen. Durch Energiezufuhr lassen sich die Elektronen für kurze Zeit auf vom Kern weiter entfernte Bahnen heben. Nach einer geringen Verweilzeit fallen sie aber auf die ursprüngliche Bahn zurück. Dabei wird Energie frei, die das Atom in Form von Lichtstrahlung bestimmter Wellenlänge abgibt. Da die einzelnen Atome unterschiedlich angeregt werden, kommt es auch zu verschiedenen Elektronensprüngen, wobei mehrere gesetzmäßige Wellenlängen des emittierten Lichts auftreten, die in ihrer Gesamtheit das Spektrum des betreffenden Stoffs ergeben.

▶ *Informieren Sie sich darüber näher im Lehrgebiet »Physik«!*

Dadurch besteht die Möglichkeit, durch die *Spektralanalyse* die chemische Zusammensetzung von Legierungen schnell qualitativ und quantitativ zu ermitteln.
Bei der Anwendung der Spektralanalyse laufen folgende Vorgänge ab:

1. Die zu untersuchende Probe ist zur Lichtausstrahlung (Emission) anzuregen.
2. Ein optisches System zerlegt das emittierte Licht in seine Spektrallinien.
3. Die qualitative Analyse erfordert ein Festlegen der Spektrallinien im Wellenlängenbereich. Das ermöglicht es, das Vorhandensein eines Elementes in der Legierung nachzuweisen.
4. Durch Messen der Strahlenintensität der Spektrallinien mittels Fotozelle oder fotografischer Platte läßt sich die quantitative Zusammensetzung einer Legierung bestimmen.

Die unter *4.* genannte quantitative Analyse erfolgt mit dem sogenannten Spektrograph. Dieses Gerät ist sehr kompliziert und findet in der betrieblichen Praxis keinen Einsatz. Für die qualitative Analyse verwendet man Spektroskope. Zur Sortierung verwechselter Legierungen im Betrieb hat sich besonders das Metallspektroskop »metascop« nach Bild 3.92 bewährt. Es handelt sich dabei um ein Handgerät, das rasche Untersuchungen an jedem Ort ermöglicht.
Das Spektroskop wird mit den Stützstiften so auf die zu untersuchende Probe aufgesetzt, daß die bewegliche Wolframelektrode den Stromkreis schließt. Dadurch bildet sich ein stets neu zündender und wieder abreißender Niederspannungslicht-

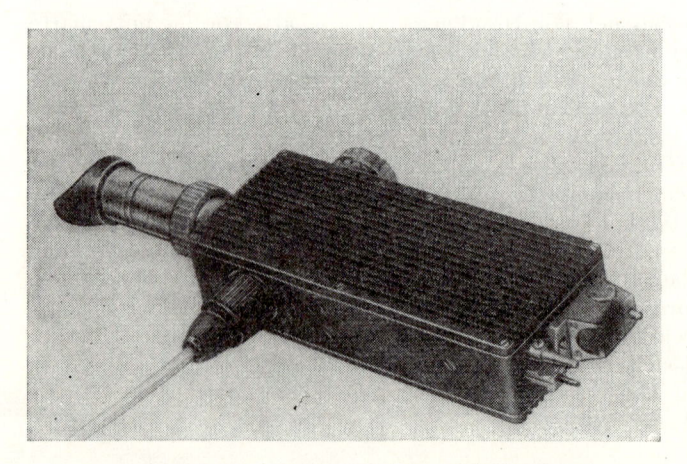

Bild 3.92. Handspektroskop »metascop«

bogen. Ein Teil des Lichts gelangt in das Geräteinnere und wird im Geradsichtprisma spektral zerlegt. Das erzeugte Spektrum ist im Okular des Geräts sichtbar.
Jede Spektrallinie entspricht einer bestimmten Wellenlänge, die einem Element zugeordnet werden kann. Durch Verschieben des Spektrums im Sehfeld mit Hilfe einer seitlich angebrachten Trommel und Vergleich mit einer Eichkurve läßt sich die Wellenlänge der einzelnen Spektrallinien ermitteln. Daraus bestimmt man die in der Legierung enthaltenen Elemente. Entsprechend dem Gehalt an Legierungselementen weisen die Spektrallinien unterschiedliche Intensitäten auf, so daß der erfahrene Prüfer den angenäherten Gehalt der Elemente in der Legierung abschätzen kann.
Es gilt zu beachten, daß für jedes Element eine untere Nachweisgrenze besteht. Im Stahl lassen sich mit dem genannten Gerät die Elemente Chrom, Molybdän, Mangan, Titan, Vanadin und Kupfer sehr gut ermitteln, da ihre untere Nachweisgrenze bei 0,1 bis 0,2 % liegt. Wolfram, Cobalt und Nickel sind erst ab 2 % nachweisbar. Bei Aluminium und Silicium ist der Nachweis schwierig, da die untere Nachweisgrenze bei 5 bis 10 % liegt, also bei Gehalten, die im Stahl nicht vorkommen. Nichtmetalle, wie Schwefel, Phosphor, Sauerstoff und Kohlenstoff, können mit dem Handspektroskop nicht bestimmt werden. Nichteisenmetalle lassen sich spektroskopisch gut trennen.
Um bleibende Analysendokumente zu erhalten, kann das Spektrum mit Hilfe einer aufgesetzten Kleinbildkamera fotografiert werden.

■ Ü. 3.55

3.6. Prüfung von Plasten

Zielstellung

Nach dem Studium der »Gußwerkstoffe, Nichteisenmetalle, Sinterwerkstoffe, Plaste« kennen Sie den strukturellen Aufbau und die daraus resultierenden Eigenschaften, die Verarbeitungs- und Anwendungsmöglichkeiten der Plaste. Dieser Abschnitt soll Sie mit einigen wichtigen Prüfmethoden der Plastwerkstoffe vertraut machen. Da Plaste ein anderes Verhalten bei höheren Temperaturen zeigen als Metalle, kommt der Prüfung ihrer thermischen Eigenschaften besondere Bedeutung zu.

3.6.1. Einteilung der Prüfungen für Plaste

Bei der Prüfung der metallischen Werkstoffe wurde bereits ausgeführt, daß die Ermittlung nur einer Eigenschaft selten genügt, um die Verwendbarkeit des Werkstoffs für einen bestimmten Zweck festzulegen.

Mehr als bei den metallischen Werkstoffen gilt für Plaste, daß erst die Summe von Eigenschaftswerten deren optimale Verwendung sichert.

▶ *Belegen Sie dies an einem Beispiel!*

Entsprechend den spezifischen Eigenschaften der Plastwerkstoffe dienen verschiedene Methoden zu ihrer Prüfung:

- Ermittlung der mechanischen Eigenschaften mittels Zugversuchs, Druckversuchs, Biegeversuchs, Schlag- und Kerbschlagbiegeversuchs, Härtemessung und selten des Dauerschwingversuchs,
- Bestimmung des thermischen Verhaltens durch Formbeständigkeitsversuche nach *Martens* und *Vicat*, Glutfestigkeitsermittlung sowie Bestimmung der Wärmebeständigkeit und Feuersicherheit,
- Bestimmung der chemischen Eigenschaften durch Beständigkeitsprüfungen gegen verschiedene Chemikalien und Prüfung der Wasseraufnahmefähigkeit,
- Ermittlung der elektrischen Eigenschaften durch Messung des elektrischen Widerstandes, der Durchschlagfestigkeit, der Lichtbogenfestigkeit, der Dielektrizitätskonstanten und der Kriechstromfestigkeit.

In den folgenden Abschnitten werden nur die thermischen Prüfverfahren behandelt, da die mechanischen bereits im Abschnitt 3.3. dargestellt wurden.

■ Ü. 3.56

3.6.2. Prüfung der thermischen Eigenschaften der Plaste

Prüfung der Formbeständigkeit in der Wärme

Unter Formbeständigkeit von Plasten in der Wärme versteht man die Fähigkeit eines Prüfkörpers, unter bestimmter ruhender Beanspruchung seine Form bis zu einer bestimmten Temperatur weitgehend zu bewahren.

Sie wird gekennzeichnet durch die Temperatur, bei der sich der zunehmend erwärmte Probekörper unter Last um einen festgelegten Betrag verformt hat.
Man unterscheidet zwei verschiedene Versuchsarten: die Ermittlung der *Formbeständigkeit* nach *Martens* und nach *Vicat*.

- *Formbeständigkeit nach Martens* (TGL 14071)

    Dieses Verfahren beansprucht Proben der Abmessungen $120 \times 15 \times 10$ mm mit einer Biegespannung von 5 MPa. Bild 3.93 zeigt das Schema der Versuchsanordnung. Ein Belastungshebel mit Laufgewicht erzeugt ein Biegemoment, welches über die gesamte Stablänge konstant bleibt. Damit im Stab die erforderliche Biegespannung von 5 MPa herrscht, muß das Laufgewicht so

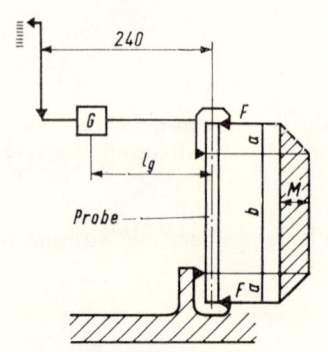

Bild 3.93. Meßeinrichtung zur Ermittlung der Formbeständigkeit nach *Martens* (schematisch)

eingestellt werden, daß an der Probe ein Biegemoment von 1,25 J angreift. Der Versuch erfolgt gleichzeitig an drei Proben. Die Erwärmung der Proben geschieht in einem speziell dafür vorgesehenen Wärmeschrank, der so beheizt wird, daß die Temperatur je Stunde um 50 ± 1 K stetig steigt. Zwei Thermometer zeigen in Nähe der Proben die herrschende Temperatur an. Mit ansteigender Temperatur biegt sich die Probe durch. Diese Durchbiegung läßt sich nach Bild.3.93 im Abstand von 240 mm von der Probenmitte am Absinken des Belastungshebels feststellen. Als Formbeständigkeit nach *Martens* wird die Temperatur ermittelt, bei der der Belastungshebel um 6 mm sinkt.

— *Formbeständigkeit nach Vicat*

Diese Untersuchung kann sowohl an herausgearbeiteten Proben als auch an fertigen Werkstücken erfolgen. Die Plaste werden dabei einer Druck- und Scherbeanspruchung unterworfen.

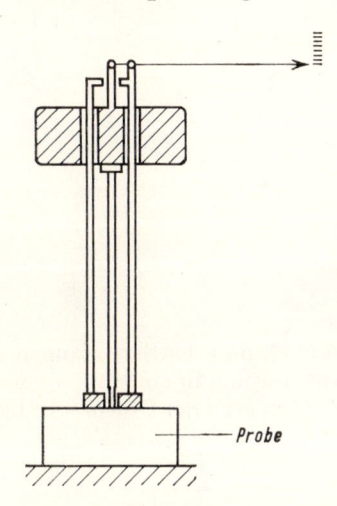

Bild 3.94. Meßeinrichtung zur Ermittlung der Formbeständigkeit nach *Vicat* (schematisch)

Durch die Prüfvorrichtung nach Bild 3.94 wird eine zylindrische unten eben geschliffene Stahlnadel von 1 mm² Querschnitt mit einem Gewicht von 50 N belastet und senkrecht auf die waagerecht liegende Probe aufgesetzt. Die Erwärmung der drei gleichzeitig zu prüfenden Proben erfolgt im gleichen Ofen, der schon für die Prüfung der Formbeständigkeit nach *Martens* Verwendung fand, wobei die Temperaturzunahme 50 K h^{-1} betragen muß. In Abhängigkeit von der Temperatur dringt die Nadel in die Probe ein. Diese Eindringtiefe zeigt eine Tiefenmeßeinrichtung an. Als Formbeständigkeit nach *Vicat* bezeichnet man die Temperatur, bei der die Nadel 1 mm tief in die Probe eindringt.

■ Ü. 3.57

Ermittlung der Glutbeständigkeit (TGL 20960)

Die *Glutbeständigkeit* nach *Schramm* und *Zebrowski* läßt sich mit dem im Bild 3.95 dargestellten Gerät ermitteln. An einen waagerecht angeordneten Glühstab, der eine Temperatur von 950 °C aufweist, wird ein Prüfkörper mit einer 10 mm breiten und 4 mm dicken Stirnfläche mit einer Kraft von 0,3 N angedrückt. Der Glühstab ist beweglich und folgt dem abbrennenden Probekörper längs eines Wegs von 5 mm. Vor dem Versuch muß die Probe auf 10 mg genau gewogen werden. Nach einer

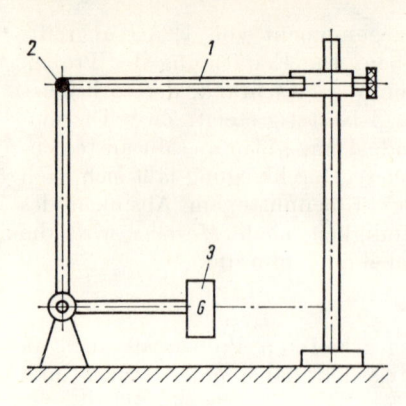

Bild 3.95. Meßeinrichtung zur Ermittlung der Glutbeständigkeit (schematisch)
1 Probestab *2* Glühstab *3* Gewicht

Tabelle 3.15. Gütegrad der Glutfestigkeit

Masseverlust · Flammenweg in mg cm	Gütegrad
> 100 000	0
100 000 ··· 10 000	1
10 000 ··· 1 000	2
1 000 ··· 100	3
1 100 ··· 10	4
10	5

Brenndauer von 3 min ist die Flamme trocken zu löschen und der Stab herauszunehmen. Der Masseverlust in mg und die Flammenausbreitung in cm sind zu messen. Das Produkt aus diesen beiden Größen ergibt den Gütegrad der Glutbeständigkeit nach Tabelle 3.15.

Übungen

Ü. 1.1. Welche Teilvorgänge laufen bei der Austenitbildung ab und wodurch werden sie beeinflußt (Anlage 1)?

Ü. 1.2. Welche Teilvorgänge laufen bei der Perlitbildung ab, wodurch werden sie beeinflußt und welche Gefüge treten in der Perlitstufe auf (Anlage 1)?

Ü. 1.3. Welche Bildungsbedingungen sind für Martensit erforderlich, worauf beruht die Härte und wie kann sie beeinflußt werden (Anlage 1)?

Ü. 1.4. Wie werden kontinuierliche ZTU-Schaubilder gelesen (a), welche Aussagen gestatten sie und c) für welche Wärmebehandlungsverfahren sind sie anwendbar (Anlage 1)?

Ü. 1.5. Wie werden a) isotherme ZTU-Schaubilder gelesen, b) welche Aussagen gestatten sie und für welche Wärmebehandlungsverfahren sind sie anwendbar (c) (Anlage 1)?

Ü. 1.6. Welche Vorgänge laufen beim Anlassen martensitischer Gefüge ab? Wie beeinflussen Legierungselemente diese Vorgänge (Anlage 1)?

Ü. 1.7. Zeichnen Sie in die Anlage 2 den Temperaturbereich für das Normalglühen ein, und nennen Sie Zweck *(a)*, Durchführung *(b)* und Anwendung *(c)* dieses Verfahrens!

Ü. 1.8. Zeichnen Sie in die Anlage 2 den Temperaturbereich für das Weichglühen ein, und nennen Sie Zweck *(a)*, Durchführung *(b)* und Anwendung *(c)* dieses Verfahrens!

Ü. 1.9. Zeichnen Sie in die Anlage 2 den Temperaturbereich für das Spannungsarmglühen ein, und nennen Sie Zweck *(a)*, Durchführung *(b)* und Anwendung *(c)* dieses Verfahrens!

Ü. 1.10. Zeichnen Sie in die Anlage 2 den Temperaturbereich für das Rekristallisationsglühen ein, und nennen Sie Zweck *(a)*, Durchführung *(b)* und Anwendung *(c)* dieses Verfahrens!

Ü. 1.11. Zeichnen Sie in die Anlage 2 den Temperaturbereich für das Grobkornglühen ein, und nennen Sie Zweck *(a)*, Durchführung *(b)* und Anwendung *(c)* dieses Verfahrens!

Ü. 1.12. Zeichnen Sie in die Anlage 2 den Temperaturbereich für das Diffusionsglühen ein, und nennen Sie Zweck *(a)*, Durchführung *(b)* und Anwendung *(c)* dieses Verfahrens!

Ü. 1.13. Bestimmen Sie mit Hilfe des EKD die Härtetemperatur für die Stähle C45, C60 und C100W1!

Ü. 1.14. Zu welchen Fehlerscheinungen kann es beim Härten kommen (Ursache, Vermeidung)?

Ü. 1.15. Wodurch entstehen Härtespannungen und durch welche technologischen Maßnahmen kann man sie beeinflussen?

Ü. 1.16. Bestimmen Sie aus der Stirnabschreckkurve des Stahles 40Cr4 die Aufhärtung und die Einhärtung!

Ü. 1.17. Überprüfen Sie am Vergütungsschaubild des Stahles 40Cr4 (Bild 1.31), ob folgende Forderungen erfüllt werden:
$R_p \geq 750$ MPa
$A \leq 12\%$.
Legen Sie die Anlaßtemperatur fest!

Ü. 1.18. Erläutern Sie die Vor- und Nachteile des Oberflächenhärtens!

Ü. 1.19. Welche Einsatzhärteverfahren gibt es (Anlage 3)?

Ü. 1.20. Füllen Sie Anlage 3 aus!

Ü. 1.21. Welche Vor- und Nachteile weist die thermomechanische Behandlung auf?

Ü. 2.1. Durch welche Elemente wird das γ-Gebiet vollständig erweitert? Welche Bedeutung hat diese Erscheinung?

Ü. 2.2. Welche Eigenschaften werden durch Kohlenstoff gewährleistet?

Ü. 2.3. Erläutern Sie die Festigkeitssteigerung durch Mischkristallbildung!

Ü. 2.4. Begründen Sie den Einfluß der Werkstückdicke s auf die Schweißeignung!

Ü. 2.5. Begründen Sie, warum durch Mangansulfide nach der Warmformgebung die mechanischen Eigenschaften in Quer- und Längsrichtung unterschiedlich sind!

Ü. 2.6. Welche Fehlerscheinungen können durch Wasserstoff hervorgerufen werden?

Ü. 2.7. Vervollständigen Sie die Angaben in Anlage 4!

Ü. 2.8. Welche Einteilungsmöglichkeiten gibt es für Stähle?

Ü. 2.9. Wodurch kommt es beim unberuhigten Stahl zur Bildung der sauberen Randschicht und dem stark geseigerten Kern?

Ü. 2.10. Welcher allgemeine Baustahl erfüllt folgende Forderungen:
Streckgrenze = 200 MPa,
Bruchdehnung = 15%,
Kerbschlagzähigkeit bei -20 °C und garantierte Schweißeignung?

Ü. 2.11. Nennen Sie effektive Anwendungsbeispiele höherfester Stähle!

Ü. 2.12. Welche Vorteile besitzen Feinkorneinsatzstähle?

Ü. 2.13. Wählen Sie in Bild 2.7 unter Berücksichtigung ökonomischer Gesichtspunkte einen Stahl mit einer Mindeststreckgrenze von 600 MPa für ein Werkstück mit 20 mm Durchmesser aus!

Ü. 2.14. Wodurch wird in den warmfesten Stählen die gute Festigkeit bei erhöhten Temperaturen erzielt?

Ü. 2.15. Welche Unterscheidungsmerkmale gibt es für Federstähle?

Ü. 2.16. Überlegen Sie, welcher Zusammenhang zwischen der Korrosionsbeständigkeit und der Polierbarkeit besteht!

Ü. 2.17. Welchen Stahl würden Sie für Temperaturen bis 1000 °C bei Einwirkung schwefelhaltiger Gase einsetzen?

Ü. 2.18. Warum wird mit steigendem Legierungsgehalt (z. B. Chrom) die Zerspanbarkeit verschlechtert?

Ü. 2.19. Begründen Sie, warum es durch die Umwandlung des Restaustenits zu Maßänderungen kommen kann!

Ü. 2.20. Wonach richtet sich die Härtetemperatur der C-Stähle, und wann wird die Ölabkühlung gewählt?

Ü. 2.21. Warum sind in Schnittstählen neben einem hohen C-Gehalt karbidbildende Elemente enthalten?

Ü. 2.22. Welche Ursachen haben Brandrisse?

Ü. 2.23. Warum müssen zum Härten der Schnellarbeitsstähle die Karbide teilweise gelöst werden?

Ü. 2.24. Vervollständigen Sie die Angaben in den Anlagen 5 und 6!

Ü. 3.1. Beweisen Sie am praktischen Beispiel, wie die Werkstoffprüfung hilft, Werkstoff zu sparen!

Ü. 3.2. Nennen Sie einige Ihnen bereits bekannte Werkstoffprüfungen! Geben Sie an, wo und zu welchem Zweck diese Prüfungen durchgeführt werden!

Ü. 3.3. Skizzieren Sie schematisch die entstehenden Gefüge beim Quer- und Längsschliff an einem kaltgewalzten Erzeugnis!

Ü. 3.4. Welche Unterschiede bestehen zwischen Kornflächen- und Korngrenzenätzung?

Ü. 3.5. Zeigen Sie die aus Gleichung (3.1) erkennbaren Möglichkeiten auf, wie das Auflösungsvermögen des Mikroskops erhöht werden kann!

Ü. 3.6. Welche Unterschiede bestehen zwischen dem Lichtmikroskop und dem Elektronenmikroskop für metallographische Untersuchungen?

Ü. 3.7. Nennen Sie die Arbeitsgänge, die zur Anfertigung eines Mikroschliffs einschließlich der fotografischen Aufnahme erforderlich sind!

Ü. 3.8. Warum kann man nur Korngrößenbestimmungen miteinander vergleichen, die bei der gleichen Vergrößerung ermittelt wurden?

Ü. 3.9. Bestimmen Sie die Korngröße der in Anlage 7 dargestellten Schliffbilder nach dem Kreis- und Linienschnittverfahren!

Ü. 3.10. Welche Aussagen können durch eine qualitative bzw. quantitative Gefügebeurteilung mikroskopischer Schliffe getroffen werden? Tragen Sie die Ergebnisse in Anlage 7 ein!

Ü. 3.11. Vervollkommnen Sie die Übersicht in Anlage 8!

Ü. 3.12. Welche Aussagen können Sie an Hand des Bildes 3.24 über die verschiedenen Werkstoffe machen?

Ü. 3.13. Geben Sie an, wie die Kennwerte des Zugversuchs definiert sind und wie sie ermittelt werden! Tragen Sie die Ergebnisse in die Tabelle der Anlage 10 ein!

Ü. 3.14. Bei einem Zugversuch an einem kurzen Proportionalstab mit $d_0 = 20$ mm wurden folgende Werte an der Kraftmeßuhr abgelesen: $F_e = 75$ kN, $F_m = 143,5$ kN. Am gerissenen Stab wurden der Durchmesser an der Bruchstelle $d_u = 14$ mm und die Bruchlänge $L_u = 127$ mm gemessen. Um welchen allgemeinen Baustahl nach TGL 7960 handelt es sich?

Ü. 3.15. Der Elastizitätsmodul eines Werkstoffs ist im Zugversuch zu bestimmen. An einer Probe mit einem Durchmesser von $d_0 = 30$ mm, $L_0 = 160$ mm wurden durch Feindehnungsmessung folgende Werte bestimmt:

F/kN	50	80	100	120	140
ΔL/mm	0,043	0,0882	0,116	0,1473	0,1787

Um welchen Werkstoff handelt es sich?

Ü. 3.16. Bei einem Zugversuch zur Bestimmung der technischen Streckgrenze $R_{p0,2}$ ($R_{r0,2}$) wurden an einer Probe mit 20 mm Durchmesser folgende Werte ermittelt:

Kraft F/N	Gesamtdehnung ε_{ges} in %	Bleibende Dehnung ε_{bl} in %
10 000	0,037	0,0025
20 000	0,088	0,006
30 000	0,146	0,013
40 000	0,22	0,028
50 000	0,358	0,11
52 000	0,43	0,175
52 500	0,472	0,21

Tragen Sie die Werte in ein Spannungs-Dehnungs-Diagramm der Anlage 9 ein, und bestimmen Sie daraus $R_{p0,2}$ ($R_{r0,2}$)!

Ü. 3.17. Skizzieren Sie in Anlage 9 die Spannungs-Dehnungs-Diagramme folgender Werkstoffe: *a)* Al99,9, *b)* GGL-20, *c)* St 34, *d)* C45, *e)* gehärteter Stahl! Geben Sie dazu die Kennwerte R_e bzw. $R_{p0,2}$, R_m und A an!

Ü. 3.18. Skizzieren Sie Druckproben nach dem Druckversuch an spröden und plastischen Werkstoffen! Geben Sie ein Beispiel an, welche Werkstoffe sich so verhalten!

Ü. 3.19. Stellen Sie in der Tabelle der Anlage 11 den Kennwerten des Zugversuchs die Kennwerte des Druckversuchs gegenüber, die diesen entsprechen!

Ü. 3.20. Welchen Neigungswinkel müßten die Preßflächen aufweisen, damit während des Druckversuchs ein einachsiger Spannungszustand auftritt?

Ü. 3.21. In welcher Beziehung stehen bei Gußeisen mit Lamellengraphit Zugfestigkeit, Biegefestigkeit und Druckfestigkeit?

Ü. 3.22. Tragen Sie in die Tabelle der Anlage 11 die Kennwerte des Biegeversuches in der Gegenüberstellung zu denen des Zug- und Druckversuches ein, und geben Sie an, wie sie aus den Versuchswerten berechnet werden!

Ü. 3.23. Skizzieren Sie eine Zeit-Dehnlinie, die bei einem Zeitstandversuch aufgenommen wurde. Dabei sind

a) die Gesamtdehnung und
b) die plastische Dehnung über der Zeit aufzutragen!

In welche Bereiche kann die Zeit-Dehnlinie aufgeteilt werden?

Ü. 3.24. Was bedeuten: $\sigma_{B\,10000} = 120$ MPa, $\sigma_{0,2/100} = 100$ MPa, $\sigma_{DVM} = 200$ MPa, $\delta_{5/100} = 26\%$, $\psi_{1000} = 2\%$?

Ü. 3.25. Tragen Sie mit Pfeilen in Anlage 12 ein, in welche Richtung sich der Steilabfall der Kerbschlagzähigkeit bei der Wirkung der aufgeführten Faktoren verschiebt!

Ü. 3.26. Beweisen Sie mit Hilfe des Schlagkraft-Durchbiegungs-Diagramms, daß zwei Werkstoffe mit gleicher Kerbschlagzähigkeit eine unterschiedliche Sprödbruchneigung aufweisen können!

Ü. 3.27. Welche Möglichkeiten ergeben sich aus der Anwendung der Bruchmechanik für die Dimensionierung und Überwachung sprödbruchgefährdeter Bauteile?

Ü. 3.28. Stellen Sie in Anlage 12 die Methoden der Sprödbruchprüfung gegenüber!

Ü. 3.29. Wie sieht die *Wöhler*kurve in doppelt-logarithmischer Darstellung aus?

Ü. 3.30. Um welche Kenngrößen handelt es sich bei $\sigma_{zD} = 150 \pm 100$ MPa, $\sigma_{bW} = 200$ MPa, $\sigma_{D(10)} = 130$ MPa, $\tau_{tW} = 250$ MPa? Tragen Sie die Ergebnisse in Anlage 13 ein!

Ü. 3.31. Zeichnen Sie in Anlage 13 ein vereinfachtes Dauerfestigkeits-Schaubild nach *Smith* mit folgenden Werten:

$\sigma_W = 150$ MPa, $R_e = 330$ MPa, $\sigma_{Schw.} = 270$ MPa!

Ü. 3.32. Charakterisieren Sie die verschiedenen Schwingversuche und tragen Sie die Ergebnisse in Anlage 13 ein!

Ü. 3.33. Wovon sind bei der *Brinell*-Härtemessung *a)* der Kugeldurchmesser, *b)* die Prüfkraft und *c)* die Prüfzeit abhängig?

Ü. 3.34. Bei einer *Brinell*-Härtemessung an Kupfer wurde ein Härtewert von 105 ermittelt. Die Werkstückdicke betrug 10 mm. Geben Sie an: *a)* den Kugeldurchmesser, *b)* die Prüfkraft, *c)* die Prüfzeit und *d)* das Prüfergebnis!

Ü. 3.35. Bei einer Härtemessung nach *Vickers* an einer Rasierklinge mit 0,06 mm Dicke mit einer Prüfkraft von 98 N wurde ein Härtewert von 680 ermittelt. Prüfen Sie, ob die Prüfstückdicke für die Messung genügt! Wie erfolgt die Härteangabe?

Ü. 3.36. Bei einer *Rockwell*-C-Härtemessung trat eine Eindringtiefe des Diamantkegels von 0,08 mm auf. Welche *HRC*-Härte besitzt der Werkstoff?

Ü. 3.37. Charakterisieren Sie die statischen Härtemessungen, und tragen Sie die Ergebnisse in die Anlage 14 ein!

Ü. 3.38. Geben Sie in Anlehnung an die *Brinell*-Härtemessung eine Gleichung an, aus der man bei bekannter Härte des Vergleichsstabes und den Eindruckdurchmessern im Probe- und Vergleichsstab die Härte der Probe ermitteln kann!

Ü. 3.39. Welche Unterschiede bestehen zwischen den Tiefungsprüfungen nach *Erichsen* bzw. nach *Engelhardt* und *Groß*?

Ü. 3.40. Skizzieren Sie das Prinzip der behandelten technologischen Prüfverfahren und geben Sie formelmäßig oder mit Worten das als Gütemaß geltende Kriterium an! Ergänzen Sie Anlage 15 durch drei weitere technologische Prüfverfahren aus Ihrem Arbeitsbereich!

Ü. 3.41. Welche Bedeutung besitzt die zerstörungsfreie Werkstoffprüfung, und wann wird sie angewandt?

Ü. 3.42. Welche Unterschiede bestehen zwischen Röntgen- und Gammastrahlung hinsichtlich ihres Einsatzes in der Werkstoffprüfung?

Ü. 3.43. Die Isotopeneinrichtung TuR MCo 1,3 ist mit einem Co-60-Isotop mit einer Aktivität von etwa $3,7 \cdot 10^{10}$ Bq ausgerüstet und erlaubt die Durchstrahlung von Stahlteilen bis 150 mm Dicke. Obwohl die Prüfeinrichtung TuR MIr 16 das Isotop Ir-192 mit einer Aktivität von etwa $59 \cdot 10^{10}$ Bq enthält, lassen sich nur Stahldicken bis 70 mm durchstrahlen. Wie ist das zu begründen?

Ü. 3.44. Durch welche Faktoren wird die Fehlererkennbarkeit bei der Röntgen- und Gammadefektoskopie beeinflußt, und wie ist eine maximale Fehlererkennbarkeit zu erreichen?

Ü. 3.45. Geben Sie nach dem Belichtungsdiagramm des Bildes 3.78 die Belichtungsdaten an, wenn ein Stahlgußstück von 30 mm Dicke geröntgt werden soll!

Ü. 3.46. Füllen Sie in Anlage 16 die Spalte für die Röntgen- und Gammadefektoskopie aus!

Ü. 3.47. Stellen Sie die Eigenschaften des Ultraschalls zusammen, und leiten Sie daraus ab, unter welchen Bedingungen die Materialprüfung mit Ultraschall optimal angewandt werden kann!

Ü. 3.48. Geben Sie für die in Anlage 17 dargestellten Werkstücke die günstigste Einschallungsrichtung an (Prüfkopfstellung)! Skizzieren Sie das Schallfeld und die Schirmbildanzeige!

Ü. 3.49. Ergänzen Sie in Anlage 16 den Vergleich der Ultraschall-Materialprüfung mit der Röntgen- und Gammadefektoskopie!

Ü. 3.50. Wie kann man die Ultraschallprüfung kombiniert mit der Röntgen- und Gammadefektoskopie einsetzen!

Ü. 3.51. Wie verlaufen die Kraftlinien bei der magnetischen Rißprüfung bei Jochmagnetisierung und bei Selbstdurchflutung im Werkstück, und welche Fehler kann man in beiden Fällen erkennen? Tragen Sie die Ergebnisse in Anlage 18 ein!

Ü. 3.52. Stellen Sie die Verfahren zum Nachweis des magnetischen Streuflusses gegenüber!

Ü. 3.53. Warum kann ein durchgehender Riß in einem stabförmigen Halbzeug mit der Selbstvergleichsspulenanordnung nicht festgestellt werden?

Ü. 3.54. Geben Sie mit Skizzen das Meßprinzip der induktiven Prüfverfahren an, und vervollständigen Sie die Tabelle in Anlage 18!

Ü. 3.55. Nennen Sie Vorteile, Anwendungsgebiete und Grenzen der Schnellprüfverfahren mittels Schleiffunkenanalyse und Handspektroskops!

Ü. 3.56. Stellen Sie den durch mechanische Prüfverfahren ermittelten Kenngrößen der metallischen Werkstoffe die der Plastwerkstoffe gegenüber!

Ü. 3.57. Welche Unterschiede bestehen zwischen der Ermittlung der Formbeständigkeit nach *Martens* und nach *Vicat*?

Anlagen

Anlage 1	Umwandlungsvorgänge	208
Anlage 2	Glühverfahren	209
Anlage 3	Chemisch-thermische Behandlung	210
Anlage 4	Einfluß der »Stahlschädlinge« und Gase	211
Anlage 5	Zusammenstellung der Baustähle	212
Anlage 6	Anwendungsbeispiele typischer Stähle	213
Anlage 7	Mikroskopische Gefügeuntersuchung	214
Anlage 8	Mechanisch-technologische Prüfverfahren	215
Anlage 9	Zugversuch	216
Anlage 10	Kennwerte des Zugversuchs	217
Anlage 11	Gegenüberstellung von Zug-, Druck- und Biegeversuch	218
Anlage 12	Prüfverfahren mit schlagartiger Beanspruchung	219
Anlage 13	Prüfverfahren mit schwingender Beanspruchung	220
Anlage 14	Statische Härtemeßverfahren	221
Anlage 15	Technologische Werkstoffprüfverfahren	222
Anlage 16	Gegenüberstellung Röntgen- und Gammadefektoskopie — Ultraschallprüfung	223
Anlage 17	Ultraschall-Materialprüfung	224
Anlage 18	Magnetische und induktive Prüfverfahren	225

Umwandlungsvorgänge	Anlage 1
Austenitbildung Teilvorgänge: Einflußfaktoren: *Perlitbildung* Teilvorgänge: Einflußfaktoren: Gefüge: *Martensitbildung* Bildungsbedingungen: Ursachen der Härte: Einflußfaktoren auf die Härte: *Isothermes ZTU-Schaubild* a) b) c) *Kontinuierliches ZTU-Schaubild* a) b) c) *Vorgänge beim Anlassen*	

| Glühverfahren | Anlage 2 |

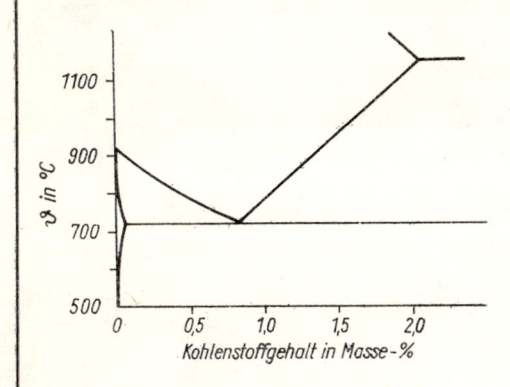

ϑ in °C vs. Kohlenstoffgehalt in Masse-%

Diffusionsglühen
Grobkornglühen
Spannungsarmglühen
Weichglühen
Normalglühen

Diffusionsglühen

a)
b)
c)

Grobkornglühen

a)
b)
c)

Spannungsarmglühen

a)
b)
c)

Rekristallisationsglühen

a)
b)
c)

Weichglühen

a)
b)
c)

Normalglühen

a)
b)
c)

Chemisch-thermische Behandlung		Anlage 3
Einsatzhärten *Direkthärten* a) Vorteil b) Nachteil c) Anwendung *Einfachhärten* a) Vorteil b) Nachteil c) Anwendung		

Behandlung	Verbesserte Eigenschaften	Nachteil
Nitrieren		
Carbonitrieren		
Borieren		
Metallkarbid-behandlung		

Einfluß der »Stahlschädlinge« und Gase			Anlage 4
Element	Negative Wirkung	Positive Wirkung	Als Legierungselement
Cu	Lötbrüchigkeit	Rostträgheit	korrosionsträge Stähle, rost- u. säurebeständige Stähle
P			
S			
O			
N			
H			

Anlage 5

Zusammenstellung der Baustähle

Stahlgruppe TGL Nr.	Hauptlegierungselemente	Stahlbeispiele	Kennzeichnende Eigenschaften
Allgemeine Baustähle 7960	unlegiert	St34, St38, St42 …	abgestufte Festigkeitseigenschaften durch Variierung des C-Gehaltes
Höherfeste Baustähle			
Warmfeste Stähle			
Federstähle			
Einsatzstähle			
Vergütungsstähle			
Nitrierstähle			
Rost- und säurebeständige Stähle			
Hitze- und zunderbeständige Stähle			
Nichtmagnetisierbare Stähle			
Dynamo- und Transformatorenstähle			
Verschleißfeste Stähle			
Korrosionsträge Stähle			
Automatenstähle			

Anlage 6

Anwendungsbeispiele typischer Stähle

Stahlmarke	Stahlgruppe	Kennzeichnende Eigenschaften	Anwendungsbeispiele
9S20			
X10CrNi18.10			
13CrMo4.4			
16MnCr5			
30CrMoV9			
X40Cr13			
40CrMnMo7			
C45			
55SiMn7			
X82WMo6.5			
C100W1			
210Cr46			
St34			
St38-2			
KT45-3			
H52-3			

Mikroskopische Gefügeuntersuchung		Anlage 7
Bewertung mikroskopischer Schliffe		
qualitativ	quantitativ	
Bestimmung der Korngröße		

Kreisverfahren   Linienschnittverfahren

Abbildungsmaßstab 100 : 1

Anzahl der im Kreis liegenden Kristallite $n_1 =$

Gesamtlänge der Linien $L =$

Anzahl der vom Kreis geschnittenen Kristallite $n_2 =$

Anzahl der geschnittenen Kristallite $\overline{N} =$

mittlerer Flächeninhalt der Kristallite $a =$

mittlerer Durchmesser der Kristallite in Walzrichtung $\overline{L} =$

mittlerer Korndurchmesser $d =$

Anlage 8

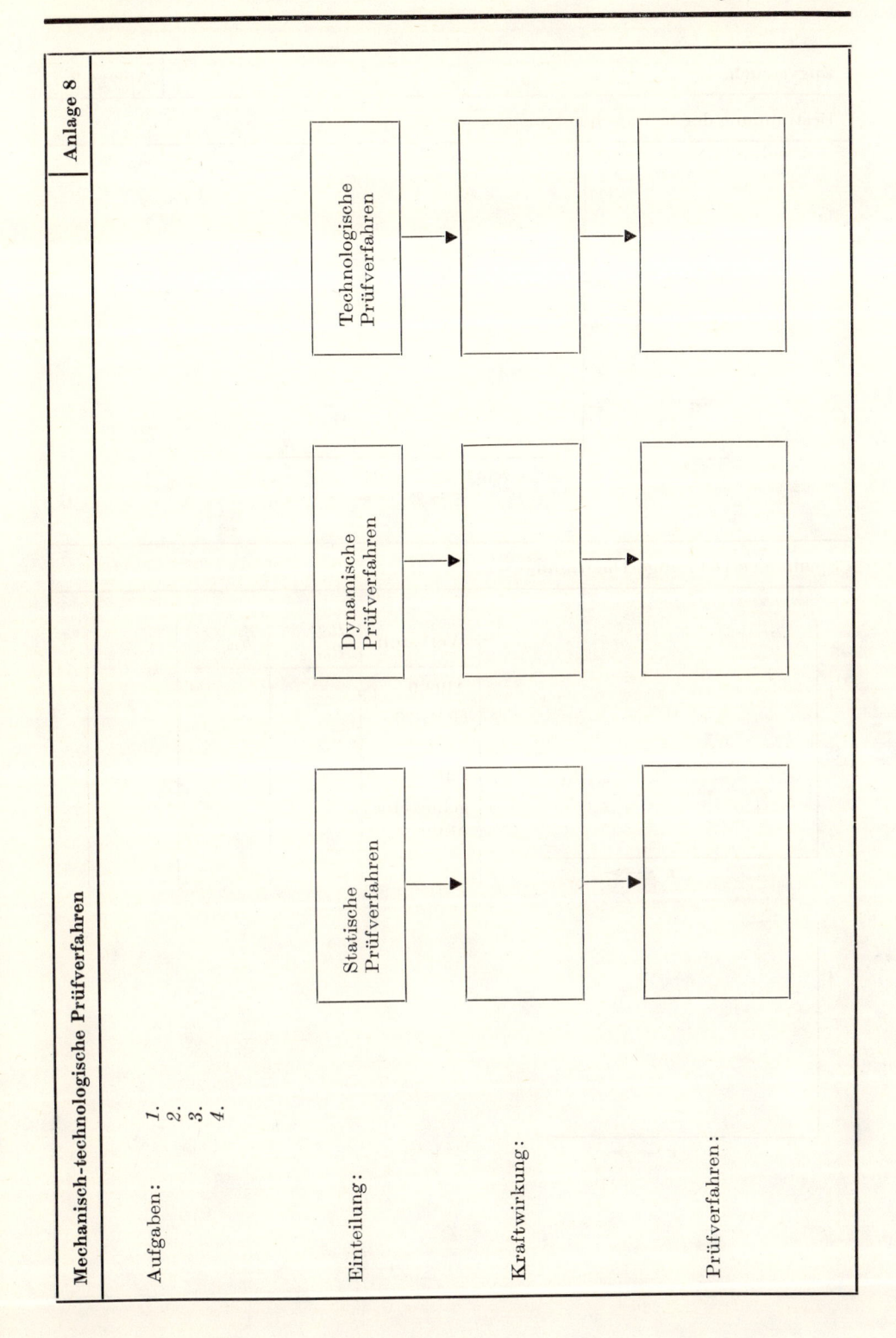

Mechanisch-technologische Prüfverfahren

Aufgaben: 1.
2.
3.
4.

Einteilung: [Statische Prüfverfahren] → [ ] → [ ]

[Dynamische Prüfverfahren] → [ ] → [ ]

[Technologische Prüfverfahren] → [ ] → [ ]

Kraftwirkung:

Prüfverfahren:

Zugversuch	Anlage 9

Bestimmung der technischen Streckgrenze

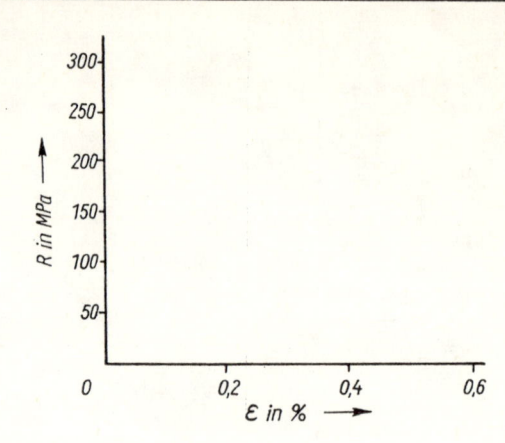

[Diagramm: R in MPa (0 bis 300) über ε in % (0 bis 0,6)]

Spannungs-Dehnungs-Diagramme

[Diagramm: R über ε]

Werkstoff	$R_e/R_{p0,2}$	R_m	A
Al99,9			
GGL-20			
St34			
C45			
gehärteter Stahl			

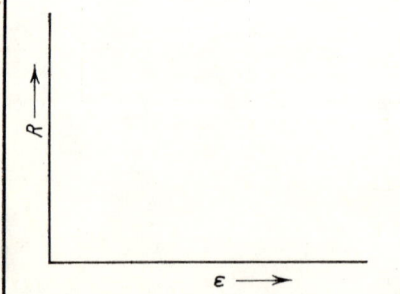

[Diagramm: R über ε]

Anlage 10

Kennwerte des Zugversuchs

Kennwert	Symbol	Berechnung	Definition	Ermittelt durch
1. technische Elastizitätsgrenze	$R_{p0,01}$ $R_{r0,01}$			
2. Streckgrenze	R_e			
3. technische Streckgrenze	$R_{p0,2}$ $R_{r0,2}$			
4. Zugfestigkeit	R_m			
5. Bruchdehnung	A_5, A_{10}			
6. Brucheinschnürung	Z			
7. Elastizitätsmodul	E			

Gegenüberstellung von Zug-, Druck- und Biegeversuch					Anlage 11
Zugversuch	Druckversuch		Biegeversuch		
	Kennwert	Berechnung	Kennwert	Berechnung	
Elastizitätsmodul					
technische Elastizitätsgrenze					
Streckgrenze					
technische Streckgrenze					
Zugfestigkeit					
Bruchdehnung					
Brucheinschnürung					

Prüfverfahren mit schlagartiger Beanspruchung			Anlage 12
Einflußgrößen auf die Kerbschlagzähigkeits-Temperatur-Kurve			
Hochlage, Steilabfall, Tieflage (Kerbschlagzähigkeit-Kurve)	Richtung der Verschiebung des Steilabfalls	mit wachsender	
		Kerbschärfe	
		Kerbtiefe	
		Probengröße	
		Versuchsgeschwindigkeit	
		Kaltverformung	
		Alterung	
		Normalglühung	
		Härtung	
Methoden der Sprödbruchprüfung — Gegenüberstellung			
Versuchsmethode	Kennwerte	Vor- und Nachteile Anwendung	
Kerbschlagbiegeversuch			
Robertson- und *Pellini*-Test			
Bruchmechanik			

Prüfverfahren mit schwingender Beanspruchung	Anlage 13
Kennwerte des *Wöhler*versuchs	
Kennwert	Bedeutung
$\sigma_{zD} = -100 \pm 150$ MPa $\sigma_{bW} = 200$ MPa $\sigma_{D(10)^5} = 130$ MPa $\tau_{tW} = 250$ MPa	
Dauerfestigkeitsschaubild nach *Smith*	

Diagramm mit Achsen $+\sigma_D$ (Zug), $-\sigma_D$ (Druck) und σ_m.

Charakterisierung der Schwingversuche	
Versuch	Beanspruchung und Kennwerte
*Wöhler*versuch	
Mehrstufenversuch	
Betriebsfestigkeitsversuch	

Anlage 14

Statische Härtemeßverfahren

Meßverfahren Eindringkörper	Prüfkraft	Meßprinzip	Anwendungsbereich/Vorteile
Brinellhärte HB	$F = f(\dots)$	$HB = \dfrac{0{,}102 \cdot F}{A}$ $F =$ $A =$ $HB =$	
Vickershärte HV		$HV = \dfrac{0{,}102 \cdot F}{A}$ $F =$ $A =$ $HV =$	
Rockwellhärte HRC HRB HRA		$h =$ bleibende Eindrucktiefe $HRC =$ $HRB =$ $HRA =$	

Anlage 15

Technologische Werkstoffprüfverfahren						
Technologische Kaltversuche			Technologische Warmversuche			
Prüfverfahren	Probe/Skizze	Gütewert	Prüfverfahren	Probe/Skizze	Gütewert	
1. Faltversuch			1. Stauchversuch			
2. Hin- und Herbiegeversuch			2. Ausbreitversuch			
3. Tiefungsversuch an Feinblechen			3. Loch- und Aufdornversuch			
4.			4. Warmfaltversuch			
5.			5.			

Gegenüberstellung Röntgen- und Gammadefektoskopie — Ultraschallprüfung		Anlage 16
Vergleichsgröße	Röntgen- und Gammadefektoskopie	Ultraschallprüfung
Grundgesetz bzw. ausgenutzte Eigenschaften		
Prüfprinzip (Skizze)		
Fehleranzeige und Dokumentation der Prüfergebnisse		
Fehlererkennbarkeit ist abhängig von		
prüfbare Werkstückdicke		
prüftechnischer Aufwand		
Prüfzeit		
Automatisierbarkeit des Prüfvorgangs		
erforderlicher Arbeits- und Gesundheitsschutz		

224 Anlagen

Ultraschall-Materialprüfung	Anlage 17
Fehlerart	Schirmbildanzeige
1. Risse in Schmiedestücken	
2. Lunker	
3. Dauerschwinganriß	
4. Dopplung	
5. Schweißnahtfehler	

Magnetische und induktive Prüfverfahren			Anlage 18
Magnetische Rißbildung			
Meßprinzip	Jochmagnetisierung	Selbstdurchflutung	
Kraftlinienverlauf			
erkennbare Fehler			
Induktive Prüfverfahren			
Verfahren	Tastspule	Gabelspule	Durchlaufspule
Prüfprinzip (Skizze)			
Anwendung bzw. erkennbare Fehler			

Literaturhinweise

[1] *Eckstein, H.-J.:* Wärmebehandlung von Stahl. Leipzig: VEB Deutscher Verlag für Grundstoffindustrie 1971
[2] *Eckstein, H.-J.:* Werkstoffkunde, Stahl und Eisen. Leipzig: VEB Deutscher Verlag für Grundstoffindustrie, Teil I, 1971, Teil II, 1972
[3] *Wanke, K.,* u. *K. Schramm:* Stahlhärtung. Berlin: VEB Verlag Technik 1961
[4] *Blanter. M. E.* Fazovye prevrastschenija termičeskoj obrabotke stali. Moskau: Verlag Metallurgizdat 1962
[5] Autorenkollektiv: Qualitäts- und Edelstähle, Band I und II, Herausgeber: Stahlberatungsstelle Freiberg. Leipzig: VEB Deutscher Verlag für Grundstoffindustrie 1966
[6] *Küntscher, W.,* u. *H. Kulke:* Baustähle der Welt, Band I: Großbaustähle. Leipzig: VEB Deutscher Verlag für Grundstoffindustrie 1964
[7] Autorenkollektiv: Baustähle der Welt, Band II: Maschinenbaustähle. Leipzig: VEB Deutscher Verlag für Grundstoffindustrie 1968
[8] Autorenkollektiv: Baustähle der Welt, Band III: Sonderstähle. Leipzig: VEB Deutscher Verlag für Grundstoffindustrie 1972
[9] *Küntscher, W.,* u. *K. Werner:* Technische Arbeitsstähle. Berlin: VEB Verlag Technik 1968
[10] *Opitz, H.,* u. *W. Dude:* Allgemeine Werkstoffprüfung für Ingenieurschulen. Leipzig: VEB Fachbuchverlag 1970
[11] *Schumann, H.:* Metallographie, 11. Auflage. Leipzig: VEB Deutscher Verlag für Grundstoffindustrie 1983
[12] *Beckert, M.:* Wissensspeicher für Technologen — Technische Mechanik, Werkstoffe, Werkstoffprüfung. Leipzig: VEB Fachbuchverlag 1970
[13] *Heptner, H.,* u. *H. Stroppe:* Magnetische und magnetinduktive Werkstoffprüfung. Leipzig: VEB Deutscher Verlag für Grundstoffindustrie 1969
[14] *Tietz, H. D.:* Ultraschallmeßtechnik. Berlin: VEB Verlag Technik 1969
[15] *Malzew, M. W.:* Röntgenographie der Metalle. Berlin: VEB Verlag Technik 1955
[16] Autorenkollektiv: Schwingfestigkeit. Leipzig: VEB Deutscher Verlag für Grundstoffindustrie 1973
[17] *Freyer, G.:* Gammadefektoskopie metallischer Werkstoffe. Leipzig: VEB Deutscher Verlag für Grundstoffindustrie 1961
[18] *Rumjanzew, S. W.,* u. *I. A. Grigorowitsch:* Prüfung metallischer Werkstoffe. Leipzig: VEB Deutscher Verlag für Grundstoffindustrie 1962
[19] *Tschorn, G.:* Schleiffunkenatlas für Stähle. Leipzig: VEB Deutscher Verlag für Grundstoffindustrie 1961

Quellenverzeichnis

[1] *Ruhfus, H.:* Wärmebehandlung der Eisenwerkstoffe. Düsseldorf: Verlag Stahleisen 1958
[2] *Houdremont, E.:* Handbuch der Sonderstahlkunde. Düsseldorf: Verlag Stahleisen 1956
[3] —: Atlas zur Wärmebehandlung der Stähle. Düsseldorf: Verlag Stahleisen 1954/56/58
[4] *Rapatz, F.:* Die Edelstähle. Berlin (W), Göttingen, Heidelberg: Springer-Verlag 1962
[5] *Rose, A.:* Wärmebehandelbarkeit der Stähle, Stahl u. Eisen 85 (1965), S. 1229 bis 1240
[6] Autorenkollektiv: Werkstoffprüfung von Metallen Band I und II. Leipzig: VEB Deutscher Verlag für Grundstoffindustrie 1969/1970
[7] *Blumenauer, H.,* u. *G. Pusch:* Technische Bruchmechanik. Leipzig: VEB Deutscher Verlag für Grundstoffindustrie 1982
[8] *Blumenauer, H.,* u. *R. Ortmann:* Zur Ermittlung der Bruchzähigkeit von höherfestem Stahl, Wissenschaftliche Zeitschrift der TH Magdeburg 14 (1970) H. 7, S. 773 bis 778
[9] *Blumenauer, H.,* u. *R. Ortmann:* Moderne Methoden der Sprödbruchprüfung, Wissenschaftliche Zeitschrift der TH Magdeburg 15 (1971) H. 5, S. 447 bis 453
[10] *Ortmann, R.,* u. *H. Blumenauer:* Die Anwendung der C.-O.-D.-Methode zur Bestimmung der Bruchzähigkeit, Wissenschaftliche Zeitschrift der TH Magdeburg 16 (1972) H. 1, S. 39 bis 43
[11] *Blumenauer, H.,* u. *W. Morgner:* Zur Anwendung moderner Methoden der Werkstoffprüfung in der Metallurgie der DDR, Neue Hütte 19 (1974) 9, S. 565 bis 567
[12] *Eisenkolb, F.,* u. *W. Kurzmann:* Einführung in die Werkstoffkunde Band VI, Zerstörungsfreie Werkstoffprüfung. Leipzig: VEB Deutscher Verlag für Grundstoffindustrie 1973
[13] *Schatt, W.:* Einführung in die Werkstoffwissenschaft, 5. Aufl. Leipzig: VEB Deutscher Verlag für Grundstoffindustrie 1984
[14] *Blumenauer, H.:* Werkstoffprüfung, 3. Aufl. Leipzig: VEB Deutscher Verlag für Grundstoffindustrie 1984
[15] Autorenkollektiv: Technologie der Wärmebehandlung. Leipzig: VEB Deutscher Verlag für Grundstoffindustrie 1977
[16] *Becker, E., Michalzik, G., Morgner, W.:* Praktikum Werkstoffprüfung. Leipzig: VEB Deutscher Verlag für Grundstoffindustrie 1977

Sachwörterverzeichnis

Alterung 60
Aluminium im Stahl 53
Anlaßversprödung 40, 73
Anlaßvorgänge 24
Arbeitsstähle 83
Ätzen 94
Aufhärten 38
Ausbreitversuch 166
Ausscheidungshärtung 60
Austenitbildner 54
Austenitbildung 10
Austenitkornwachstum 11
Automatenstähle 59, 82

Badcarbonitrieren 48
Badnitrieren 47
*Baumann*abdruck 104
Baustähle 61
Begleitelemente 52
Beizblasen 60
Biegefestigkeit 128
Blaubruch 60
Blindhärten 46
Borieren 48
*Brinell*härte 150
Bruchdurchbiegung 128
Brucheinschnürung 114
Bruchmechanik 140

Carbonitrieren 48
chemisch-technische
 Verfahren 43
Chrom im Stahl 53
Cobalt im Stahl 53

Dauerbruch 142
Dauerschwingfestigkeit 146
Diffusionsglühen 31

Diffusionsverfahren 192
Direkthärten 45
Druckfestigkeit 125
Druckversuch 122
Durchvergütung 38
dynamische Härtemessung
 158

Edelstähle 61
Einhärten 37
Einsatzhärten 43, 69
Einsatzstähle 69
Einstrahlungsrichtung 175
Elastizitätsgrenze 111
Elektronenmikroskop 98
Erichsen-Tiefungsversuch
 163

Faltversuch 161
Federstähle 75
Feinblech 67
Ferritbildner 53
Flammhärten 40
Flocken 60
Formbeständigkeit 198

Gammadefektoskopie 168
Gammagebiet 54
Gammastrahlen 169, 179
Gasaufkohlung 44
Gascarbonitrieren 48
Gasnitrieren 47
gebrochenes Härten 35
Gefügerichtreihen 103
Glutbeständigkeit 199
Grobkornglühen 31

Härtbarkeit 56
Härten 32
Härtespannung 35
Heißbruch 59
Hin- und Herbiegeversuch
 162
hitze- und zunderbeständige
 Stähle 77
höherfeste Stähle 64

Induktionshärten 42
induktive Prüfverfahren 190
interkristalline Korrosion 77

Kaltarbeitsstähle 85
Kaltband 67
Kaltformbarkeit 56, 57
Kaltversprödung 59
Karbidbildner 53
Kerbschlagbiegeversuch 133
Kernhärten 46
Kohlenstoff 55
korrosionsbeständige
 Stähle 76
kritische Abkühlungs-
 geschwindigkeit 12
KT-Stähle 67
Kupferspiegel 59

Legierungselemente 52
Lochfraß 77
Loch- und Aufdornversuch
 166
Lötbrüchigkeit 59

magnetische Rißprüfung
 186

Mangan im Stahl 53
Martensitbildung 16
Martensitstufe 16
Massenstähle 61
Metallmikroskop 96
Metallographie 89
Molybdän im Stahl 53

nichtmagnetisierbare Stähle 80
Nickel im Stahl 53
Nitridbildner 53
Nitrieren 47
Nitrierstähle 74
Normalglühen 26

Oberflächenhärten 42

Patentieren 30
Pellini-Test 140
Pendelglühen 27
Perlitglühen 30
Perlitstufe 14
Phasenübergang 10
Phosphor im Stahl 59
Phosphorseigerung 104
Plastprüfung 197
Pulveraufkohlung 43

Qualitätsstähle 61

radiologische Prüfung 168
Randhärten 46
Rasterelektronenmikroskop 99

Rekristallisationsglühen 29
Restaustenit 19
Robertson-Test 140
Rockwellhärte 150
Rohrstähle 64
Röntgendefektoskopie 168
Röntgenstrahlen 169
Rotbruch 59

Salzbadaufkohlung 44
Sauerstoff im Stahl 59
Schalenhärter 37
Schleiffunkenanalyse 195
Schnellarbeitsstähle 87
Schwefel im Stahl 59
Schwefelseigerung 104
Schweißbarkeit 56, 58
Schwellfestigkeit 145
Seigerung 31
Shorehärte 159
Silicium im Stahl 53
Sorbit 14
Spannungsarmglühen 28
Spektralanalyse 196
Stauchgrenze 124
Stauchversuch 165
Stickstoff im Stahl 60
Streckgrenze 110

thermomechanische Behandlung 49
Tiefungsversuch nach Engelhardt und Groß 165
Tiefziehfähigkeit 163
Totglühen 28
Troostit 14

Überhärtung 33
Ultraschall-Materialprüfung 184
Umklappvorgang 17
Unterhärtung 33

Vanadin im Stahl 53
Vergießungsart 62
Vergüten 38
Vergütungsschaubilder 39
Vergütungsstähle 71
Vickershärte 150

Warmarbeitsstähle 87
Warmbadhärten 30
Wärmebehandlung 9
Warmfaltversuch 167
warmfeste Stähle 74
Wasserstoff im Stahl 60
Weichfleckigkeit 35
Weichglühen 26
Werkstoffprüfung 89
Werkzeugstähle 85
Wöhlerkurve 146
Wolfram im Stahl 53

Zeitstandveruch 130
Zerspanbarkeit 56, 57, 82
Zugfestigkeit 112
Zunderbeständigkeit 77
ZTA-Schaubilder 10
ZTU-Schaubilder 13, 20, 22, 23
Zwischenstufe 19
Zwischenstufenvergüten 40